中国羊草

刘公社　主编

中国林业出版社

内容简介

羊草，广泛分布于欧亚草原东部，兼具生态和饲用价值，在我国草原生态系统中占据举足轻重的地位。近年来，随着人们对生态环境保护意识的提高，羊草的研发和利用得到广泛关注。为了更好地推广羊草资源的保护和产业发展，国家林业和草原局汇集多领域的专家学者编写了本书。本书围绕我国三北生态工程、大粮食安全、乡村振兴和草种科技等，系统介绍了羊草的生态价值、饲用价值及草原文化旅游等社会价值，分析了羊草知识产权现状以及羊草种质资源、基础生物学、生殖生物学、耐盐碱机制等重要理论研究方向，阐明了羊草新品种和适用机械在草原生态建设中的多种利用模式，剖析了"羊草小镇"的建设经验，并从产业发展需求提出了国家和部分地区羊草产业发展愿景。全书合计19篇相对独立论文，附加羊草产业发展有关历史照片及珍贵资料40张。本书不仅对从事草原生态、草原畜牧业、国土绿化、碳汇、文旅、草种业等领域的专家学者具有参考价值，同时也能为各级政府草原管理部门、草原事业和企业管理人员、从事羊草种植的农牧民以及技术推广和服务人员提供有益的借鉴和指导。相信在不久的将来，随着人们对生态环境保护意识的不断提高和草原生态建设力度的不断加强，本书介绍的理论和实践经验将会得到更广泛的应用和推广。

图书在版编目（CIP）数据

中国羊草／刘公社主编．—北京：中国林业出版社，2024.5（2024.9重印）
ISBN 978-7-5219-2720-7

Ⅰ.①中…　Ⅱ.①刘…　Ⅲ.①羊草-研究-中国　Ⅳ.①S812.3

中国国家版本馆CIP数据核字（2024）第098757号

责任编辑：张　健　李丽菁

出版发行　中国林业出版社（100009，北京市西城区刘海胡同7号，电话83143543）
电子邮箱　cfphzbs@163.com
网　　址　www.cfph.net
印　　刷　北京中科印刷有限公司
版　　次　2024年5月第1版
印　　次　2024年9月第2次印刷
开　　本　889mm×1194mm　1/16
印　　张　14.25　　其中彩插16
字　　数　475千字
定　　价　88.00元

《中国羊草》

编委会

序一

2015年9月20日上午，刘公社博士的羊草团队请我为羊草研究20年周年纪念活动写幅字，我欣然拿出事先写好的“为学之道，贵在积累”送给他们。

我多次建议科技界朋友们研究羊草结实问题并开展育种工作。1995年，我和刘公社等一起在内蒙古多伦县开展中国科学院“九五”重点项目——中国北方农牧交错带可持续技术研究，他的主要工作是研究推广向日葵。但我发现一个问题，当地的早霜在8月下旬就来了，而此时，玉米和向日葵还没有成熟，直觉告诉我公社要在草原区继续做向日葵研究很难继续下去，最好调整一下研究材料——用遗传育种的方法和新技术研究羊草种质资源。

为什么我建议他研究羊草呢？因为在内蒙古呼伦贝尔一带草原上的主要优势种是羊草，往西干旱地区则是种子带刺的针茅草，再往西就是荒漠草原了，所以羊草是我国北方草原东部的主要优势草种。

1951—1956年，我在中国农业科学院工作，研究内容是牧草。我当时有100多亩地，种植了我们收集的800多种牧草，羊草也位列其中。我注意到羊草的根茎能从一个小区串到另一个小区。之后，我对800多种草进行了分类，按照寿命的长短，分为短寿命、中等寿命和长寿命。短寿命的牧草里有一年生黑麦草，中等寿命的有老芒麦、无芒雀麦，长寿命的则包括羊草和早熟禾等。通过早期的种植评价，我注意到一个简单的规律：草的寿命越长，无性繁殖能力越强；寿命越短，有性繁殖能力越强。

当我到内蒙古多伦县调研时，挖出羊草的地下茎，连接起来有2m多长，说明羊草的无性繁殖能力很强。但它的结实率很弱，这是自然长期选择的结果。因为内蒙古的气候条件非常不稳定，有黑灾(干旱严重)，也有白灾(下雪太多)，当干旱持续时间很长时，一年生或无性繁殖能力弱的植物就容易死亡，而羊草等无性繁殖能力强的植物则能生存并且扩展开来。无性繁殖且寿命长的植物，其养分主要用于无性繁殖，即使干旱也可通过地下茎，繁育后代。相对而言，羊草地上部分则营养供应不足，在气候波动较大的草原结实率都很低。

研究羊草，需要借鉴多年生黑麦草的经验。我在英国访问一家牧民，他们的做法是，把土地分隔成方块，500只羊在一个方块里吃草一段时间后，再赶到下一个方块，轮流放牧。欧洲的气候比较温和，种植多年生黑麦草的产草量高，所以欧洲人就选择开发了黑麦草。而羊草能够成为我国东部草原的优势物种，主要是它能适应不稳定的气候条件，而且牧民认为羊草的营养价值很高，草食家畜喜食。羊草的产量随降水量年际变化很大，牧民秋季打干草用于冬季饲喂动物。

20 世纪 90 年代，我作为全国政协常委去内蒙古考察，了解到内蒙古畜牧业发展的限制原因就是缺草。草的产量很低，所以牧民说“羊夏肥，冬瘦死”。据了解当时锡林郭勒盟一亩草地仅产 300*g* 肉！但如果将草原进行科学改良，13 亩地就可以养一只羊，而其中适合改良草原的草种首选羊草，但现实问题是羊草的结实率低。没有羊草种子，草地更新就缺乏物质基础，没有更新产量怎么提高？

知识在于积累，如果没有我过去一段时间对草的认识，就不会通过远缘杂交创造小偃系列小麦新种质并提出提高羊草结实率这个问题。早年我收集的羊草材料，结实率也不高。直到有一次，我们和朱至清研究员在多伦汇宗寺发现了几株羊草的结实率很好，感觉能够选择出结实率高的品种，所以我当时很高兴。于是，我在现场再次建议公社广泛收集羊草资源，从中培育出结实率高的品种。只要把种子产量这个问题解决了，上亿亩羊草草原的更新就有了希望。我们常说，一个题目选好、选准，就成功了一半。我们把问题找准了，后边就是公社 30 年的工作积累。

成功很多时候也靠机遇。如果我早期没有看到那么好的材料，也不会受启发提出提高羊草结实率这个课题。另外，我建议中国应该选择研究羊草的想法不只对一个人谈过，公社是个有心人。时任中国科学院植物研究所副所长的朱至清研究员支持公社主持了中国科学院“九五”重点项目——中国北方农牧交错带可持续技术研究，使他有条件起步开展这项研究。

有了想法和机遇，下一步就看你有没有真正去做。如果没有公社的坚持不懈，也没有今天的成绩。他现在已有 30 年的工作积累，克服经费常常短缺等困难，能够坚持下来实属不易。我记得当时公社收集了 1000 多种材料，便建议他选择地下茎短的、结实率高的，把长寿命的变成中等寿命的，种上 5~8 年就更新一次，而且要长得快，再加上管理，饲草产量就上去了。

公社给我的印象是个脚踏实际地研究型人才，他的特点就在于认真，认真收集材料，认真观察，认真研究。我一直鼓励他继续坚持把羊草做下去。现在，他带领的团队培育了多个羊草新品种，‘中科 1 号’羊草品种的种子在高产和适应性方面有了显著的提高，他指导企业建立了种子规模化繁殖基地，生产的种子已经用于草原畜牧业和生态保护，打通了羊草的育、繁、推一体化产业链。所以，我在 2010 年给他题字“开发羊草良种资源，再现草原牧歌美景”，这是我寄予的期望。牧歌就是“天苍苍，野茫茫，风吹草低见牛羊”。

羊草种质资源的研究和利用，早年是我的一个愿望，也是中国科学院“九五”时期的一个超前探索课题，30 年后的今天能够看到公社和同事们取得的多项成果和良好发展态势，我感到十分欣慰。借此机会，与大家共勉“兴趣始，毅力终”。

祝贺《中国羊草》一书正式出版。

中国科学院院士、国家最高科学技术奖获得者 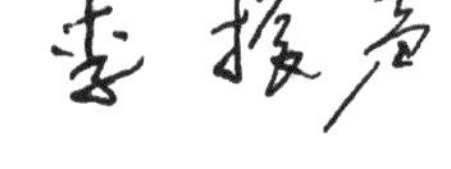

2022 年 5 月 16 日于北京

序二

刘公社博士组织有关专家撰写的《中国羊草》一书即将出版，请我作序。我知道刘博士在我国羊草研究以及产业化取得令人鼓舞的进展为时已久，欣然答应。

草原是重要的生态系统和自然资源，具有重要的水库、钱库、粮库、碳库功能，在维护国家生态安全、边疆稳定、民族团结和促进经济社会可持续发展、农牧民增收等方面具有基础性、战略性作用。羊草(*Leymus chinensis*)隶属禾本科赖草属，是欧亚大陆草原区东部草甸草原及典型草原的重要建群种，也是我国北方广泛分布的具有优势的多年生优质乡土草。羊草分蘖芽和根茎更新能力强，地上部持绿期长、营养体产量高、品质好、适口性好；羊草在自然进化过程中形成了很强的适应性，抗寒、耐盐碱、耐瘠薄、耐践踏、耐牧等。羊草素有“牲畜细粮”“抓膘草”“奶牛宝草”等美誉，是我国唯一出口创汇的禾本科牧草。现代羊草新品种兼顾了很强的无性繁殖和种子繁殖能力，同时也兼顾生态和饲用价值，在草原畜牧业发展、退化草原治理、防沙治沙、固碳储碳、盐碱地改良和矿区修复等方面均可发挥显著效益。因此，羊草的基础生物学研究和种质资源的开发利用，在草原生态保护修复、高质量草地畜牧业发展、国土绿化、旅游和牧区振兴等方面具有重大意义。

我认识刘公社是在2007年3月初，有一天他和李镇清博士匆忙赶到我家，告知了一个重要信息：科技部刚刚发布一个新的国家重点基础研究发展计划(973计划)项目指南，其中有一个“牧草及乡土草遗传及选育的基础研究”项目，经费高达2000多万元。当时，我感到事关重大，我们草业科技事业发展一直缺乏经费，这是一个难得的机会，需要尽快组织队伍申请这个项目。经过讨论分析，我决定由兰州大学牵头组织队伍，南志标教授作为首席科学家申报“中国西部牧草、乡土草遗传与选育的基础研究”项目，我和刘博士亲历了两次答辩，项目几经辗转获得通过，刘博士的团队在这个项目中承担了“重要牧草基因克隆和功能验证”课题，是我国首批采用分子生物学手段研究羊草种资源和基因资源的优势团队。

刘博士毕业于西北农学院(现为西北农林科技大学)，专业是作物遗传育种，获得法国克莱蒙费朗第二大学植物生理学博士学位，此后一直在中国科学院工作。我鼓励他加入我们草业科技队伍，不仅壮大草业队伍，也有利于草学与农学的交叉。刘博士在多次调研草原的基础上，逐渐凝练出自己的学术思路。他的科研团队以羊草种质资源为主题，从表型评价到分子鉴定，从资源收集入库到遗传育种，从基因功能验证到分子进化，从新品种选育到良种栽培技术，从种子生产到生态修复模式研究，围绕羊草产业链展开系统研究。刘博士长期在科学研究一线工作，了解草原和牧区的情况，抓住国家可持续发展面临的重大问题，集中一点，默默无闻地坚持耕耘自己的研究方向，同时把成熟技术推广到三北地区。他从自己所擅长的专业出发，从草原严重退化急需生态修复中认识到乡土草种质资源研究的急迫性，从羊草理想育种目标中聚焦最大制约因子——有性繁殖效率低的机理，从自交杂交授粉试验和细胞学实验深入到自交不亲和性基因分析，用新获得的知识和技术建立了科学高效的育种流程，很快选育出了“中科”系列羊草新品种。2014年，他的团队培育的‘中科1号’羊草通过了全国草品种审定委员会审定，之后又有7个品种通过国家或省级审定。为使这些新品种更好更快地发挥作用，他加强了良种配套栽培技术的研发，与多方合作开发了羊草机械化播种、育苗移栽、水肥管理、机械化种子收获和饲草收割等实用技术，打通了羊草良种加良法的产业链每个环节，并在科尔沁地区指导建立起10多万亩的羊草种子繁育基地，为草种生产和加工、沙地治理、盐碱地治理、毒害草治理以及退化草原补播建立了机械化栽培示范区，催生了“羊草小镇”乡村振兴新模式。

他的团队不仅注重实验验证探索科学规律，同时善于理论总结。刘博士先后主编了两部《羊草种质资源研究》，一部《羊草种植实用技术》，还主编一部英文羊草专著《Sheepgrass (*Leymus chinensis*): An environmentally friendly native grass for animals》在国内外全网发布。这些著作在当时的科研绩效评价环境下没有任何的奖励，体现了作者对学术的热爱和追求。即将呈现给读者的《中国羊草》一书，内容广泛，阐述系统而深刻。

更为难得的是，作者在总结提炼羊草种质资源研究成果的基础上，突破微观专业视界，把羊草资源研究结果拓宽到较为宏观的生态学和经济学，其中还包含“羊草小镇”发展的乡村振兴案例分析。主要内容包括：羊草品种选育及成果转化、羊草育苗和机械化移栽、羊草用于草原生态修复的模式、羊草草原的生态系统服务价值、科尔沁草原羊草发展的历史、“羊草小镇”发展模式、羊草特色文旅、羊草知识产权分析以及羊草种业发展规划及展望等。对我国同行业（草种业、草原生态保护修复、草地畜牧业、国土绿化、碳汇等生态价值评价、文化旅游等）管理人员、研发和推广技术人员、生产加工销售企业家及广大农牧民，均具有参考价值。

这是刘博士30年不懈钻研，走出的一条从基础科学到“羊草小镇”乡村振兴的道路。为我们广大科学工作者树立了全新的榜样。他展示了科学工作者不为专业背景所局限，突破重重“行业壁垒”，不断创建新境界的勇者形象。

祝贺刘公社团队取得的业绩，祝贺《中国羊草》的出版。

谨以为序。

中国工程院院士、兰州大学草地农业科技学院教授 任继周

2023年2月3日

目　　录

现状篇

理论篇

应用篇

展望篇

现状篇

中国羊草价值的多维度考察

刘公社
（中国科学院植物研究所）

摘　要：羊草是我国最重要的优质乡土草之一，兼具生态价值和饲用价值。我国有草原 3.93 亿 hm^2，羊草适生区约有 1.73 亿 hm^2(26 亿亩)。羊草草原的严重退化导致生态环境脆弱、植被高度和盖度下降，严重制约着草原生态保护、草牧业发展和农牧民增收。作者全面梳理了“禾草之王”羊草的重要性，从草原生态系统、基因资源保护和草种业、草牧业发展等方面分析问题，同时发掘羊草的重要价值和比较优势。作者认为，从生态文明、粮食安全、乡村振兴等国家重大需求出发，根据羊草自身的高产、优质、抗逆强等特点，结合我国多年积累的研发结果，以及在“一带一路”沿线地区的潜在优势，羊草最有可能成为未来中国战略草种资源之一，值得国家加大基础科技投入、组织开展面向未来的关键技术攻关和系统集成，扶持具有国际视野的专业化生产和销售龙头企业，加快建设百万亩高质量智慧草种业生产和加工基地，因地制宜建设数个百万亩级的生态修复示范区、推动以优质人工草地为基础的“草-畜-加-销”一体化供应链的形成和发展，在保障国家重大需求的同时像高铁一样走出去，为全球生态文明和食物安全提供中国草种新“名片”，为人类命运共同体贡献中国智慧。

关键词：生态文明；粮食安全；乡村振兴；羊草；禾草之王；草原；“一带一路”

羊草是我国欧亚草原东部广泛分布的多年生草本植物。羊草草原是温带草原区的草地类型，我国是世界羊草草原的重要分布区。羊草在我国三北地区和黄河流域广为分布。以羊草为优势种或建群种的羊草草原面积 3.3 亿亩*，其中 80%以上退化，导致生态环境恶化、生产力降低、土地荒漠化。羊草草原不仅直接关乎草原生态系统的修复和维持、草原基因资源和生物多样性的保护、草地碳汇，而且直接影响优质饲草的生产、草原畜牧业的健康发展、草原特色文化旅游。羊草的研究和利用对水源涵养、防治水土流失、减少沙尘、绿色草牧业发展、民族团结及“一带一路”国际合作等方面发挥着不可替代的作用，本文从以下几个方面分述羊草的重要性。

1　生物资源和基因资源保护的需求

1.1　草原生态系统与生物多样性保护

生物多样性是生物及其环境形成的生态复合体以及与此相关的各种生态过程的集合，包括动物、植物、微生物和它们所拥有的基因以及它们与其生存环境形成的复杂的生态系统。我国是草原大国，是山水林田湖草沙生命共同体的重要组成[1]。长江、黄河、澜沧江、雅鲁藏布江、黑龙江等大江大河的源头都在草原，黄河水量的 80%、长江水量的 30%来源于草原。草原植被就像皮肤一样呵护着山川大地，发挥保持水土、涵养水源、固碳释氧、维护生物多样性等多种功能。草原区降水较少，自然环境严酷，生态系统一旦遭受破坏，修复难度大、时间长，甚至无法恢复到同一等级的植物群落。

重度退化的草原，生物多样性降低甚至丧失，珍稀植物与名贵动物消失或大大减少。内蒙古锡林郭勒典型草原的单花郁金香已经消失，口蘑、黄花苜蓿等变得十分稀少，黄羊基本消失，百灵鸟、猛禽也很少了。

2014 年世界永久性草场面积为 33 亿 hm^2，其中排名前六的国家为中国、澳大利亚、美国、巴西、哈萨克斯坦、蒙古国，分别为 3.93 亿、3.59 亿、2.51 亿、1.96 亿、1.87 亿、1.1 亿 hm^2(2014 年世界

* 1 亩≈666.67m^2。

各国或地区永久性草场面积分析——观研报告网 chinabaogao. com)。我国55%的陆地面积有羊草分布，羊草的最佳适生区占我国陆地面积的18%(约为26亿亩)。适生区面积最大的国家是中国，占全球适生区分布总面积的38.34%；其他依次是俄罗斯、蒙古国、美国(含阿拉斯加)、加拿大、哈萨克斯坦、朝鲜、乌兹别克斯坦，分别占全球适生区分布面积的27.55%、13.23%、10.72%、4.67%、3.91%、0.72%、0.57%；巴基斯坦中部也有零星分布[2]。羊草草原是欧亚大陆的特有群系，它位于亚洲中、东部的温带半湿润和半干旱地区，36°~62°N、92°~132°E 的范围内。羊草草原在世界的分布总面积有42万 km^2，其中我国境内分布面积约22万 km^2(折合3.3亿亩)。羊草在国外主要见于俄罗斯的外贝加尔草原地带和蒙古国的草原地带，在我国主要见于松嫩平原及西辽河平原地区、内蒙古高原及其东和南外围地区的草原带，以及阴山以南的平原与丘陵地区。中国羊草草原植物种类组成丰富，共记录维管植物325种，隶属43科178属，其中双子叶植物247种，隶属38科134属，单子叶植物78种，隶属5科44属。是草原区生物多样性保护的重点对象。

我国东北的草原属于温带半湿润草甸草原，面积约4116万 hm^2(6.2亿亩)，该地区集中连片的大草原有呼伦贝尔草原1130万 hm^2，科尔沁草原423万 hm^2，松嫩草原986万 hm^2。90%的草原存在不同程度的退化。科尔沁草原已经严重沙化，松嫩草原碱斑成片，呼伦贝尔草原虽退化较轻，但植被高度和盖度均下降，开垦导致草原面积减少。羊草是东北草原的关键物种，草原退化导致其生产力下降，植物种群质量下降。东北草原土壤浅薄，20cm 以下为盐碱、沙土、砂砾、黏壤土，长期的自然选择结果较适合浅根茎草本植物生存，草原环境一旦破坏，恢复十分困难。

羊草草原退化对生态系统结构和功能造成破坏[3]。羊草草原随着退化程度的增强，物种的丰富度减少，禾本科在群落中的作用逐渐下降，水分生态类型的多样性则逐渐下降，群落总生物量下降，旱生植物的生物量逐渐增加，其作用随着群落的退化也逐渐增强，整个群落逐渐向旱生方向发展。在重度退化群落，多年生根茎禾草和多年生丛生禾草的相对生物量均有所下降，小半灌木和多年生草本的相对生物量有所升高，打破了原生群落中多年生丛生禾草和多年生根茎禾草占优势的局面，群落叶面积指数下降，光合固碳能力显著降低，导致群落生物量下降。同时随着群落的退化，土壤容重增加，通气和保水能力下降，土壤有机碳和土壤氮含量显著降低，重度退化区域下降幅度达到70%，土壤碳库功能降低，碳固持能力下降，土壤环境整体恶化，对群落固碳能力和生态系统稳定性造成不利影响[4,5]。

内蒙古锡林河流域羊草草原在退化演替过程中出现过4种不同的退化状态，不退化的羊草+杂类草、轻度退化的羊草+针茅、中度退化的羊草+糙隐子草这3种群落具有相似的环境特征，且3种状态之间既可正向，也可负向相互转化。但是，当草地进一步退化到冷蒿群落时，群落结构和功能将会发生较大变化，且环境条件严重恶化。因此，冷蒿群落的恢复，可能无法完成向前一个状态糙隐子草群落的演替，而是出现一种新的功能较低的群落类型[6]。

建议将生态系统中具有典型性和代表性、区域生态地位重要、生物多样性丰富的草原建设为草原自然公园，严控各类人为活动对草原生态环境的影响。

1.2 种质资源保护的需求

2020年中央经济工作会议明确要求，要加强种质资源保护和利用，加强种子库建设；要开展种源“卡脖子”技术攻关，立志打一场种业翻身仗。草种质资源是新品种选育最重要的物质基础，是天然草地改良和人工草地建设的物质基础，是保障食物安全和生态安全的重要战略性资源。

种质资源又称遗传资源。种质资源长期保存的主要方法是种子库。

国际上有一个“全球种子库(Svalbard Global Seed Vault)”坐落于距离北极点1000多 km 的挪威斯瓦尔巴特群岛上，2018年该库储存的种子样本超过100万份。

中国科学院国家标本馆主要收集保存中国高等植物，以及美国、日本和印度尼西亚等国家的部分标本。现保存国内外实物标本约265万份，其中种子植物165万份，蕨类植物18万份，苔藓植物20万份，模式标本约1.7份，涉及193科1183属7923种。已完成数字化的标本190万份(条)，其中草本植物占50%~60%。

我国的农作物种质资源保存体系建设相对完善，由库、圃构成，已建成国家种质资源长期库及其复份库各1座、国家中期保存库10座、国家种质资源圃40个以及原生境保护点116个。中国农业科学院的国家作物种质库，温度-18℃、湿度小于50%，保存寿命可延长到50年以上。2021年该库种质资源保存数量超过52万份，仅次于美国(近60万份)。

位于昆明的中国西南野生生物种质资源库，2019年共收集保存植物种子、植物离体材料、植物DNA、动物细胞系、微生物菌株等各类种质资源23546种，共248593份(株、条)。

澳大利亚遗传资源中心保存3.8万份一年生和多年生苜蓿遗传资源，新西兰牧草基因库保存了约3万份牧草遗传资源，日本国立农业生物资源研究所保存牧草、饲料作物资源1.2万份，国际家畜研究所(ILRI)收藏牧草遗传资源3万份。

中国全国畜牧总站拥有1个草种质资源中心库、2个备份库、17个资源圃、1个数据库及信息管理系统相结合的保存利用体系。2017年，该站收集草种质资源6.5万份，编目、入库(圃)保存资源5.6万份，草种质资源保存数量仅次于美国。位于呼和浩特的国家种质牧草中期库，保存温度4℃。2019年年底，该库共保存牧草种质资源17336份，隶属38科261属825种。

1.3 羊草种质资源与育种

2021年，国家林业和草原局首次公布《中华人民共和国主要草种目录》，共收录12科72属120个草种。羊草、披碱草、冰草、苜蓿、扁蓿豆、隐子草等在列[7]。

羊草种质资源包括：自然分布的野生羊草、驯化种植的羊草、地方羊草品种、新培育的羊草品种、特异的羊草种质、野生近缘植物以及上述材料的无性繁殖器官和种子。1951—1953年，中国科学院李振声先生曾收集800份牧草种质资源。1953年，以东北师范大学为代表的学者们开始了羊草生物生态学研究[8]，1957年有学者对羊草的饲用价值进行研究并肯定了其优良的饲用价值[9]。

我国羊草种质资源的研究可以概括为以下4个阶段[10]：1951—1987年，羊草种质资源研究调查和省级项目立项阶段；1988-2000年，我国培育出第一批6个国审羊草品种，草产品曾出口日本；2001—2014年，早期品种的推广、羊草有关国家重点研发项目立项并实施；2014—2021年，羊草种质资源研发体系初步建立、第二批5个国审羊草品种育成、规模化种子繁殖面积扩大。

70多年来，我国围绕羊草在种质资源分布、种群生物生态特性、细胞与遗传特性、繁殖生物学、生理适应性、遗传多样性、生物技术等方面进行了大量研究[11]，取得了重要研究结果，逐步形成了羊草资源的基础研究队伍。至目前为止，我国几个主要研究单位收集的羊草野生种质资源超过3000份；截至2020年，全国畜牧总站牧草种质资源保存中心共保存羊草野生种质资源345份；我国现有国审羊草品种11个，省级审定品种10个，国外尚没有羊草注册品种。

然而，在羊草种质资源研究领域还存在多项不足：第一是羊草种质资源普查仅有个别科研教学单位零星开展过，尚缺乏全国性普查数据，目前资源家底不清，野生资源的保护和破坏程度难以评估；第二是野生种质资源的收集数量少，创新的育种材料不足；第三是鉴定评价滞后，评价技术落后，分子鉴定技术有待开发和高效利用，鉴定出的特异材料少，优异的育种材料更少，已开展鉴定评价的种质资源不足10%，难以为育种创新提供物质基础；第四是种质资源保存困难，羊草种子的发芽率低，在常温下保存2~5年种子发芽率急剧下降，所以必须保存在低温库才能够起到长期保存的作用，目前国家中期库保存345多份羊草种质，亟待进入长期库；我国已经收集的几千份种质资源目前保存在育种单位的种质资源圃，通过无性繁殖而保存，由于每份材料必须建立严格的隔离墙，所以保存和维护成本较高；第五是选育的新品种少，品种缺乏突出的性状；第六是育种效率有待突破，需要开发人工智能育种技术、基因编辑技术和数字育种等技术。

1.4 羊草基因资源保护和发掘

基因资源即遗传资源。1992年签订的《生物多样性公约》对基因资源的定义如下：具有实际或潜在价值的遗传材料。遗传材料是指来自动物、植物、微生物或者其他来源的任何含有遗传功能单位的材料。其中含有遗传功能单位的材料就是指基因。本文所述的基因资源包括羊草及近缘种的基因组资源、基因序列资源和基因文库，还包括羊草 DNA、RNA 以及用于羊草的核酸序列及其组合。羊草在我国分布广泛，基因资源非常丰富。

历史上我国由于科技水平所限，没有充分认识到基因资源保护的重要性，国外一些组织利用各种手段，如通过出资合作项目等获得基因资源，造成我国野生动植物及人类基因等基因资源外流时有发生。近年来，随着测序技术的开发和普及，人们对数万种生物的基因进行了序列。我国科研人员利用转录组学方法分析了羊草在耐盐、低温、干旱、刈割、模拟放牧条件下的基因表达情况，克隆和鉴定功能的羊草抗逆相关基因有 20 多个，鉴定的羊草耐盐相关的新基因 *LcSAIN*1 可显著提高转基因植物的耐盐性，发现羊草 *LcbHLH*92*a* 和 *LcbHLH*92*b* 可能通过提高 JAZs 蛋白的表达量而抑制 TT8、DRF、ANS 和 ANR 的转录，导致花青素和原花色素含量的下降。这些基因功能的鉴定，为解析羊草抗逆机理及羊草抗逆分子设计育种提供了基因元件[12]。

人们常说一个基因可以改变世界，说明基因虽小但影响巨大。基因资源在国际知识产权领域的竞争十分激烈。我国在基因资源保护和利用方面尚有许多短板待补，如羊草基因组测序数据的分析和保存、基因组数据与转录组数据或蛋白质数据的整合分析、重要性状功能基因的发掘、基因专利的保护、基因编辑策略的设计、基因资源与表型性状的关联分析等。此外，在羊草种质资源宏观保护和保存的基础上(原生地保护、种植保存、种子贮藏保存)，要重视和实施基因资源的保护和利用，形成羊草种质资源的全方位保护。

虽然我国和蒙古国在羊草自然资源上占有优势，但美国、俄罗斯、德国、荷兰等也开展羊草的研究，特别是韩国和日本，对我国羊草十分关注。所以应当加大投入，在竞争中占据主动和优势。

2 食物安全供给的需求

2.1 我国粮食安全的主要压力在饲料

随着我国人民生活水平的迅速提高，人们对畜产品的需求结构发生了显著变化，对牛羊等草食家畜产品的消费量呈增长态势，从而导致饲草需求大幅增长。粮食安全的主要压力在饲料粮，促进饲料粮减量的一个重要举措就是增加饲草供应。

为保障国家饲草料安全，国家相继出台了草原生态保护补助奖励、粮改饲、振兴奶业发展行动等政策。但仍急需加快草原生态修复、加强草业科技创新、大力发展优质饲草规模化生产及饲料加工业、推动生态草牧业高质量发展，实现草、料、畜、肉(奶)全产业链协调发展，更好地满足人们对绿色、优质、安全畜产品的需求。

2.2 优质牧草是生态草畜业高质量发展的基础

国家林业和草原局加强草原禁牧休牧工作的有关意见[13]，是促进退化草原休养生息、加快恢复草原植被的重要措施，是山水林田湖草沙系统治理的必然要求。近年来，草原牧区以"生态保护优先"政策为指导，通过围栏封育、补播改良、建立人工草地等措施，改善草原生态环境，草原畜牧业逐步由天然放牧向舍饲半舍饲和划区轮牧转变。由于草原生态环境脆弱，草畜平衡补贴有限，超载放牧仍然是制约草原畜牧业可持续发展的重要因素。此外，在北方草原和青藏高寒地区，漫长的冬季和禁牧期，各种饲草供不应求，优质饲草料更是一捆难求；牧区地广人稀，饲草运输成本较高，挤兑了牧区草食家畜养殖效益。面对饲草短缺以及草原牧区振兴遇到的难题，国家需要继续在管理上实施草畜平衡与合理禁牧政策，在草原生态优先的前提下，加大投入，兼顾草牧业发展和牧民生活改善。

在轻度和重度退化的羊草草原，通过机械破土切根和松土，既保证不破坏草地原有生态系统，又能改善草地土壤环境，加快植被生长发育，提高产草量和牧草品质。退化草原切根和深松处理，使吉林西部草原的产草量分别提高 34.4%和 18.3%[14]。

呼伦贝尔和锡林郭勒大草原分布着羊草、冰草、黄花苜蓿等优质牧草，羊草本身就是草甸草原和典型草原的建群种或优势种。在退化草地通过人工种植优质牧草新品种、采用乡土草混播改良、切根和施肥等措施，可以使产草量提高 2~10 倍。羊草植株叶量大，营养价值高，用于放牧适口性好，刈割、加工、冬贮过程营养损失小，霉变少。所以，在草原牧区和农牧交错带，采用优质多年生牧草，发展混播半人工草地用于放牧，发展单种人工草地用于制作干草，是解决这些地区优质饲草料短缺的根本措施。科学规划，采用少量土地资源生产优质饲草，提高养殖效益，缓解天然草原超牧压力，是草原高质量发展新路径。

草原畜牧业是我国牧区的传统产业，又是最具有优势的支柱产业。在生态优先和高质量发展的大背景下，必须打破传统粗放的经营方式，转型到现代草原畜牧业发展的新路上，走资源节约型集约化、产业化、商业化之路。培育乡贤领衔的龙头企业，从草原改良、人工草地建设、饲草生产加工、健康养殖、屠宰加工及销售全产业链设计，带动并联合牧户发展贸工牧、产供销、牧科教等一体化生产的经营实体，实现草原生态持续向好、生态草牧业高质量发展的长久目标。

2.3 减粮增草需要增加优质饲草生产

由于草食畜牧业快速发展对优质饲草的有力拉动，近年来，高产、优质苜蓿、饲用燕麦及饲用黑麦草进入农耕区，种植面积逐年扩大，缓解了当地饲草进口压力，但优质草种种子供应不足。羊草、雀麦、冰草等多年生优质牧草在农牧交错带建立人工草地并用于放牧，既供应了饲料，又节约化石资源，可实现循环经济发展，同时可以新增土壤碳库，对农牧交错带生态脆弱区可持续发展、乡村振兴具有重要现实意义。

2020 年，全国优质饲草产量约 7160 万 t（干重）。全株青贮玉米、优质苜蓿平均亩产分别达到 1050kg、514kg。90%的全株青贮玉米达到良好以上水平，苜蓿二级以上占 70%。优质饲草供应增加，促进了草食畜牧业提质增效。以奶牛为例，“十三五”期间奶牛单产从 5.5t 提高到 8.3t，但每吨牛奶的精饲料用量减少了 12%。各地积极探索推广粮草轮作、豆禾混播或套种等特色模式。在牧区，人工种草的持续发展加速了传统放牧养殖方式向舍饲半舍饲转变。盐碱地、滩涂上种植耐盐碱饲草，改良了土质，创造了土地增量。在河流、草原等生态保护重点区域发展人工种草，涵养了水源，减少了水土流失，遏制了草原退化、沙化、盐碱化趋势。

2.4 草牧业发展需要羊草配合饲料

2020 年，我国肉蛋奶总产量达到 1.46 亿 t，牛奶产量 3440 万 t，同比增长 7.5%。全国天然草原鲜草总产量 11.13 亿 t，全国工业饲料总产量 2.53 亿 t，为畜牧业持续发展和优质蛋白的供应提供了强有力的物质支撑。然而，我国常年大量进口大豆及其产品，时刻为饲料安全敲响警钟。国际大豆、苜蓿等大宗原料价格的波动与高位运行对我国饲草料生产和经营具有较大影响。2022 年 2 月我国进口美国苜蓿干草的平均到岸价突破了 443.8 美元/t，达到历史最高价格。

随着环境保护和碳排放政策力度的加大，我国畜牧业生产面源污染问题面临更加严峻的挑战，在推进草牧业生产的过程中必须采用先进技术，节约饲草料资源，从而实现高质量发展。同时，急需加快推进饲料绿色标准、优质标准和营养标准的建设。

在牛羊饲养过程中，把粗饲料加工成草产品配合饲料，可以有效节约资源，提高饲草利用效率。吉林省生物研究所开发出奶牛专用羊草草产品配合饲料，与现有饲粮配方相比较，消化利用率提高 5%左右，奶牛乳脂率提高 0.1%，产奶量提高 5%以上，降低饲养成本 5%左右。建设了年产 1 万 t 的羊草草产品加工生产线。据观察，牛喜食颗粒料，尤其是吉生羊草与精料混合颗粒，可能因为原料经熟化产生了香味。经测定，吉生羊草与精料混合颗粒、吉生羊草颗粒和吉生羊草饲喂奶牛，日均产奶量分别比饲喂野生羊草对照组多产奶 4.90kg/天、2.80kg/天和 2.00kg/天，提高产奶率分别为 25.05%、13.83%和 10.04%。2019 年[14]用吉生羊草系列草产品对肉牛、肉羊进行饲喂试验，饲喂羊草颗粒比饲喂羊草捆减少浪费32%；饲喂羊草颗粒肉牛、肉羊日增重提高6%以上，牛提高收入6%，羊提高收入9%。

3 生态修复和国土绿化的需要

3.1 沙化草地修复及害草治理

羊草是很好的沙化草地生态修复植物，横走根茎穿透侵占能力极强，能够形成强大密集的根网结构，盘结固持土壤，减少土壤颗粒和营养流失，羊草全年覆盖土表，可减少土壤扬尘飞沙。根据这些特点，羊草可用于沙地生态修复，恢复草原景观。

科尔沁草原曾是40万~50万 km^2 的水草丰茂之地。但19世纪后期，因滥垦沙质草地，砍伐森林，甸子地不断缩小，坨子地扩大，沙化面积急剧增加，现成为我国最大的沙地，面积约5.1753万 km^2，横跨内蒙古、吉林、辽宁3省份。近年来，在国家和内蒙古自治区各项政策的支持下，科尔沁沙地生态恶化趋势得到遏制，但生态系统依然十分脆弱，生态产业发展缓慢。

科尔沁沙地原生植被为疏林草原，现退化为隐域型沙地植被，它代表了包括呼伦贝尔沙地、松嫩沙地、浑善达克沙地与毛乌素沙地在内的整个北方农牧交错带的风沙活动区。关键物种包括沙米、隐子草、芦苇、小黄柳、榆树、羊草、冰草、寸草薹、地榆、拂子茅、马蔺等。

科尔沁沙地腹部有一个开鲁县(位于内蒙古自治区通辽市)，风沙土面积占该县土地总面积50%。年平均降水量341.8mm。近40年来，科尔沁沙化草地治理缓慢，还出现了《中国外来入侵物种名单》中的少花蒺藜草，而且这一草害长期得不到有效治理。2019年开始采用中科羊草进行替代种植，第三年羊草的盖度达80%以上，羊草地上生物量大、地下根茎繁殖快的优势，迅速压制了杂草的生长和繁殖。羊草的替代种植方法不仅彻底清除了少花蒺藜草，而且减少土壤风蚀90%左右，显著减轻了当地的沙尘危害[15]。

羊草修复生态的速度快、效果稳定，而且优质饲草产量高。目前，应用中科羊草这一治理沙化草地的模式已在内蒙古鄂托克前旗(毛乌素沙地)、通辽及赤峰(科尔沁沙地)、海拉尔及新巴尔虎旗(呼伦贝尔沙地)试验推广，未来有潜力用于我国上亿亩沙化草地的生态修复和优质饲草生产。

3.2 退化草地生态修复

长期以来，人们对草原进行掠夺式经营，草原得不到休养生息，生态环境极其脆弱。大量优质草原被开垦为耕地，剩下的草原也面临超载过牧的威胁，不合理地利用和干扰以及气候变暖、水平衡紊乱等因素，导致草原生态严重退化。与20世纪50年代相比，90%左右的天然草原出现不同程度的退化，中度和重度退化约占30%。草原生态恶化，不仅制约着草原畜牧业发展，影响农牧民收入增加，而且直接威胁国家生态安全，草原生态环境面临的问题已成为国家生态安全的薄弱环节[16]。

从2003年开始实施的退牧还草工程是我国实施时间最长的草原生态修复工程。截至2020年，已累计投入资金339亿元，建设草原围栏0.79亿 hm^2，开展黑土滩治理、毒害草治理、退化草原改良、人工种草等0.25亿 hm^2。工程区内草原植被盖度平均提高15.2%，植被高度平均增加67.3%，单位面积鲜草产量平均提高69.2%，有力促进了草原生态恢复，加快了草牧业生产方式转变，增加了农牧民收入。

据报道，2020年，我国草原综合植被盖度增加了5个百分点，达到了56.1%，但草原生态总体脆弱的状况仍未改变，形势依然严峻，处于爬坡过坎、不进则退的相持阶段。因此提出进一步加强草原保护修复的目标[1]：到2025年，草原保护修复制度体系基本建立，草畜矛盾明显缓解，草原退化趋势得到根本遏制，草原综合植被盖度稳定在57%，草原生态状况持续改善；到2035年，草原保护修复制度体系更加完善，基本实现草畜平衡，退化草原得到有效治理和修复，草原综合植被盖度稳定在60%，草原生态功能和生产功能显著提升。按照山水林田湖草沙一体保护、系统修复、综合治理的要求和宜林则林、宜草则草、宜荒则荒的原则，统筹推进森林、草原保护修复和荒漠化治理。在干旱半干旱地区，坚持以水定绿，采取以草灌为主、林草结合方式恢复植被，增强生态系统稳定性。在草原区，对生态系统脆弱、生态区位重要的退化草原，加强生态修复和保护管理；在林草交错地带，营造林草复合植被；在森林区，保护林草镶嵌分布的复合生态系统。

目前，草原生态修复项目少、针对性不强，修复成效不明显，修复成果缺乏展示展现，成果难以巩固持久。有些项目急于求成，采用大量一年生植物，或越冬性差的植物，当年变绿，两三年后又返回退化前的状态，有些项目选用外来物种，不适应修复场地的气候土壤环境，也很快返回退化状态，这些做法既达不到生态修复目的，又浪费资源。所以，需要对草原退化程度进行评估，分门别类，采取相应措施进行治理。对重度退化草原，采取免耕补播、人工种草等方式，引入先锋植物和乡土草种，减少地表裸露，增加植被覆盖，丰富生物多样性，进行草原植被系统重建。对中度退化草原，采取施肥、松土、切根、灌溉等培肥地力改善水土的措施，促进草原原生植被生长，恢复草原生态环境。对轻度退化草原，采取围栏封育的措施，减少人为对草原的干扰破坏，依靠草原自然修复力，促进草原植被恢复。在水土条件适宜地区，支持建设放牧型多年生人工草地，大幅提升优质牧草生产供给能力，减轻天然草原的放牧压力，促进天然草原休养生息[16]。

退化草原的恢复是一个植被动态演替的过程。中度干扰理论认为，适度干扰的生态系统生物多样性最高；放牧优化理论认为，草原初级生产力在适度放牧强度下可以达到最高。基于这些生态学理论，结合我国草原的特点及多年来我国草原恢复的实践，我国天然草原恢复的目标可以确定为“生物多样性高、生产力水平高、生态系统结构完好”的适度利用的近顶极群落状态[17]。

中国科学院植物研究所在呼伦贝尔草原和锡林郭勒草原的恢复实践表明，通过“生物促芽、养分增效、水肥同步”的人工辅助措施，可以使中度退化草原在2~3年内实现快速恢复。在青藏高原“黑土滩”型退化草地的恢复治理中，研究人员引入垂穗披碱草、冷地早熟禾、中华羊茅等优质禾本科牧草，先建立人工草地，然后逐渐演替到自然植被，也取得了较好的效果。

呼伦贝尔草原区是我国北方重要的生态屏障，近年来不合理的利用方式导致该地区退化草地面积不断扩大。以羊草和黄花苜蓿为补播材料，夏播的幼苗数量显著高于春播和秋播，夏播和秋播植物群落总生物量增加；补播提高了退化草地植物群落 Shannon-Wiener 指数、Simpson 指数和 Pielou 指数，豆科和禾本科植物重要值呈增加趋势[18]。

草原生态修复属于全民公益性质，任重道远。国家需要从战略层面考虑长期支持，制定草原生态修复治理补助政策，专门用于退化草原生态修复、草原有害生物防治等工作，多年稳定支持。

3.3 盐碱地修复和利用

《国民经济和社会发展第十四个五年规划和 2035 年远景目标纲要》强调严守 18 亿亩耕地红线，大面积的盐碱地是我国耕地的重要后备土地资源，而羊草作为典型“乡土草”植物资源，具有广泛的耐逆能力，能够在极端寒冷、高盐、干旱环境中生存。因此，羊草抗逆相关的基因资源，创制的耐逆新种质和培育耐逆品种，用于盐碱地的合理开发和利用，对于保障国家重要农产品安全，促进区域经济发展，改善生态环境，都具有十分重要的意义

甘肃省景泰县位于河西走廊东端，属温带干旱型大陆气候。每年日照时数为2652小时，太阳年平均辐射量147.8kcal/cm^2，全年≥0℃的活动积温3614.8℃，≥10℃的有效积温3038℃，无霜期191天。土壤为盐碱地和退化沙化草地，pH值7.68~8.44，土壤含盐量是0.72‰~4.72‰，属于低氮磷、低有机质、富钾的盐碱土质。因气候干旱和常年放牧，草地严重退化，治理前植被盖度不足5%。中科羊草种植第二年羊草盖度70%以上，平均株高106 cm，种子产量18 kg/亩，干草产量426 kg/亩。采用穴播覆膜技术，保持了水分，避免了土壤板结，有效控制了杂草。

我国有许多少雨的干旱、半干旱土地及盐碱地，一般光热资源充足，如果适当灌溉，非常适宜羊草种子生产，建设国家级草种繁育基地。在新疆和宁夏的中科羊草试点，种子成熟期降水少，降低了羊草倒伏和收获期雨淋的风险，高产田块种子产量达到了5kg/亩，收获的种子不仅产量高，而且质量

好。西部独特的气候条件，有望充分发挥羊草的抗逆特性和繁殖优势，建设百万亩优质乡土草种子生产基地，对维护国家生态安全、提升土地利用率、农牧民增产增收均具有现实意义。

3.4 水土流失控制与乡村振兴

黄河流域黄土高原地区总面积63.5万km^2，其中水土流失面积45.4万km^2(水蚀面积33.7km^2、风蚀面积11.7万km^2)，年均输入黄河泥沙16亿t，是我国水土流失最严重、生态环境最脆弱的地区。由于缺乏植被保护，加上夏雨集中，且多暴雨，在长期流水侵蚀下，地面被分割破碎，形成沟壑交错其间的塬、墚、峁。

佳县位于陕西省榆林市东北部黄河中游西岸，地处农牧交错带，生态环境非常脆弱，容易发生水蚀造成水土流失。年均降雨水量380mm，土壤pH值8.08，属于低有机质、低氮、中磷、中钾的碱性土壤。为了保护和恢复生态，自由放牧受到严格控制，家畜舍饲后饲草料来源缺乏。近年，在佳县引种了中科羊草，开发的玉米地套种羊草模式、枣树山地苹果树林间羊草种植模式，不仅解决了水土流失的问题，而且收获了优质饲草和种子，为周边类型地区的生态修复提供了优质种子示范技术，当地企业还开发出了地域特色的“草-畜-加产业链产品——佳米驴和老薛家羊”。

羊草在佳县地区的种植，不仅防止了水土流失，改善了生态环境，同时带动了当地畜牧业发展，提高了人们的收入，为佳县扶贫和乡村振兴提供了新途径。这对我国黄河流域类似地区的生态治理和可持续发展具有重要借鉴意义。

3.5 荒漠化草原生态修复

我国西部有大面积的荒漠化草原，新疆天山北坡退化草地面积较大，气候干旱，地势多为缓坡、山地。荒漠化草原水土流失严重，涵养水源功能减弱，景观价值下降。

新疆昌吉州呼图壁县属温带大陆性干旱半干旱气候。年降水量167mm，无霜期平均180天，全年日照时数3090小时。由于长期放牧，草原严重退化为荒漠化草原，植被盖度不足3%。土壤pH值8.11~9.30，呼图壁土壤含盐量是0.93‰~13.10‰，属于低氮磷、低有机质、富钾的盐碱土质。为了不破坏荒漠化草原原有植被和土壤结构，在免耕播种时对中科羊草采取了穴播。第二年羊草株高达到81~92cm，抽穗率60%，盖度达95%，根茎分蘖旺盛。

利用抗旱、耐寒的优质乡土草种，在雨季来临前采取免耕播种方式，有利于出苗。多年生根茎型禾草根茎繁殖速度快，网状根系可以固定土壤、保持水分，可快速恢复生态；多年生乡土草免耕穴播技术的应用减少了破坏原生植被的风险，一次种植，多年受益。同时荒漠化草原治理后盖度明显增加，地形复杂的山坡生产的优质饲草可以通过放牧的形式利用，地势平坦的区域可以建设打草场，增加当地农牧民收入，生态效益和经济效益都十分明显。

3.6 草原文旅和碳汇

草原具有多功能性，其生态服务价值包括：供给服务(食物生产、原料生产、水资源供给)、调节服务(气体调节、气候调节、净化环境、水文调节)、支持服务(土壤保持、维持养分循环、生物多样性)、文化服务(美学景观)。世界草地占地球陆地总面积的40.5%，储存了陆地生态系统总碳量的34%[19]。

在加强草原保护、保持生态系统健康稳定的情况下，充分挖掘草原生态服务价值和草原民族民俗文化优势，积极推进草原旅游业发展，满足人民日益增长的优质生态产品的需要。科学合理利用草原景观资源，特别是那达慕旅游文化资源，适度开展草原生态和文化旅游，打造一批精品草原旅游景区、特色小镇(如“羊草小镇”)、休闲度假地和旅游线路，推动草原旅游业和草原生态休闲观光产业发展。

根据政府间气候变化专门委员会(IPCC)发表的报告，草地可固碳1.3t/(hm^2·年)，折合每亩草地每年固定二氧化碳0.32t。据白永飞等人2011—2013年开展全国草地固碳量测定结果显示，草地平均固碳量为250g/(m^2·年)，折合每亩草地每年固定二氧化碳0.61t。2030年羊草改良草地面积1亿亩，如果每亩草地固定二氧化碳量0.3~0.8t，2030年将产生碳汇3000万~8000万t/年。2020年12

月，北京碳交易价格波动于62.58~91.01元/t，若按照交易价格以60~100元/t计算，2030年1亿亩羊草草地的固碳效益为18亿~80亿元。

草原固碳是实现碳中和的重要举措，要科学发掘草原的巨大潜在碳汇价值，推进草原多功能利用，加快发展绿色低碳产业，发挥草原固碳价值，实现碳汇交易，拓宽农牧民增收渠道，全面展示绿色草原的生产、生态、经济和社会效益。支持草原地区低收入人口通过参与草原保护修复、现代草牧业、电子商务和碳汇等新业态增加收入，实现乡村振兴和牧区振兴。

4 草种业振兴刻不容缓

4.1 草种业自给率低亟需扶持政策

我国是一个草原大国，草原面积3.93亿hm^2，位居世界第一，但还不是草原强国。2021年中央一号文件指出，把解决好种子问题作为保障国家粮食安全的关键举措来抓，加强农业种质资源保护利用，开展种源“卡脖子”关键技术攻关，坚决打好种业翻身仗。高产优质草种和草产品是获得高品质肉、蛋、奶等畜禽产品的重要保障和源头。然而，我国优质饲草50%依赖进口，供需矛盾紧张。特别是中美贸易摩擦以来，优质牧草种子和干草的国际贸易面临更大的不确定性。目前，退化草原修复、退牧还草、退耕还草等生态工程建设急需大量抗旱、耐寒、耐瘠薄、耐放牧、耐生存竞争的草种，特别是“乡土草种”的国内种子产量严重不足。2020年，全国草种自产量为3.09万t，进口量为7.69万t，对外依存度超过70%。

草种业是我国的硬伤，经营主体依赖国际草种子贸易营生，本土生产型企业小而散，特别是生态修复用草种，国家品种奇缺，种子产量低，成本高，繁殖系数低，好比处于“幼儿期”，如果没有国家的扶持，这些企业在国际市场缺乏竞争力。

目前，我国草种业自给率低、缺乏国际竞争力，一个重要原因是缺乏草种业扶持政策。草种业链条的关键环节，如草种质资源保护、优良草品种选育、草种规模化生产、采收加工机械研发以及龙头企业培育等，都缺乏应有的扶持政策。我国草种产业市场发育还不成熟，在新品种推广过程中，没有像粮食作物良种推广那样，建立鼓励新品种推广应用的扶持政策，也无新品种示范推广专项资金。新品种的品种权转让成交的极少，严重影响了育种者的积极性。新草品种的应用需要一个示范推广过程，育种者无法组织大规模种子生产、宣传和推广。大部分地区还没有建立良种补贴机制，出台相关扶持政策，亟须参考粮食作物良种补贴机制，出台草良种补贴政策。

除此之外，我国草种业还存在如下具体问题。

(1)育种成果少且转化率低。目前通过国家审定的草品种只有622个，而美国仅苜蓿就有900多个品种。审定的622个品种推广应用的仅有50多个，转化率不足10%。

(2)草种质资源保护和草品种繁育不平衡。过去，草种质资源保护和良种选育研发侧重于牧草，主要是以高产优质作为育种目标，服务畜牧业发展，鲜有专门用于生态修复的具有较强抗逆性的草品种。

(3)优异品种少。能够兼顾生态和饲用价值的多年生草品种数量偏少，远不能满足对于我国不同气候、地理、生境的生态修复需求，在干旱、寒冷等环境比较严酷的地区体现得更为明显。

(4)采集难度大。野外采集的乡土草种类多但种子数量少，人工采集成本偏高，种子质量标准不易确定。

(5)龙头企业少。没有发挥企业在草种业发展中的主体作用，目前我国草种企业大多是“进口+销售”的贸易公司，几乎没有育繁推一体化的草种企业。

(6)繁殖效率低。一些新选育的优质乡土草虽然通过了国家草品种委员会的审定，但繁殖效率低、周期长，规模化草种繁育基地极少。

(7)品种知识产权保护体系不健全。草种生产和种子质量等需要建立或修改国家及行业标准。

4.2 羊草种子生产“一举两得”优势有待发挥

在紫花苜蓿种子生产田，种子的收获期一般应在70%~80%荚果变成褐色时。为了提高种子的落粒性、提高机械作业效率，在紫花苜蓿种子收获前叶面喷施百草枯作干燥剂可明显增加苜蓿茎叶的干黄程度[20]。由此可见，紫花苜蓿种子田的功能就是收获种子，饲草的收获比较困难，特别是如果使用了百草枯，苜蓿植株的叶子基本脱落，收获种子后剩余营养体的营养价值大大降低，作为饲草收获在经济上不一定划算。

作为饲草生产的羊草，其饲草的营养价值与发育时期密切相关，抽穗期粗蛋白含量最高，可达20%~30%，盛花期可达18%~22%。在热量丰沛和水肥管理到位的条件下，羊草一年可刈割2~4茬。在羊草的种子田，当80%~90%种子发黄成熟时，可以采用大型机械直接收获种子(或先收获穗子运输到晾晒场进行脱离)，随后可以采用机械刈割“去穗羊草”(穗子被割去了的植株，加上没有抽穗的营养枝)，通过晾晒制作干草。由此可见，羊草的种子田既可收获种子，又可收获饲草，种子和饲草销售后都能获得经济效益，羊草种子田“一举两得”。除此之外，种子田同样具有生态服务价值，应该计算在生态效益之中。

长期以来，我国优质乡土草缺乏大规模种子基地，政策不稳定，种子生产设备老旧。多数草种的种子产量比农作物低，成本比国外草种高，国内草种生产企业难以为继。国家需要建设一批高标准羊草种子繁育基地，由中央、地方和企业共同投资，国家实行长期补贴，维持基本种子田地块稳定性。强化草种子生产专用机械的技术研发与推广，提高机械补贴比例，提升草种业机械化水平，提高牧草种子的生产效率和供种能力。通过开展羊草等优质乡土草种业的规模化、集约化、机械化、专业化生产示范，探索、推广适合我国国情的现代草种生产和可持续化经营模式，以点带面，引导社会资本向草种生产领域流动，提升草业良种供种能力。在全国各类草种种子适繁区，建立种子清选和包衣加工生产线和仓库，提高种子供应质量。打造适应我国草种业生产特点的牧草种子分散生产、集中收购加工和销售的灵活生产模式。借助草种繁育基地建设，扶持有一定实力的草种企业向育繁推一体化方向发展，为草原生态保护建设、草牧业发展提供高品质草种。建设国家羊草种业全程物联网，提升草种业信息化水平和科技含量。

建立新品种培育单位和发明人补助奖励机制，实施草种生产补助、良种补贴项目，扶持壮大草种生产龙头企业。适当减免企业生产草种的增值税和所得税，为草种生产企业贷款创设担保条件，鼓励保险公司提供草种生产保险服务。建立国家或省级草种储备制度，用于平衡年际和地区价格波动，确保受灾年份的草种供应。

4.3 在科尔沁沙地建设我国“草种之都”

我国耕地资源十分紧张，需要严格保护和合理利用，但必须从中安排合理数量(200万亩左右，建成后繁殖系数按1∶50估算，每年可为1亿亩草原提供草籽)的草种繁殖用地。草种的生产与粮食作物种子制种一样，也需要集中连片并且隔离防杂的耕地。有人认为，在大草原随便开垦一片草地就可以繁殖种子，但结果可能是种子产量低而不稳定，更为严重的是杂草(相对于要繁殖的物种，其他的草类植物就是“杂草”)种子太多太复杂，很难达到种子质量标准。还有人认为可以随便找一片旱地繁殖草籽，这样做的结果是种子产量低，受降雨等环境影响，种子产量波动大，种子灌浆不足、发芽率低，质量难于达标。所以，中国草种业发展，首先要解决认识问题，草种业是种业，其种子繁殖与农作物种业一样，需要良好的耕地和管理条件，才能收获高产和合格达标的种子。国家在发展草种业时，亟须安排出水肥条件有保障的少量耕地，建设和稳定几十年，把草种业落在实处。没有崛起的草种业，我们的草原生态修复、草原畜牧业发展、国土绿化等事业就是无米之炊。

科尔沁沙地有丰富的光、热资源，在植物生长季节具有一定的天然降雨，但不会造成涝灾或种子收获期连绵降雨。另外，沙地有一定的水资源可供草种基地补充灌溉，具备与草种生产水平先进国家相似的生产条件，是世界上适于温带牧草种子生产的区域。2019 年开始，中科羊草团队与企业合作在科尔沁沙地开展了羊草种子生产试验，第三年种子产量达到 30~50kg/亩，同时还生产干草 300~600kg/亩，亩收入达到 1800~2600 元。

根据这些前期的试验，内蒙古科尔沁沙地具有建设 100 万亩草种生产基地的天然条件，具有建设中国版俄勒冈“草种之都”的优势。

“草种之都”值得国家加大基础科技投入，既要解决近期的实际问题，又要面向未来，对重大关键技术提前进行攻关和系统集成。扶持我国具有自主知识产权、具有国际视野的专业化生产和销售龙头企业，鼓励企业从盈利中拿出 6%~10%营业额的费用，对种质资源和产业化技术开展应用技术研发。加快建设百万亩高质量智慧草种业生产和加工基地，生产基地可以因地制宜，建在自然条件优良、地方政府重视的旗县，但加工企业要适当集中，形成我国种业加工贮存和销售中心；在全国建设百万亩级生态修复示范区几十到上百个，在改善生态环境的同时，推动优质人工草地为基础的“草-畜-加-销”一体化供应链的形成和可持续发展，

5　进出口贸易和“一带一路”机遇

5.1　我国 18 种食用主要农产品食物自给率缺口约占 1/3

采用贸易专业化指数分析我国主要农产品的比较优势发现，大豆、牛肉、玉米、棉花和乳制品呈现明显比较劣势，羊肉、食糖、猪肉和小麦呈现比较劣势，大米和水果呈现微弱比较劣势。与美国、巴西等世界农产品生产和贸易强国相比，中国大多数农产品不具备比较优势。可见，尽管中国已经是农产品贸易大国，但并非贸易强国[21]。衡量一个国家食物自给率的方法之一是将进口农产品按国内单产水平折算为种植面积，再扣除出口农产品所占用播种面积，看净进口虚拟播种面积占国内农作物总播种面积的比重。据此，笔者计算了谷物(稻谷、小麦、玉米、大麦)、油料(大豆、花生、油菜籽)、油脂(豆油、花生油、菜籽油)、畜产品(猪肉、牛肉、羊肉、奶粉)、糖料(甘蔗、甜菜)、蔬菜及水果等 18 种食用农产品的进口虚拟播种面积，可知，2000 年、2010 年、2019 年进口农产品的虚拟播种面积分别为 1.6 亿亩、6.1 亿亩和 8.9 亿亩，扣除出口所占播种面积，净进口虚拟播种面积分别为 1.1 亿亩、5.9 亿亩和 8.5 亿亩，占当年国内农作物总播种面积的比重分别为 4.7%、24.8%和 34.1%，即按此方法计算的我国食物自给率分别为 95.3%、75.2%和 65.9%，反过来说我国食物自给率缺口达 1/3。

根据联合国贸易数据库(UNComtrade)数据统计[22]，2020 年我国大豆进口占全球大豆进口比重已经高达 66.0%，其中，主要进口来源国为巴西和美国，进口比重分别为 64.1%和 25.8%。近几年我国肉类进口依赖度大幅提升，如猪肉进口依赖度从 2018 年的 2.6%上升至 2020 年的 12.7%，牛肉进口依赖度从 2014 年的 5.7%上升至 2020 年的 29.3%。对外部依赖性的根本原因与我国自然禀赋和消费升级有关。改革开放初期，我国城乡居民膳食结构单一，以主食消费为主。随着居民收入水平的提高、食品种类的丰富，主食消费明显减少，肉蛋奶等消费明显增加。2020 年城镇居民人均粮食消费量较 1978 年减少了 20.9%，而猪肉消费量较 1978 年上升了 38.7%，蛋类和禽类消费量较 1978 年上升了 2.6 倍和 12 倍。而豆粕作为一种高蛋白质来源，是牲畜和家禽等饲料的主要原料，其需求随着居民消费结构变化而大幅增加。一方面，我国大豆种植面积扩大业受到土地生产率低的制约，相比其他主要粮食作物，我国大豆亩产相对较低，仅为小麦的 1/3、水稻的 1/4。另一方面，相比其他大豆生产国，我国大豆亩产不到巴西和美国的七成。同时，进口大豆价格也相对低于国产大豆价格。因而，在我国耕地面积有限，保障居民粮食需求的基础上，进口大豆是一种理性选择。但是，作为消费大国，一旦遇到战争(中美经贸摩擦、中澳贸易及中加贸易博弈加剧警示市场风险)或全球供应链中断，我们的生物安全就会遭受严重危机，所以，为了保障大宗农产品的供给安全，首先进行政策性投入，增加大豆种植面积；其次，要加大科技投入和突破性成果产出，大幅度提高大豆产量和土地生产率；再次，也是长久之计，寻求对外依赖度较高的大豆等产品的替代产品。

为满足国民对肉蛋奶消费的增长需求，除了进口大豆及其副产品，我国每年还进口约 200 万 t 苜蓿干草及 20 万 t 燕麦干草，折合的虚拟耕地资源约 450 万亩。由于我国人多耕地少的先天不足，优质饲草(料)生产成本较高，而国外优质饲草的价格低、质量好且稳定，所以在国际贸易便利的情况下买卖双方都有利可图。在当今国际贸易不确定性增加的大背景下，我们急需从战略上加大投入，克服优质饲草品种少的短板，打破种子繁殖慢的瓶颈，提高饲草料产品质量并降低成本，提高国际饲草料市场大幅波动的缓冲力和竞争力。

利用全球农业模型预测[21]，2021—2035 年，我国大豆的缺口持续扩大，进口量从目前的 1 亿 t 增加到 1.1 亿 t，自给率维持在 17%左右；玉米的供求缺口明显扩大，从目前的 1130 万 t 扩大到 3500 万 t，自给率从 95.6%下降到 90%左右；牛肉和奶制品的供求缺口持续扩大，自给率在目前 76%和 67%的基础上进一步下降。

5.2 羊草出口需要行业标准护航

虽然我们进口大量大豆和苜蓿，但羊草是个例外。羊草是我国近代历史上(1979 年出口到 1999 年)唯一出口创汇的牧草，中国也是国际市场唯一的羊草出口国。据估计，当年东南亚地区每年需求羊草干草 300 万~500 万 t，国内的需求量超千万吨。但我国内蒙古、吉林、黑龙江每年的出口量不到 10 万 t，供不应求。出口可以赚钱，但由于缺乏质量标准和严格的管理，这一贸易曾发生过包赔官司，甚至在大连港口就地销毁羊草产品等。随着出口量的增加，东北草原不堪重负，生产力因产种量低、出苗率低和产草量低而下降，不但产量越来越低，质量也越来越差。当时，国外对羊草草产品质量要求的纯度要达 90%以上，而我国吉林省天然草场的纯羊草群落已不多见，碱斑面积在 15%以下、羊草纯度在 85%以上的轻度退化草场已不存在，碱斑面积在 30%以下、植被面积在 70%以上的中度退化草场仅有 20%，且以杂草为主，羊草仅占 30%左右；碱斑面积在 50%以下，植被面积在 50%以上的重度退化草场约占 30%，以碱茅为主；碱斑面积在 70%以上、植被面积不到 30%的极重度退化草场已占 50%，优势种以马莲和明碱斑为主。

羊草是禾本科牧草中的“细粮”，具有催乳作用，不但马、牛羊均喜食，奶牛饲养也以羊草为主，约占饲料的 95%，豆饼、苜蓿等精料仅占 5%，如羊草纯度不足，将严重影响产奶量，且饲料的配比不易掌握。如果仅通过禁牧、围栏等手段自然恢复，5~6 年羊草仅能恢复到 30%~50%，且碱斑地带难以恢复。人工种草的效率则可提高 1 倍，2~3 年内即可将羊草植被恢复到 80%~100%。1990—1993 年通过全国牧草育种委员会品种审定的‘吉生 1 号’‘吉生 2 号’‘吉生 3 号’‘吉生 4 号’羊草品种[23]，干草产量 7.50t/hm^2，产籽量 150kg/hm^2，出苗率 60%以上，最高干草产量曾经达到了 10.50t/hm^2。吉生羊草的粗蛋白含量为 6%~9.45%，比野生羊草提高 10%~70%；催乳效果显著，比野生羊草提高 13%。当时采用羊草改良盐碱地的效果十分显著，在 pH 值 8~9.12 的中、重度盐碱地上仍能达到产量指标，在碱斑面积 50%的盐碱地上，三年覆盖度可达到 100%。出口到日本和东南亚地区的羊草，主要用于奶牛、肉牛、赛马、肉羊、毛羊等的饲养。2000 年，日本从我国进口的羊草约有 9 万 t，占日本牧草干草进口的 3%[24]。2013 年，中国羊草之乡黑龙江省安达市年产优质羊草 20 万 t，部分出口日本和韩国。

长期以来我国羊草质量缺乏标准，严重制约着羊草干草的国内外交易。羊草干草的质量与品种、发育时期、产地、年份、收获时间、管理及贮存有关。国内一般饲养场采购羊草时大都依赖感官经验，如颜色、杂草率、含水量、气味、有无霉变等。2023 年，农业行业标准——《羊草干草》(NY/T 4381—2023)标准正式出台[25]，该标准适用于以羊草为优势种的天然草地或羊草人工草地生产的干草。对羊草纯度、可食性草、霉变 、感官指标(颜色、霉变、气味、杂质)进行了定义，对纯度进行了分级：羊草纯度≥90%属于特级；羊草纯度≥80%属于一级。标准确定了羊草干草质量理化分级指标及等级：羊草干草的粗蛋白≥9%、中性洗涤纤维 < 55%、酸性洗涤纤维 < 30% 属于特级；羊草干草的粗蛋白≥7%、中性洗涤纤维 < 60%、酸性洗涤纤维 < 35%属于一级。该标准填补了我国羊草产业发展的一个严重漏洞，然而，是否被日本、韩国等贸易伙伴认可，还有待观察。此外，该标准基于羊草近年生产和贸易现状，对粗蛋白的要求偏低。随着科技进步以及羊草人工草地面积的扩大，羊草干草的质量

还有很大提升空间，产业水平的提升需要标准的同步化，未来羊草产业高质量发展的动力和机制在于科技进步和优质优价。

我国一些原本具有比较优势的传统出口产品竞争力减弱的直接原因是我国土地制约和人口红利逐步丧失（劳动力成本抬升）；出口农产品加工水平不高；对标国际质量标准不够；开拓国际市场的能力不强，缺乏有实力的外向型大企业带动和品牌打造；与出口导向战略不鲜明、不重视有直接关系[21]。

5.3 “一带一路”走出去潜力巨大

国家基因库（China National GeneBank，深圳），是我国首个国家级综合性基因库，也是世界领先的存、读、写一体化综合性生物遗传资源基因库。2019 年，BGI 华大集团参与位于阿布扎比的全球最综合基因组计划，“BGI 华大集团的全自动化样本制备、超高通量测序仪器及分析服务，使其在竞争中脱颖而出并成为该计划的核心技术支撑，同时展示了我国基因科技在全球的竞争力和影响力，为‘人类命运共同体’赋予全新的科技内涵。”2021 年，联盟提出了两项国际标准《生物技术-生物样本库-研究和开发用途的植物生物样本保藏要求（ISO/TS 23105：2021）》和《生物技术-生物样本库-动物生物样本保藏要求（ISO/TS 20388：2021）》，旨在提高动植物生物样本的保藏质量，提高动植物生物样本保藏机构的样本共享度，助力生物多样性保护和应用。

“海水稻”是中国农业对外的一张名片。尽管有人对“海水稻”这一概念持有异议，但袁隆平解释得很清楚：海水稻是耐盐碱水稻的俗称，是用淡化海水或稀释了的海水种植水稻。比起普通水稻，海水稻的耐盐碱能力强，可在含盐度 3‰的土地中亩产 300kg 稻米。2012 年袁隆平从基础开始，收集和建立耐盐碱水稻种质资源库，利用杂交水稻育种技术，获得了具有较高耐盐碱特性的水稻品系。2019 年，海水稻在迪拜进行了极具挑战性的试验。迪拜沙漠地处赤道附近，气温高、沙地昼夜温差大、地下水含盐度高、缺乏淡水、沙尘暴多发、土壤缺乏团粒结构、缺乏水稻品种。海水稻引种后获得了亩产 500kg 的结果，同时研发了沙漠盐碱地改良技术，获得该国的认可。英国《每日电讯报》称，在迪拜郊外的广袤沙漠中，中国科学家利用稀释的海水，在沙地中成功种植出了耐旱的水稻。青岛海水稻研究团队正在与沙特、卡塔尔、巴基斯坦、埃及等国家开展合作，推广耐盐碱水稻技术，打造中国农业“一带一路”新名片[26]。

中国北方的重要邻国蒙古国，不仅是“一带一路”北线的重要支点，也是中蒙俄经济走廊的重要国家。蒙古国土面积为 156 多万 km^2，牧场面积约 1.1 亿 hm^2（16 亿亩），77%的牧场已从轻度退化到重度退化，草原生态系统和生物多样性及牧草种质资源保护均面临着严峻挑战。中蒙双方在牧草种质资源和生态修复以及草牧业发展等领域的合作，符合中国提出的“构建人类命运共同体”理念和共建“一带一路”倡议。中蒙双方在生态环境和草原畜牧业领域的科技合作，携手应对人类面临的食物安全、草原退化、环境恶化、生物多样性减少、可持续发展等各种风险挑战，实现互利共赢、共同发展。合作不仅为蒙古国发展提供了新机遇，也为中国开放发展开辟了新天地。

中国与蒙古国科技界自 2014 年起就进行了多次交流互访，签署了合作意向协议书，合作目的是在蒙古国森林草原、典型草原、沙漠草原开展重要牧草资源的收集、保护和多样性评价、牧草基因资源发掘。蒙古国引种中国羊草进行试种。初步试验结果表明，中国羊草在当地适应性强，生产性能高，品质优良，在蒙古国有巨大潜力发展羊草饲草产业和草牧业，据估算，该国约有 1/3 的草场（5 亿~6 亿亩）适合羊草生长发育。通过中蒙合作，收集和引进牧草种质资源，丰富我国牧草种质资源的数量和多样性，在种质资源的数量上占领制高点，在理论和技术上发挥大国引领作用，对收集保存的牧草种质资源进行创新利用，选育广适性的牧草新种质和新品种，将惠及欧亚大陆东部所有羊草最佳适生区产业发展、生态改善、造福人类。

天津食品集团分别在保加利亚投资建设了中国-中东欧国家农业合作示范区，在内蒙古投资建设了中蒙合作蔬菜科技示范园[21]。根据国家统计局数据，2000—2019 年，牧业产值占比从 29.7%下降到 28.1%，种植业产值占比从 55.7%上升到 56.2%，林业产值占比从 3.8%上升到 4.9%，渔业产值占比从 10.9%下降到 10.7%。这种结构变化显然同国内饲料种植面积的扩大及肉类进口增加直接相关，同时也说明，通过两个市场、两种资源的交换，扩大了我国林业(草原)生态建设的空间。

6 羊草科技创新

6.1 有关科研机构

2011 年科技部批准成立“草地农业生态系统国家重点实验室”(依托兰州大学)，是我国草地农业生态系统研究领域唯一的国家重点实验室，在我国草学科技研究、学科建设和人才培养等方面一直发挥着重要作用。2018 年国家林业和草原局成立以来，建成草原野外生态定位观测站 10 个，草原工程技术研究中心 10 个，草原重点实验室 1 个；建设的 7 个草原长期科研基地之中，“羊草种质资源研究和利用国家长期科研基地”由中国科学院植物所负责[27]，“呼和浩特草种质资源与育种国家长期科研基地”由中国农业科学院草原所承担，包括了羊草的研发内容。全国还有 31 所农林院校、研究机构或综合性大学设立了草业科学本科专业，11 所高校单独成立了与草原和草业相关的学院。成立了国家林业和草原局第一届草品种审定委员会，2020 年审定通过了 18 个国家级草品种，2021 年审定通过了 14 个国家级草品种[7]，2022 年审定通过了 6 个国家级草品种[28]，2023 年审定通过了 7 个国家级草品种[29]。

6.2 相关领域发表论文情况

据统计，1989—2020 年国际刊物共刊登 769 篇 SCI 论文，其中我国学者发表论文数量是其他所有国家论文的 3 倍以上，占有绝对数量优势；美国、德国、澳大利亚、巴基斯坦、加拿大、日本、韩国、新西兰和英国排在之后。国内发文数量较多的单位是中国科学院、东北师范大学、中国农业大学、中国农业科学院、内蒙古大学、北京师范大学、内蒙古农业大学和东北林业大学，值得注意的是美国的科罗拉多州立大学和韩国的江原国立大学与中国有较多合作论文发表。技术热词包括羊草、草原、放牧、光合、生物质、种质资源、抗盐碱、气候变化、干旱、生长、生态恢复、基因发掘、氮素等。国内搜索到 139 条科技成果，主要领域涉及气候变化对典型草原植被影响、优质多抗牧草新品种选育、乡土草繁殖性状的生物学、奶牛优质羊草饲料转化技术、东北羊草草地生态系统研究、吉生羊草的饲料特性及深加工产品研制、羊草种质创制及新品种配套应用技术集成等。

6.3 相关领域科技成果

我国在羊草种质资源领域的研究独具中国特色和国际比较优势。我国科学家应用最大熵模型 MaxEnt 绘制了全球首张羊草种质资源潜在适生区图谱，采用网格法采集到 1600 多份羊草种质资源，在北京、塞北、呼和浩特和齐齐哈尔建立了种质资源异位保存圃，鉴定核心种质 345 份。开发了羊草 SSR、AFLP、RAPD、SNP 等分子标记技术，用于羊草种质资源的精细评价、品种分子指纹图谱绘制。确定了羊草存在很强的自交不亲和性，建立了羊草自交不亲和性作用机理模型。获得羊草耐逆候选基因 16 个，揭示了羊草 *LcbHLH*92 新基因通过负调控花青素、原花色素的积累并影响羊草种子萌发。发明了幼胚离体萌发技术，比常规育种每轮有性世代的选择时间缩短一半。采用 SNP 等分子标记技术进行快速真伪鉴定，在育种程序的早期提高了选择的精准性。我国共培育 27 个审定品种，其中 14 个为国家审定品种。国审品种的种子产量、发芽率、干草产量、适应性等性能指标均有较大提高。建立了氮磷钾肥在羊草种子及干草生产中的施用方案，开发出科尔沁沙地羊草种子繁育技术体系，建立了种子精选和包衣工艺，制定了退化草地修复技术国家标准，制定了羊草干草中华人民共和国农业行业标准。我国从野生羊草分布着手，开展了羊草种质资源收集、评价、鉴定工作，对有性生殖和种子萌发的生物学机理进行了深入研究，在基因资源发掘和新品种选育方面取得了 30 多件自主知识产权基因和品种，是世界上唯一系统开展羊草资源和利用的国家，处于国际领先水平。

6.4 需要加强的科技方向

然而，为了继续发挥好我国在羊草种质资源和草原生态保护领域的比较优势，弥补草种业等技术和政策上的短板，尚需加强和创新以下重要工作。

6.4.1　推进草种育种创新

由国家投资新建1~2个“育种创新基地”，并长期支持。加强羊草等优质乡土草繁殖生物学基础研究，开展种源“卡脖子”技术攻关。加快实施羊草等优质乡土草育种重大科技项目，重点实施羊草为主攻目标的基因编辑新技术突破，结合常规育种，加快培育适应不同生态环境的草新品种。国家需要规划草种繁殖必需的土地，建设高产稳产种子田，实现标准化管理。

6.4.2　出台政策引导和支持草种经营企业建立研发团队

采取与院校、科研单位联合协作等方式建设以市场为导向、资本为纽带、利益共享、风险共担的产学研相结合、育繁推一体化现代草种产业体系。

6.4.3　强化创新人才队伍建设

在草种全产业链条，加快领军型、复合型创新人才的培养和引进，提供更加有利的环境和条件，加大对创新团队的支持。

6.4.4　加强国际合作

利用我国超大市场消费潜力、气候变化、草原固碳及可持续发展等重大议题，拓展新的合作领域。参考发达国家通行做法，建立国际种质资源交换、合作和利益分享机制。在“走出去”方面，发挥我国技术优势，办好我国境外农业科技试验示范园区，加强经费支持和当地人才培养，通过“传帮带”，促进我国先进实用农业技术在海外落地生根发芽，提升所在国家农业发展和科技进步水平。支持有实力的研发团队或企业，在“一带一路”沿线国家和地区开展羊草等优质草种的试验和产业化示范，为当地生态修复和草牧业做出全球公益性示范，以事实反击某些国家抹黑“一带一路”离间我国与合作伙伴关系的行为。

总之，为了打赢种子翻身仗，需要在种质资源和基因资源保护、生态草牧业发展、草原碳汇及绿色发展等领域长期对外开放，在交流与合作中共赢。近期，我国可选择羊草等少数优质乡土草开展战略突破研究，扶植企业进入市场，借用强大的市场力量推动我国重要乡土草种的融合发展，集中优势建立优化多种产业业态，在首先保障国家重大需求的同时像高铁一样走出去，为全球生态文明和食物安全提供中国智慧，用优质“中国草”名片造福人类命运共同体。

参考文献

[1]国务院办公厅．关于加强草原保护修复的若干意见[A/OL]．国办发〔2021〕7号．(2021-03-30)[2024-01-05]．https：//www. gov. cn/zhengce/content/2021-03/30/content_ 5596791. htm

[2]武自念，侯向阳，任卫波，等．基于MaxEnt模型的羊草适生区预测及种质资源收集与保护[J]．草业学报，2018，27(10)：125-135.

[3]祝廷成．羊草生物生态学[M]．长春：吉林科学技术出版社，2004.

[4]王静，宝音陶格涛．内蒙古羊草草原退化系列上群落生物量组成特征的研究[J]．内蒙古大学学报，2005，36(2)：155-160.

[5]张璐，郝匕台，齐丽雪，等．草原群落生物量和土壤有机质对改良措施的动态响应[J]．植物生态学报，2018，42(3)：317-326.

[6]康萨如拉，牛建明，张庆，等．羊草草原退化演替中的状态转变和可持续性[J]．生态学杂志，2020，39(9)：3147-3154.

[7]国家林业和草原局．中华人民共和国主要草种目录(2021年)[A/OL]．国家林业和草原局公告(2021年第13号)．(2021-07-21)[2024-01-05]．https：//www. forestry. gov. cn/main/5461/20210721/091105007963180. html

[8]王德利，王正文，张喜军．羊草两个趋异类型的光合生理生态特性比较的初步研究[J]．生态学报，1999，19(6)：837-843.

[9]许振英，董景实．羊草饲料价值试验研究[J]．东北农学院学报，1957，(1)：1-2.

[10]刘公社，王德利，石凤翎，等．羊草种质资源研究历史和启示[J]．中国草地学报，2022，(4)：1-9.

[11]齐冬梅．羊草生物学研究进展[J]．草业学报，2004，13：6-11.

[12]Gongshe Liu, Xiaoxia Li, Qingfen Zhang, et al. Sheepgrass(Leymus chinensis): an environmentally friendly native grass for animals[M]. Science Press and Springer, 2019.

[13]国家林业和草原局. 关于进一步加强草原禁牧休牧工作的通知[A/OL]. 林草发〔2020〕40 号.(2020-04-02)[2024-01-05]. https://www.gov.cn/zhengce/zhengceku/2020-04/13/content_5501822.htm

[14]成文革. 吉林西部退化草原综合开发利用研究与示范[M].[出版地不详]:[出版者不详], 2019.

[15]刘辉, 董晓兵, 齐冬梅, 等. 羊草控制少花蒺藜草危害的技术研究[J]. 草原与草业, 2022.

[16]唐芳林, 杨智, 王卓然, 等. 生态文明视域下草原治理体系构建研究[N]. 林草新闻, 2022-03-23.

[17]潘庆民, 孙佳美, 杨元合, 等. 我国草原恢复与保护的问题与对策[J]. 中国科学院院刊, 2021, 36(6): 666-674.

[18]孙伟, 刘玉玲, 王德平, 等. 补播羊草和黄花苜蓿对退化草甸植物群落特征的影响[J].《草地学报》, 2021, 29(8): 1809-1817.

[19]白永飞, 赵玉金, 王扬, 等. 中国北方草地生态系统服务评估和功能区划助力生态安全屏障建设[J]. 中国科学院院刊, 2020, (6): 675-689.

[20]吕会刚. 紫花苜蓿种子生产关键技术研究[D]. 北京: 中国农业科学院, 2006.

[21]杜鹰, 张秀青, 谢兰兰, 等. 新时期我国农业对外开放与高质量发展问题研究[J]. 全球化, 2022, (1): 5-26, 134.

[22]梁中华. 百年变局下: 初级产品如何"保供"? [EB/OL].(2022-03-18)[2022-11-05]. https://www.yicai.com/news/101353176.html.

[23]王克平, 李保东, 罗璇, 等. 羊草新品种选育的研究. 中国草地科学进展. 第四届第二次年会暨学术讨论会文集, 1996.

[24]曹兵海. 日本牧草进口贸易概况[J]. 动物科学与动物医学, 2021, 18(4): 62-64.

[25]佚名."一带一路"上的中国农业新名片[N]. 人民网, 2019-11-06.

[26]农业农村部. 中华人民共和国农业行业标准《羊草干草》[A/OL]. 中华人民共和国农业农村部公告(第 738 号).(2023-12-22)[2024-01-05]. http://www.moa.gov.cn/nybgb/2024/202401/202401/P020240124524561494495.pdf

[27]佚名. 国家林草局公布第三批长期科研基地名单[N]. 中国绿色时报, 2021-11-01.

[28]国家林业和草原局. 中华人民共和国主要草种目录(2022 年)[A/OL]. 国家林业和草原局公告(2022 年第 15 号).(2022-11-21)[2024-01-05]. https://www.forestry.gov.cn/main/3457/20221226/164336689832315.html

[29]国家林业和草原局. 中华人民共和国主要草种目录(2023 年)[A/OL]. 国家林业和草原局公告(2023 年第 22 号).(2023-11-08)[2024-01-05]. https://www.forestry.gov.cn/c/www/gsgg/531678.jhtml

羊草草地的生态系统服务功能

王正文　马　望
（中国科学院沈阳应用生态研究所）

摘　要： 陆地生态系统是人类赖以生存和发展的基础，具有提供物质性产品、调节大气、文化赏鉴等生态服务功能。草原是世界上面积最大的陆地生态系统，而作为欧亚大陆草原的重要类型，羊草草地总面积42万 km^2，其中一半在我国，对于我国畜牧业发展和生态安全具有重要意义。本文着眼于羊草的生物学特性和羊草草地的群落特征，阐述了我国羊草草地物质生产、生物多样性维持、固碳释氧、土壤保持、涵养水源、文化鉴赏和娱乐等多种生态系统服务功能的现状、影响因素与机制，综述了各类生态系统服务功能赖以维持的羊草草地净初级生产力和群落结构在气候变化条件下的变化趋势，并总结和展望了退化羊草草地生态系统恢复和生态系统服务功能提升的技术途径和政策举措。

关键词： 羊草；草地；生态系统服务；生物多样性；气候变化

生态系统服务是指生态系统形成和所维持的人类赖以生存和发展的环境条件与效用[1-3]。陆地生态系统是人类赖以生存和发展的基础，具有提供物质性产品、调节大气、文化赏鉴等生态服务功能。陆地生态系统为人类生产生活和社会经济发展提供了大量的食物、工业原材料、动植物资源，也对维持生物地球化学循环和水循环、保护生物多样性，支撑与维持人类赖以生存的环境等起着重要的作用，其生态系统服务功能具有巨大的直接价值和间接价值[4-7]。作为我国最大的陆地生态系统类型，草原生态系统为牧民群众基本的生产生活提供了大量的畜牧产品、植物资源，同时也具有水源涵养、防风固沙、大气成分和气候调节、生物多样性维持等生态系统服务功能[8]。羊草草原是亚欧草原区东部的特有类型，连续分布于东西伯利亚南部、蒙古国北部、中国大兴安岭东西两麓丘陵区中下部和松嫩平原，而在蒙古高原中西部、黄土高原北部，则主要分布在相对湿润的小生境中；根据已有的植被图估算，全世界羊草群落总面积达42万 km^2，其中我国境内占一半左右[9]。羊草草原分布的中心区域是我国东北平原、内蒙古高原的森林草原带及其相邻的外围地区，也就是亚洲中、东部的温带半湿润和半干旱地区内[10]。羊草草原是我国草原带分布最广的植物群落类型之一，其群落类型分为羊草典型草原、羊草草甸草原和羊草草甸[11,12]。羊草草原具有明显的跨地带性分布特征，其生境生态、地理条件复杂，物种组成和生物多样性表现出较高的空间变异性[9,13]。羊草草原生态系统具有物质生产功能、生物多样性维持功能、固碳释氧功能、土壤保持功能、涵养水源功能以及文化赏鉴功能等，从物质、生态、文化等多个层面，提供了“社会–经济–自然”复合生态系统服务功能。

1　物质生产功能

草地的生产功能是为生命系统生产各种消费资源，也是对草地生态系统生产属性的具体反映[14]。这些功能是可以商品化的功能，是直接经济价值的表现[15]，主要包括家畜生产、草产品和药用植物等。羊草在羊草草原中占据绝对优势，总盖度达70%～90%，叶层高度一般在40cm左右[16]。羊草不仅生长能力强，而且蛋白质含量高、适口性好、营养价值高，还具有耐干旱、耐贫瘠、耐盐碱等生物学特性，因此以羊草为建群种的羊草草原不仅能够用于支撑畜牧业的发展，还在国家生态安全战略中发挥着重要的生态屏障作用[17,18]。除羊草外，羊草草原还具有大批高等野生食用植物资源，如沙芥、蒙古葱、野韭、黄花、苣荬菜、乳苣等，以及一些珍稀的可食用生物资源，如发菜、地木耳、白蘑等；形态学特征明显的植物也能用于商品制造，如紧密结合的羊草茎秆部的纤维束是较好的造纸原料[19]；此外，物种组成丰富的羊草草原还有大量药用植物资源，如将黄芪煎汁可以补气升阳、煎服柴胡和防风可以疏肝解郁、沙参煎汁有养阴清肺等功效[20]。这些资源中仅有极少部分物种被人工栽培种植，绝大部分资源有待于进一步人工引种驯化，以缓减对野生资源采挖和对草原植被的破坏。

羊草草原的物质生产功能受气温和降水等气候因素的影响。例如，王玉辉和周广胜[21]分析了内蒙古羊草草原1981—1994年连续14年的监测数据，发现随着冬季最低气温的升高，阿尔泰狗娃花和冰草的重要值及地上初级生产力明显增加，而寸草薹则呈下降趋势，作为群落主要优势种的羊草和大针茅及其他优势植物对冬季最低气温变化反应不明显。然而，因寸草薹和冰草等少数优势植物对冬季最低气温变化反应的敏感，气温变化的幅度增加或时间延续很可能造成少数优势种在群落中地位的改变，进而可能导致羊草群落结构和功能的变化。Bai等[22]分析了1980—2003年处于围封状态的羊草草原地上生物量与降水量的关系，发现羊草草原地上生物量决定于1~7月的累积降水量，而且其稳定性是随着植物组织等级上升(即从物种到功能群再到整个群落)而增强，群落水平的稳定性源于不同物种之间和不同功能群之间的相互补偿效应。此外，还发现长期未受干扰的成熟的羊草草原群落似乎在生产力、多样性和稳定性几个方面同时达到巅峰。袁飞等[23]利用CENTURY模型对内蒙古锡林河流域羊草草原在未来气候变化以及大气CO_2浓度增高条件下的年地上净初级生产力(Aboveground Net Primary Productivity，ANPP)动态进行了模拟研究，结果发现虽然全球气候变化所引起的温度、降水改变及大气CO_2浓度升高都会影响ANPP，但降水是关键的影响因子，多个全球气候模型(GCM)预测该地区未来降水量会减少，故可能导致其ANPP降低。

此外，羊草草原的物质生产功能及其稳定性与土壤属性也密切相关。位于内蒙古锡林郭勒典型草原群落净初级生产力受氮、磷元素共同限制，作为建群种的羊草，对氮、磷添加的响应因组织水平而异，也受年际间降水变化的影响[24]。对呼伦贝尔羊草草原上，氮、磷添加引起不同功能群植物的差异化响应导致群落间原有的等级关系发生变化，尤其是氮添加引起喜氮的根茎型禾草相对生物量迅速增加，最终导致植物群落组成向着根茎型禾草优势度增加的方向发展，物种多样性降低，导致群落稳定性下降[25]。在松嫩平原羊草草原，研究发现羊草生物量总体上随着盐碱胁迫呈负指数衰退[26]。

除了气候和土壤因素，人类对草地的干扰和利用、管理等活动对羊草草原的生产力也具有重要影响。对在呼伦贝尔羊草草原的研究表明，羊草群落地上生物量随放牧强度增加而减少，杂类草地上生物量所占比例增加，而群落地下生物量随放牧强度增加呈先降低后增加的趋势，中度放牧时最小，轻度放牧下，群落地下生物量在表层土壤分布比例最大。总之，放牧会引起植物群落地上、地下生物量分布发生变化，轻度或中度放牧利用该区域草地比较合理[27]。除放牧外，刈割也显著影响羊草草原地上生物量及其类群组成。例如，较晚时间刈割和低留茬刈割会降低翌年群落高度和盖度；低留茬刈割降低翌年地上部分生物量，但刈割时间对其影响不显著；禾草、莎草相对生物量随刈割时间的延迟表现出先增加后减少的趋势，杂类草则与之相反，而豆科植物无明显变化[28]。

2 生物多样性维持功能

在中国羊草群落植物区系组成中共发现46科190属388种，大量的伴生种维持了羊草草原丰富的物种多样性。羊草常见的伴生种包含植物物种数量最多的是菊科，其余数量较多的植物为禾本科、豆科、蔷薇科、苋科和毛茛科，以及物种数量较少的唇形科、莎草科、石竹科、车前科和石蒜科等。其中菊科共28属65种，主要为三类：多年生草本包括山苦荬 、火绒草、麻花头、阿尔泰狗娃花和草地风毛菊等；一、二年生草本有猪毛蒿和莳萝蒿；半灌木有白莲蒿和冷蒿等。禾本科共32属60种，以多年生丛生禾草为主，包括短花针茅、大针茅、克氏针茅和长芒草等；丛生小禾草有糙隐子草、冰草和无芒隐子草等。豆科共16属41种，以黄耆属和棘豆属的植物为主，常见的多年生草本主要有尖叶棘豆、扁蓿豆、草木樨状黄耆、糙叶黄耆、多叶棘豆和乳白花黄耆等；常见的灌木和半灌木有达乌里胡枝子、甘蒙锦鸡儿、小叶锦鸡儿、尖叶胡枝子和狭叶锦鸡儿等。蔷薇科主要为多年生矮小草本，以委陵菜属植物为主，多达18种，菊叶委陵菜、二裂委陵菜、西山委陵菜和星毛委陵菜。苋科主要以

一、二年生草本为主，主要包括藜、兴安虫实、猪毛菜、雾冰藜、刺沙蓬和木地肤等。毛茛科包括白头翁属、唐松草属和铁线莲属等6属15种，常见的物种主要包括细叶白头翁、瓣蕊唐松草、卷叶唐松草、展枝唐松草、芹叶铁线莲和黄花铁线莲等。其余的常见物种有寸草薹、黄囊薹草、日荫菅、石竹、碱韭、双齿葱、银灰旋花、矮葱和野韭等[9]。

在具有丰富的植物物种的羊草草原或森林草原过渡带，也为野生动物生存提供了足够的资源。例如，在锡林郭勒草原南部的典型羊草草原，记录了鸟类44种，隶属于11目20科，其中国家重点保护动物7种，为大天鹅、蓑羽鹤、大鵟、红隼、红脚隼、蒙古百灵、云雀[29]；在内蒙古呼伦贝尔市红花尔基地区草原-森林过渡带，其植被组成以羊草和樟子松（*Pinus sylvestris*）等为主，该地区有脊椎动物230种，分属于31目64科，其中兽类6目16科54种（珍稀保护兽类9种）及丰富的鸟类资源17目37科161种（国家一级保护野生动物6种，国家二级保护野生动物45种）[30]。物种丰富的草地群落可能支持了更多更复杂的动植物相互作用[31]，这可能会改变生态系统的服务功能[32]。放牧作为草地生态系统中最普遍的动植物关系，同时也是草地生态系统最普遍的利用方式，合理的放牧方式有利于草原生态系统可持续发展。有研究表明，黄牛和绵羊的混合放牧比单种家畜放牧方式显著提高羊草草地植物多样性和生态系统稳定性[33]。放牧对植物多样性的直接影响会级联到其他营养级，如植物多样性增加能够显著提升地上和地下消费者群落的物种多样性[34-36]。具体来说，适度的放牧会间接地对鸟类、节肢动物和微生物等其他群落的物种多样性产生正向效应，但过度放牧对于多数类群会产生负效应[37-39]。除此以外，放牧会改变物种之间的关系，包括资源竞争、捕食和互惠互动等关系从而改变食物网结构[40]，并且草食性和腐食性节肢动物对放牧的响应可能会随着食物链影响拟寄生和天敌动物[41]。总之，羊草草原植物群落的物种多样性对于维持包括各类动物和微生物多样性在内的整体生态系统的生物多样性具有基础支撑作用。

3　固碳释氧功能

生态系统的固碳释氧功能是指绿色植物通过光合作用吸收空气中的 CO_2，生成碳水化合物并释放氧气，这种服务功能对于维持空气中氧气含量，减少大气中 CO_2 浓度具有重要作用，对于减缓气候变暖，提高人类生活质量，维护全球大气平衡具有重要意义[42]。其中，生态系统固碳主要指生态系统在光合作用过程中捕获大气中 CO_2 的过程[43]。碳源是指生态系统在一定时间内排放碳的量大于吸收碳的量，即生态系统总体上呈现净碳排放状态。碳汇是指生态系统在一定时间内吸收碳的量大于排放碳的量，即生态系统总体上呈净碳吸收状态。在全球尺度上，碳源主要来源于畜牧业、化石燃料燃烧、土地利用方式改变等人类活动和火灾、热熔湖塘、冻土融化等自然过程，碳汇主要是自然生态系统对碳的吸收[44]。植被净初级生产力（Net Primary Productivity，NPP）是指植物固定的 CO_2 经生理生化过程产生的有机质，是植物光合作用生产的有机物质总量减去自养呼吸消耗后剩余的部分。NPP是可以直接表征植被固碳能力的参量，NPP为正值表示区域内植被在一定时间内呈净碳吸收状态，即植被整体呈净碳吸收状态。

草地是陆地生态系统巨大的碳库。据估计，全球草地生态系统总碳储量约为279.0Pg C，其中植物碳储量约为27.9Pg C，草地土壤碳储量占草地总碳储量的90%，全球草地土壤碳储量占全球总碳储量的34.0%~37.1%[44-46]。2001年以来，内蒙古草地生态系统总体上发挥碳汇效应，净碳汇总量达到0.55Pg C。有观点认为，我国草地生态系统仍具有较大碳汇潜力[47]，其潜力分布呈现“南高北低”的特点，且具有高度空间自相关性[48]。总之，草地是全球生态系统的重要碳库，对缓解全球变暖具有重要价值[49]。

影响草地固碳的因素主要包括温度、降水、氮沉降及大气 CO_2 浓度等自然因素及开垦、放牧、烧荒、围封、禁牧、施肥、灌溉、引种、补播等人为因素。研究发现，温度对固碳的影响较为复杂，合理的温度更有利于草地固碳，否则会对土壤有机碳库积累产生负效应。降水有利于提高草地生物量，进而使光合产物与根系分泌物增多，向土壤中输送的凋落物和有机分泌物增多，弱化土壤微生物的能量限制，进而提高微生物残体碳和土壤有机碳的储量。短期来看，中等强度的氮磷养分输入可以提高羊草草地生态系统优势种羊草的地上生物量[50]，有利于增强碳汇[51]，但过高强度会抑制草地固碳能力[52]。长期来看，过高强度的氮沉降使草地生态系统通过多种途径降低了土壤表层微团聚体和黏粒总有机碳库[53]。开垦、烧荒及过度放牧等不良管理措施减少了土壤碳的输入，加快了土壤碳分解速率，破坏土壤颗粒物碳，不利于草地固碳。围封、禁牧、补播、灌溉、引种等草地恢复管理措施可通过多种途径提高土壤碳输入，减缓土壤有机碳分解，有利于草地固碳。放牧与施肥等与草地碳库的关系较为复杂，适中的放牧年限与强度有利于维持或提高土壤碳库，过度放牧、长期放牧与长期大量施肥可引起草地退化，提高土壤碳库分解速率，不利于草地固碳。此外，翻耕和草原火管理也有利于草原恢复与生长，进而有利于草地固碳。

在中国北方羊草分布区开展的样带研究表明，随着年均降水量增加，我国羊草草原地上生物量碳逐渐增加，而土壤呼吸则呈现先增加后下降的变化。总体而言，年均降水量由小到大的变化使碳固持增加了 3.2 倍。因此，羊草草原碳固持受到降水量的强烈调控[54]。杜群等[55]利用涡动相关法取得的资料分析了锡林郭勒羊草草原 2007—2008 年的碳交换主要过程及其主要影响因子，结果表明两年间生长季累积净碳交换总量分别为-68 g·C/m^2 和-50 g·C/m^2，均表现为碳库作用，但降水量和降水的时间分布对生态系统净碳交换过程影响很大。净碳交换过程年际变化较大，受天气影响，草原的碳汇功能与碳源功能作用会发生转变。这样的功能转变在加拿大温带草原[56]和欧洲草原[57]研究中也曾报道，其实生态系统碳源碳汇功能的转变并不少见，特别当生态系统遭遇极端气候事件或扰动发生时。

施氮和增雨导致总生态系统生产（GEP）和生态系统呼吸（ER）的显著升高，但对 GEP 促进作用显著高于 ER，最终导致净生态系统 CO_2 交换（NEE）显著升高。干旱期间，NEE 随着土壤含水量的减少而逐渐降低，施氮样地降低程度和速率均显著高于对照样地，表明施氮和增雨增加了生态系统碳交换的干旱敏感性[58]。马俐等[59]在松嫩平原羊草草原通过同化箱法观测并对比了刈割和模拟氮沉降条件下生态系统碳通量的变化，结果表明，氮添加显著提高了净生态系统气体交换量（NEE）、总生态系统呼吸（TER）和总生态系统生产力（GEP），而刈割却显著降低了上述指标，然而氮添加和刈割对土壤呼吸未表现出显著效应；氮素添加可以在一定程度上减弱草原的碳排放，而高频次和高强度刈割加重了草原的碳源作用。黄祥忠等[60]采用涡度相关法对 2005 年生长季内蒙古锡林河流域羊草草原净生态系统交换进行了观测，发现整个生长季 CO_2 净排放量为 372.56 g·CO_2/m^2，是一个明显的碳源，生态系统碳通量的大小受土壤含水量和土壤温度控制，尤其是在白天，碳通量和土壤含水量的变化呈现出显著的负相关关系，和土壤温度表现为正相关关系。

不同放牧方式显著影响植被地上及地下生物量进而影响土壤的碳输入。研究表明，放牧引发的草地退化会导致土壤碳储量显著下降[61]，但持续适度放牧草地的地下根系产量、周转速率和积累的土壤有机碳显著大于休牧草地，尽管休牧草地具有较高的根系现存量、优势草种比例及较好的固持能力，而持续重牧草地却显著抑制地上及地下植被产量，导致大量土壤碳损失及不利的土壤微生物环境。总之，不同的放牧利用方式下，由于家畜采食的差异导致植被产量和组分的差异进而影响到土壤有机碳的输入，合理的放牧方式有利于草地土壤有机碳的固持[62]。此外，高温干旱胁迫会导致羊草草原净碳固持量的降低，其原因是在干旱胁迫下光合作用降低而同时生态系统呼吸增加[63]。研究表明，干旱胁迫能够显著降低内蒙古羊草草原的碳累积，使生态系统由碳汇变为碳源[64]。

此外，草地通过光合作用固碳的同时还会释放氧气，调节大气质量，维持气体组分稳定。草地的气体调节功能是草地重要的生态系统服务功能。刘洋洋等[65]通过多种模型与评价方法构建了基于遥感、气象和社会统计数据等多元的中国草地生态系统服务价值评价体系，通过生态经济学方法量化了草地生态系统服务功能的价值。研究认为，中国草地生态系统服务功能主要包括有机物质生产功能、营养物质循环功能、土壤保持功能、固碳释氧功能和水源涵养功能。2003—2020 年，中国草地生态系统服务总价值平均为 13815.65 亿元/年，其中固碳释氧功能平均价值为 3148.69 亿元/年，占总价值的

22.8%。目前关于草地固碳的机制与对多种因子的影响已有较多研究，关于森林、林草交错区、竹子、城市植物、观赏植物等的固碳释氧功能也有较多讨论，但关于草原生态系统的释氧功能的重要性及特殊性的研究较少，草地的固碳释氧功能仍需进一步研究。

4 土壤保持功能

羊草作为欧亚大陆草原区东部草甸草原及干旱草原上的重要建群种，根茎发达，穿透侵占能力很强，纵横交错形成强大的根网，将根茎周围的细土粒凝聚在一起，增大土壤凝聚力的同时其根茎又被土粒层层包住，锚固在土壤中，如同在土壤中增设了许多细“钢筋”[66]，盘结固持土壤，大大增强土壤的抗蚀能力，可为干旱、半干旱地区的土壤保持提供强有力的保障。同时由于羊草根茎上具有潜伏芽，有很强的无性繁殖能力，早春返青早，生长速度快，秋季休眠晚，生育期可达150天左右，生长年限长达10~20年，可以长时间保护土壤表面不被侵蚀[67]。

草原地区的土壤侵蚀作用分为土壤水蚀和土壤风蚀两种。其中，土壤水蚀是水流和土壤相互作用的复杂物理过程[68]，主要发生在夏秋季节。土壤风蚀是由于干旱、大风气候引起的，主要发生在冬春季[69]。

羊草草原植被的覆盖一方面可以截持降水，缓和雨滴对土壤表面的直接击溅作用，降低雨滴的溅蚀动能和速度[70]，从而有效削弱雨滴对土壤表面的溅蚀破坏作用。另一方面可以对地表径流起到阻挡的作用，从而延长产流时间、促进土壤水分入渗[71]、减缓地表径流的流速、分散径流[69]。此外，羊草草原植被由于根系非常发达，不仅能够固持土壤、提高土壤的抗冲刷性，还能够增加表层土壤的有机质含量、改良土壤结构，进一步提高土壤的持水、保水能力和土壤渗透性[69,72]，减少地表径流的产生。

土壤的抗风蚀性主要取决于表层土壤特性、地表覆盖状况以及地表粗糙度[73]，羊草根茎非常发达，密集的根茎系统能够有效地保护表层土壤[74]、改善土壤肥力和土壤团聚体稳定性，起到“加筋锚固”的固持土壤作用[75]。同时，草原植被的覆盖可以起到减缓地表风能和吸收跃移沙粒动能，增加地表粗糙程度[70]，从而降低土壤风蚀的风蚀效应。

影响羊草草原土壤保持功能的因素有降雨、地形和植被特征等。在土壤和植被类型相对稳定的条件下，土壤侵蚀是由降雨因子、地形(坡度)因子和植被盖度因子共同作用下的结果，且降雨、地形和覆盖三者存在着一定的相互制约关系[76]。植被盖度的大小与土壤侵蚀程度呈负相关[71]，对于衡量羊草草原植被在土壤保持方面的作用具有十分重要的意义。大量研究表明，草地植被减少土壤侵蚀的最佳覆盖度是使其侵蚀量小于该地土壤流失的允许值[77]。当地形和雨强条件不变时，地表径流的产生随羊草盖度的增加而减缓，盖度越大，产流时间越晚，累积径流量和产沙量呈持续减少的趋势。而相同盖度和地形条件下，产流时间与雨强呈现负相关关系[67]。在羊草种植地区提高羊草草原植被的盖度可以有效改善土壤的物理特性，增加土壤含水量、土壤有机质，增强植物对地表的保护作用，进而有效提高土壤保持效果。

羊草草原植被的茎、叶能够有效地阻挡和缓冲坡地径流的流动，延长产流时间，同时密集的根茎不断穿插土壤改良土壤结构，根系衰老和死亡后又留下空隙[77]，促进了土壤水分入渗，提高坡面水分利用效率，从而减弱土壤侵蚀[71,78]。当前对草原坡面土壤侵蚀过程的研究一般是通过不同草地坡面的野外径流小区试验。研究表明，羊草草原植被减沙效应与坡度呈负相关关系[79]，原因可能是随着坡度增大，顺坡方向分力增大，土粒稳定性降低，径流泥沙含量增大[71]。

5 涵养水源功能

羊草草原具有涵养水源的重要生态功能。以内蒙古锡林河流域草地生态系统为例，羊草草原的单位面积水源涵养量达 75.18 m^3/hm^2，高于大针茅和克氏针茅草原等其他植被类型[80]。羊草草原的涵养水源功能主要归功于增加土壤入渗量、延迟产流时间、地上部分截留等方面[78]，并以土壤蓄水为主[81]。一方面羊草草原植被地上部分的茎、叶片，不仅具有截留降水的功能，且由于其地下根系细小并多分布于表土层，使得土壤疏松多孔，因而羊草草原土壤具有较高的渗透率和保水能力[82,83]，降水通过表层向深层土壤渗透的速度缓慢[84]。另一方面，羊草草原植被凋落物可以对水分进行拦截和持吸，具有很好的水分调蓄和保水能力，且凋落物的存在可以阻延地表径流的形成和土壤水分的逸散，因而具有水源涵养功能[85]。此外，羊草草原植被的生长及其凋落物的累积能够促进土壤有机质含量增加。研究表明，大量积累的土壤有机质对土壤水分保持起主导作用，在高基质势下可以改变土壤结构和土壤体积密度，在低基质势下土壤有机质的水吸附能力直接影响土壤保水能力[86]，对涵养水源有着重要的意义。

羊草草原的水源涵养功能的影响因素包括降水、蒸散发、土壤理化性质、地形地貌、植被等[80]，是一个极其复杂的综合调控过程[85]。根据王根绪等[87]的研究，在保持其原有的植物建群和较高覆盖度时，草原土壤上层具有较高持水能力，降水通过表层向深层土壤的渗透速度缓慢，且具有较均匀的土壤水分空间分布，水源涵养功能明显。由于土壤性质、降水、季节、植物耗水规律等变化，羊草草原相应的水源涵养服务功能也会呈现相应的空间和时间的动态变化。李士美和谢高地[88]根据水源涵养服务功能实现程度的差异将水源涵养服务功能区分为有效水源涵养服务、潜在水源涵养服务和剩余水源涵养服务。当前评估草原水源涵养功能的方法主要有降水贮存量法[85]、水量平衡法、综合蓄水量方法、土壤水分动态监测[88]、土壤含水量结合土壤的理化性质[84]等，以及构建高质量的模型如运用 InVEST 模型对水源涵养功能的空间特征进行研究[88]。

6 文化赏鉴和娱乐功能

草地生态系统的文化功能是指人们通过精神感受、知识获取、主观印象、消遣娱乐和美学体验从生态系统中获得的非物质利益，主要包括以草地生态系统为基础形成并发展的颇具特色的民族文化多样性、精神和宗教价值、社会关系、知识系统(传说的和有形的)、教育价值、灵感、美学价值及文化遗产价值；此外，还包括由草地生态系统独特的自然景观、气候特色和草原地区长期形成的民族特色、人文特色、地缘优势构成的得天独厚的生态旅游资源。在一些省份，如内蒙古、青海、西藏、新疆、宁夏、甘肃、四川、黑龙江等，草原旅游已成为区域旅游产业的重要组成部分[83]。

随着人类物质生活水平的提高，人们对自然生态系统提供的休闲、娱乐和文化享受等服务的需求也越来越迫切。草原景观及其文化形态具有与众不同的特质和魅力[89]，不仅提供物质满足人们日常生活需求，还为人类的娱乐和文化提供重要的支撑，给人类带来精神生活的享受[90]。

在我国北方的草原地区，羊草草原无处不见。在蔚蓝的天空下，在无边的旷野上，羊草草原如一幅幅气势恢宏的画卷。向远处望，羊草草原一碧千里，羊群如珍珠般点缀其上。再向更远处望，羊草草原呈现一片朦朦胧胧的墨绿色，宁静辽远。羊草草原主要由羊草、针茅等禾本科植物组成，这些禾草高度和谐而又截然不同。亭亭玉立的羊草，翠绿的叶子厚而坚韧；针茅则是丛聚生长，线形的叶子像针尖一样锋利。在绿叶茵茵的环境中，含苞的、绽放的、半开的野花交相辉映，山丹几抹橘红的花瓣，娇艳绝伦；蓬子菜成簇的小黄花，贴在细梗上累累如珠；阿尔泰狗娃花淡紫色的瓣儿，衬着一片金黄色的花心；女娄菜雅素轻柔，像一位淡妆薄施的美人。羊草草原还生长着星毛委陵菜、早熟禾、薹草、冷蒿、白头翁、地榆等丰富的植物资源，这些植物形态各异，具有抗旱、耐寒、抗逆性强、耐粗放管理等优良品质，可以为园林绿化提供更多可能[91]。羊草草原的资源为人类的各种休闲、娱乐活动和美感体验提供得天独厚的条件。羊草草原给牧民提供安定和闲适的环境，花开时节，草原儿女歌舞欢笑于其上，如痴如醉。同时，羊草草原是旅游的理想地点。游客不仅可以欣赏五光十色的草原自风光，还可以体验草原那达慕、草原婚礼、马奶节等各种大型草原特色项目[92,93]。这些别具一格的草原风俗文化，带给游客新奇和愉快的生活体验，都市男女尽情游乐其中，流连忘返。

草原文化是中华文化三大源头之一，许多中华文化传统的源头滥觞于北方草原[94]。千年以来，包括羊草草原在内的草原养育了匈奴、鲜卑、突厥、契丹、女真、蒙元、满清等不同历史时期的民族[89]，塑造了风格独特的游牧文化[95]。与此同时，包括羊草草原在内的草原景观带给人们多姿多彩的艺术创造灵感，在草原富饶的土壤上，创作出一系列不同艺术形式的草原作品。例如，南北朝时期著名的民歌《敕勒歌》："敕勒川，阴山下，天似穹庐，笼罩四野。天苍苍，野茫茫，风吹草低见牛羊。"这个作品展现了草原在天地之间空间的辽阔和时间的绵长。到了当代，《草原上升起不落的太阳》《美丽的草原我的家》和《呼伦贝尔大草原》等大众耳熟能详的草原歌曲广为传唱。这些草原歌曲是我国人民音乐艺术发展的优秀成果，也是草原文化体系的重要代表[96]。草原提供独特的文化生态环境，产生了一批批令人瞩目的草原小说，包括短篇小说《科尔沁草原的人们》和《满眼春色的草原》，中篇小说《春到草原》和《撒满珍珠的草原》，长篇小说《茫茫的草原》和《西拉沐沦河的波涛》等艺术风格独特和文学性鲜明的作品。迄今为止，草原文学的创作仍然层出不穷、日新月异[97]。这些以草原为原色的艺术作品展现了草原的壮丽和辽阔，表达了人们对草原深深的热爱，描绘了草原人民勇敢的性格和质朴的心灵，解析了草原的深刻内涵，为弘扬和发展我国草原地域特色文化，丰富中华优秀文化艺术形式贡献了重要力量。

7 展　望

虽然草地退化一直是我国天然草地面临的突出问题[98-100]，但为改善草地现状和提高草地生态系统服务功能，我国推进美丽中国建设，坚持山水林田湖草沙一体化保护和系统治理，坚持宜草则草、适地适草，建立健全现代草牧业体系和管理模式，实施了多种退化草地恢复和生态保护措施[101-103]。我国草地生态系统约占国土面积的40.9%，是耕地面积的2.91倍、森林面积的1.89倍，而且草原的生态系统服务功能是森林生态系统服务功能的12.8倍[101,104]。因此，恢复退化草地生态系统功能对解决区域生态问题、促进区域生态环境保护和经济发展至关重要[8,83]。随着退化草地的恢复，草原生态系统提供畜牧产品和植物资源的能力提高，生物多样性增加，固碳释氧、涵养水源和防风固沙生态屏障等调节和支持功能增强，生态系统服务价值大幅度提高。自然景色重建势必会推动地方文旅业的快速发展，提高草原生态系统文化功能。作为陆地生态系统重要的碳库和碳汇，草原生态系统的植物光合作用和碳循环过程能够吸收相当数量的大气CO_2，抵消工业碳排放。恢复退化草原生态系统服务功能是有效的、廉价的节能减排措施，对实现碳达峰和碳中和具有重要意义[49,105,106]。

全球变化影响下的大气CO_2浓度升高以及温度和降水的改变，都会显著地影响羊草草地的净初级生产力和群落结构，最终必然影响其生态服务功能。Century模型模拟表明，大气CO_2浓度不变而气候发生变化的情景下，内蒙古锡林河流域和中国东北地区的羊草草原地上净初级生产力将分别减少2%~46%[23,107]。然而，大气CO_2浓度升高对羊草草原具有一定的"施肥"效应，使得羊草草原初级生产力的降幅显著降低[108]。此外，氮素添加对羊草群落的地上和地下生物量生产均有明显的促进作用，而且能明显促进羊草的种子生产、发芽能力以及幼苗生长，有利于羊草占据更多的生长空间[109]。内蒙古锡林河流域羊草草原区在气候变暖的影响下，最优建群种羊草的重要值呈现出明显的下降趋势，作为次建群种大针茅的重要值呈现一定程度的上升趋势[110]。另有研究表明，气温升高能够增加羊草群落的物种丰富度、多样性和非禾草重要值，而氮素添加作用相反，即降低群落中物种丰富度、多样性及禾草重要值[109]。

人类与草地生态系统的关系不可分离，在保护草地资源的同时，其实对草地利用得更多。因此，研究草地生态系统时应该考虑人与草地的关系，应该使草地得到更加合理、充分、有效和长期的健康发展，真正实现生态、经济、社会效益最大化[111]。首先，草地蕴涵了丰富的生物多样性，保护生物多样性就是保护生态系统的多功能服务及其稳定性。草地生态系统本身的脆弱性使得草地生物多样性的保护成为维持生态系统多功能发挥的重要举措。其次，加强宏观调控，调整产业结构是开发草地生态系统多功能和维持可持续发展的对策之一。实行退耕还林还草，经济发展不再局限于种植业和畜牧业，而应该在适度发展这些产业的同时，利用本地特有的资源发展其他辅助产业，如发展药材基地，通过发展生态、休闲旅游等带动草业、餐饮服务业等相关产业的发展，培植新的经济增长点。同时，要加强科学、文化建设，发挥草原的历史文化传承作用。最后，草地生态系统是动态平衡系统，在解决草畜矛盾、人地矛盾、经济利益与生态保护等的矛盾中，需采用系统动力学、网络分析等动态而非静态的方法来解决这些问题，在不断调节变量中权衡生态系统多元功能之间的关系，寻找最佳途径，提供未来发展变化趋势的有效预警，使草地系统在科学的人为调控下可持续发展[111]。为更好地实现草地多种生态服务功能，建议优化景观草地、放牧草地和栽培草地空间布局，实现草地的多功能管理目标，科学核定放牧草地载畜量，实现草地资源的持续利用；因地制宜地扩展栽培草地建植，创建现代草牧业生产的新模式；实施放牧家畜与当地野生食草动物平衡管理的示范工程，践行人与自然生命共同体理念[112]。

参考文献

[1] Daily G C. What are ecosystem services? [M] // Daily G C. Nature's Services: Societal Dependence on Natural Ecosystems. Washington, DC: Island Press, 1997: 1-10.

[2] Daily G C. Nature's services: Societal dependence on natural ecosystems[M]. Washington DC: Island Press, 1997.

[3] 欧阳志云，王如松．生态系统服务功能、生态价值与可持续发展[J]．世界科技研究与发展，2000，22(5)：45-50.

[4] 欧阳志云，王效科，苗鸿．中国陆地生态系统服务功能及其生态经济价值的初步研究[J]．生态学报，1999，19(5)：19-25.

[5] 欧阳志云，王如松，赵景柱．生态系统服务功能及其生态经济价值评价[J]．应用生态学报，1999，10(5)：635-640.

[6] 赵同谦，欧阳志云，贾良清，等．中国草地生态系统服务功能间接价值评价[J]．生态学报，2004，24(6)：1101-1110.

[7] 戴君虎，王焕炯，王红丽，等．生态系统服务价值评估理论框架与生态补偿实践[J]．地理科学进展，2012，31(7)：963-969.

[8] 傅伯杰，吕一河，高光耀．中国主要陆地生态系统服务与生态安全研究的重要进展[J]．自然杂志，2012，34(5)：261-272.

[9] 要振宇．中国羊草(*Leymus chinensis*)群落的分布、类型及其地上生产力的研究[D]．呼和浩特：内蒙古大学，2021.

[10] 杨柳．中国羊草(*Leymus chinensis*)草原植物群落特征及其地理分布[D]．呼和浩特：内蒙古大学，2019.

[11] 中国科学院内蒙古宁夏综合考察队．内蒙古植被[M]．北京：科学出版社，1985.

[12] 中国植被编辑委员会．中国植被[M]．北京：科学出版社，1980.

[13] 白乌云，侯向阳，武自念，等．地理气候因素对羊草性状分化的影响[J]．干旱区资源与环境，2020，34(11)：138-142.

[14] 刘兴元，牟月亭．草地生态系统服务功能及其价值评估研究进展[J]．草业学报，2012，21(6)：286-295.

[15] Groot R de, Wilson M A, Boumans R M J. A typology for the classification, description and valuation of ecosystem functions, goods and services[J]. Ecological Economics, 1997, 41: 393-408.

[16] 孙双红，朱宾宾，李艳红，等．呼伦贝尔草原主要群丛的调查研究[J]．草学，2020，1：42-48.

[17] 杨晶晶，陈闻，袁媛，等．模拟增温对羊草生态系统土壤呼吸速率的影响[J]．生态学报，2020，40(17)：6202-6214.

[18] 王仁忠，祖元刚，聂绍荃．羊草种群生物量生殖分配的初步研究[J]．应用生态学报，1999，5：553-555.

[19] 任晓慧，王健，麻小凤．羊草的丰产栽培及利用技术[J]．畜牧兽医杂志，2018，2：81-82，84.

[20] 杨劼，赵立清．内蒙古草原生态环境保护与建设[J]．内蒙古草业，2012，24(4)：1-5.

[21] 王玉辉，周广胜．内蒙古地区羊草草原植被对温度变化的动态响应[J]．植物生态学报，2004，28(4)：507-514.

[22]Bai Y F, Han X G, Wu J G, et al. Ecosystem stability and compensatory effects in the Inner Mongolia grassland[J]. Nature, 2004, 431: 181-184.

[23]袁飞，韩兴国，葛剑平，等．内蒙古锡林河流域羊草草原净初级生产力及其对全球气候变化的响应[J]．应用生态学报，2008，19(10)：2168-2176.

[24]白雪，程军回，郑淑霞，等．典型草原建群种羊草对氮磷添加的生理生态响应[J]．植物生态学报，2014，38(2)：103-115.

[25]王洪义，常继方，王正文．退化草地恢复过程中群落物种多样性及生产力对氮磷养分的响应[J]．中国农业科学，2020，53(13)：2604-2613.

[26]张袁华，王化，唐中华，等．松嫩草地不同降水区土壤盐碱化程度与羊草生产力关系的比较研究[J]．草地学报，2016，24(3)：590-597.

[27]许宏斌，辛晓平，宝音陶格涛，等．放牧对呼伦贝尔羊草草甸草原生物量分布的影响[J]．草地学报，2020，28(3)：768-774.

[28]张效境，马望，王正文．刈割制度对呼伦贝尔草原群落特征及牧草质量的影响[J]．应用生态学报，2022，33(6)：1555-1562.

[29]金梦娇．内蒙古荒漠草原和典型草原鸟类多样性年际变化[D]．呼和浩特：内蒙古大学，2022.

[30]何俊萍，王文，王宁侠，等．不同放牧强度对草原鸟类群落多样性的影响[J]．东北林业大学学报，2007，(01)：39-40+52.

[31]Schuldt A, Honig L, Li Y, et al. Herbivore and pathogen effects on tree growth are additive, but mediated by tree diversity and plant traits[J]. Ecology and Evolution, 2017, 7: 7462-7474.

[32]Eisenhauer N, Reich P B, Scheus S. Increasing plant diversity effects on productivity with time due to delayed soil biota effects on plants[J]. Basic and Applied Ecology, 2012, 13: 571-578.

[33]刘晓媛．放牧方式对草地植被多样性与稳定性关系的影响[D]．长春：东北师范大学，2013.

[34]Soliveres S, Plas F, Manning P, et al. Biodiversity at multiple trophic levels is needed for ecosystem multifunctionality[J]. Nature, 2016, 536: 456-459.

[35]Ebeling A, Rzanny M, Lange M, et al. Plant diversity induces shifts in the functional structure and diversity across trophic levels[J]. Oikos, 2018, 127: 208-219.

[36]Scherber C, Eisenhauer N, Weisser W W, et al. Bottom-up effects of plant diversity on multitrophic interactions in a biodiversity experiment[J]. Nature, 2010, 468: 553-556.

[37]何俊萍．不同放牧强度下内蒙古红花尔基地区草原鸟类群落结构的研究[D]．哈尔滨：东北林业大学，2007.

[38]Zhu H, Wang D L, Wang L, et al. The effects of large herbivore grazing on meadow steppe plant and insect diversity[J]. Journal of Applied Ecology, 2012, 49: 1075-1083.

[39]Bai W M, Ying F, Meng Z, et al. Heavily intensified grazing reduces root production in an Inner Mongolia temperate steppe[J]. Agriculture Ecosystems & Environment, 2015, 200: 143-150.

[40]Klink R, Plas F, Noordwijk C G E, et al. Effects of large herbivores on grassland arthropod diversity[J]. Biological Reviews, 2015, 90: 347-366.

[41]Anderson A, McCormack S, Helden A, et al. The potential of parasitoid Hymenoptera as bioindicators of arthropod diversity in agricultural grasslands[J]. Journal of Applied Ecology, 2011, 48: 382-390.

[42]周颖，周夏飞，马国霞，等．基于2015年遥感数据的中国生态系统固碳释氧价值评估[C]．中国环境科学学会学术年会论文集，2017.

[43]高扬，何念鹏，汪亚峰．生态系统固碳特征及其研究进展[J]．自然资源学报，2013，28(7)：1264-1274.

[44]李紫晶，高翠萍，王忠武，等．中国草地固碳减排研究现状及其建议[J]．草业学报，2023，32(2)：191-200.

[45]Prentice I C, Heimann M, Sitch S. The carbon balance of the terrestrial biosphere: Ecosystem models and atmospheric observations[J]. Ecological Applications, 2000, 10: 1553-1573.

[46]戴尔阜，黄宇，赵东升．草地土壤固碳潜力研究进展[J]．生态学报，2015，35(12)：3908-3918.

[47]戴尔阜，黄宇，吴卓，等．内蒙古草地生态系统碳源/汇时空格局及其与气候因子的关系[J]．地理学报，2016，71(7)：21-34.

[48]万华伟，李灏欣，高吉喜，等．我国植被生态系统固碳能力提升潜力空间格局分析[J]．生态学报，2022，42

(21): 2-13.

[49]白永飞，陈世苹．中国草地生态系统固碳现状、速率和潜力研究[J]．植物生态学报，2018，42 (3)：261-264.

[50]梁潇洒，马望，王洪义，等．呼伦贝尔草原 3 种植物的功能性状对氮磷添加的响应[J]．中国草地学报，2019，41(1)：61-67.

[51]王伟，方青青，王国强，等．呼伦贝尔草原区 CO_2 源、汇及时空分布模拟研究[J]．生态学报，2018，38 (20)：7288-7299.

[52]游成铭，胡中民，郭群，等．氮添加对内蒙古温带典型草原生态系统碳交换的影响[J]．生态学报，2016，36 (8)：2142-2150.

[53]Liu Y H，Zhang J Q，Li Y，et al. Do long-term N additions affect the soil organic carbon pool in temperate grasslands? [J]Science of the Total Environment，2022，810：152227.

[54]Ma L，Yuan S，Guo C，et al. Carbon and nitrogen dynamics of native Leymus chinensis grasslands along a 1000 km longitudinal precipitation gradient in northeastern China[J]. Biogeosciences，2014，11：7097-7106.

[55]杜群，刘辉志，冯健武，等．半干旱区草原生态系统的碳交换特征[J]．中国科学(地球科学)，2012，42(5)：711-722.

[56]Flanagan L B，Wever L A，Carlson P J. 2002. Seasonal and interannual variation in carbon dioxide exchange and carbon balance in a northern temperate grassland[J]. Global Change Biology，8：599-615.

[57]Gilmanov T G，Soussana J E，Aires L，et al. Partitioning European grassland net ecosystem CO_2 exchange into gross primary productivity and ecosystem respiration using light response function analysis[J]. Agriculture Ecosystems Environment，2007，121：93-120.

[58]姜琦．松嫩草地生态系统碳交换对模拟干旱的响应及适应机制[D]．长春：东北师范大学，2016.

[59]马俐，周志强，王正文．刈割和氮添加对松嫩平原羊草草原碳固持的影响[J]．生态学杂志，2016，35(1)：87-94.

[60]黄祥忠，郝彦宾，王艳芬，等．极端干旱条件下锡林河流域羊草草原净生态系统碳交换特征[J]．植物生态学报，2006，30(6)：894-890.

[61]He N P，Yu Q，Wu L，et al. Carbon and nitrogen store and storage potential as affected by land-use in a Leymus chinensis grassland of northern China[J]. Soil Biology and Biochemistry，2008，40：2952-2959.

[62]陈文青．不同放牧方式对羊草草原生态系统碳固持的影响机制[D]．北京：中国农业大学，2015.

[63]Fu Y L，Yu G R，Sun X M. Depression of net ecosystem CO_2 exchange in semi-arid Leymus chinensis steppe and alpine shrub[J]. Agricultural and Forest Meteorology，2006，137：234-244.

[64]郝彦宾，王艳芬，崔骁勇．干旱胁迫降低了内蒙古羊草草原的碳累积[J]．植物生态学报，2010，34 (8)：898-906.

[65]刘洋洋，任涵玉，周荣磊，等．中国草地生态系统服务价值估算及其动态分析[J]．草地学报，2021，29(7)：1522-1532.

[66]许岳飞，毕玉芬，金晶炜．灌草复合型草地水土保持功能与经济效益分析[J]．水土保持学报，2007，21：56-74.

[67]李龙，郝明德，肖庆红，等．不同盖度羊草地对水土流失的影响[J]．水土保持通报，2016，36：22-27.

[68]肖培青，姚文艺，申震洲，等．苜蓿草地侵蚀产沙过程及其水动力学机理试验研究[J]．水利学报，2011，42：232-237.

[69]许志信，李永强．草地退化对水土流失的影响[J]．干旱区资源与环境，2003，17：65-68.

[70]韩永伟，韩建国，张蕴薇，等．农牧交错带草地植被的水土保持作用研究[J]．水土保持学报，2004，18：24-28.

[71]张琪琳，王占礼，王栋栋，等．黄土高原草地植被对土壤侵蚀影响研究进展[J]．地球科学进展，2017，32：1093-1101.

[72]Cerda A. Parent material and vegetation affect soil erosion in eastern Spain[J]. Soil Science Society of American Journal，1999，63：362-368

[73]Brady N C. The Nature and Properties of Soils[M]. New York：Macmillan Publishing Co.，1990.

[74]郭慧慧，郝明德，李龙，等．农牧交错带土地利用类型对土壤风蚀的影响[J]．水土保持通报，2016，36：53-57.

[75]曾全超，李娅芸，刘雷，等．黄土高原草地植被土壤团聚体特征与可蚀性分析[J]．草地学报，2014，22：743-749.

[76]焦菊英，王万忠．人工草地在黄土高原水土保持中的减水减沙效益与有效盖度[J]．草地学报，2001，9：176-181.

[77]王栋栋，王占礼，张庆玮，等．草地植被覆盖度坡度及雨强对坡面径流含沙量影响试验研究[J]．农业工程学报，2017，33：119-125.

[78]李勉，姚文艺，李占斌．黄土高原草本植被水土保持作用研究进展[J]．地球科学进展，2005，20：74-80.

[79]甘卓亭，叶佳，周旗，等．模拟降雨下草地植被调控坡面土壤侵蚀过程[J]．生态学报，2010，30，2387-2395.

[80]张雪峰，牛建明，张庆，等．内蒙古锡林河流域草地生态系统水源涵养功能空间格局[J]．干旱区研究，2016，33：814-821.

[81]刘敏超，李迪强，温琰茂，等．三江源地区生态系统水源涵养功能分析及其价值评估[J]．长江流域资源与环境，2006，15：405-408.

[82]Dai L C，Fu R Y，Guo X W，et al. Alpine shrub had a stronger soil water retention capacity than the alpine meadow on the northeastern Qinghai-Tibetan Plateau[J]. Ecological Indicators，2021，133：108362.

[83]赵同谦，欧阳志云，郑华，等．草地生态系统服务功能分析及其评价指标体系[J]．生态学杂志，2004，23(6)：155-160.

[84]税伟，白剑平，简小枚，等．若尔盖沙化草地恢复过程中土壤特性及水源涵养功能[J]．生态学报，2017，37：277-285.

[85]吕宸，龚伟，车明轩，等．海拔和坡向对高寒灌丛草甸凋落物水源涵养功能的影响[J]．水土保持学报，2020，34：219-225.

[86]Yang F，Zhang G L，Yang J L，et al. Organic matter controls of soil water retention in an alpine grassland and its significance for hydrological processes[J]. Journal of Hydrology，2014，519：3086-3093.

[87]王根绪，沈永平，钱鞠，等. 高寒草地植被覆盖变化对土壤水分循环影响研究[J]. 冰川冻土，2003，25：653-659.

[88]李士美，谢高地．草甸生态系统水源涵养服务功能的时空异质性[J]．中国草地学报，2015，37：88-93.

[89]张泽鸿．草原景观及其欣赏经验：一种环境美学的考察[J]．河北师范大学学报(哲社版)，2015，38(4)：96-101.

[90]闵庆文，刘寿东，杨霞．内蒙古典型草原生态系统服务功能价值评估研究[J]．草地学报，2004，12(3)：165-169+175.

[91]王慧敏，孙海莲，邱晓，等．内蒙古草原植物引种栽培经验[J]．草原与草业，2022，34(03)：38-43.

[92]艾琳，卢欣石．草原类型自然保护区现状及其发展生态旅游的必要性与原则[J]．中国草原发展论坛论文集，2009，380-383.

[93]刘佳佳，黄甘霖．锡林郭勒盟和锡林浩特市草原生态系统服务与人类福祉的关系研究综述[J]．草业科学，2019，36(2)：573-593.

[94]晓克．论草原文化在中华文化发展史上的地位与作用[J]．内蒙古社会科学(汉文版)，2004，25(6)：4-8.

[95]刘钟龄．北方草原生态安全与草地农牧业发展[J]．草原与草业，2014，26(1)：7-16.

[96]侯文杰．草原歌曲：草原文化的全民审美[J]．前沿，2020(3)：130-134.

[97]任建．草原文化与草原小说[J]．广播电视大学学报(哲社版).2012(1)：83-87.

[98]李博．中国北方草地退化及其防治对策[J]．中国农业科学，1997，30(6)：2-10.

[99]梁存柱，祝廷成，王德利，等.21世纪初我国草地生态学研究展望[J]．应用生态学报，2002，13(06)：743-746.

[100]王庆锁，李梦先，李春和．我国草地退化及治理对策[J]．中国农业气象，2004，25(3)：41-44+48.

[101]潘庆民，孙佳美，杨元合，等．我国草原恢复与保护的问题与对策[J]．中国科学院院刊，2021，36(6)：666-674.

[102]李月辉，胡远满，王正文．山水林田湖草沙一体化保护和修复工程与景观生态学[J]．应用生态学报，2023，34(01)：249-256.

[103]古琛，贾志清，杜波波，等．中国退化草地生态修复措施综述与展望[J]．生态环境学报，2022，31(7)：1465-1475.

[104]谢高地，张钇锂，鲁春霞，等．中国自然草地生态系统服务价值[J]．自然资源学报，2001，16(1)：47-53.

[105]郭然，王效科，逯非，等．中国草地土壤生态系统固碳现状和潜力[J]．生态学报，2008，28(2)：862-867.

[106]方精云．碳中和的生态学透视[J]．植物生态学报，2021，45(11)：1173-1176.

[107]Wang Y H，Zhou G S，Wang Y H. Modelling responses of the meadow steppe dominated by Leymus chinensis to climate change[J]. Climatic Change，2007，82：437-452.

[108]肖向明，王义凤，陈佐忠．内蒙古锡林河流域典型草原初级生产力和土壤有机质的动态及其对气候变化的反

应[J]. 植物学报，1996，38(1)：45-52.

[109]高嵩．增温和氮素添加对松嫩草原羊草群落结构和功能的影响[D]. 长春：东北师范大学，2012.

[110]刘钦普，林振山．内蒙古草原羊草群落优势物种对气候变暖的响应[J]. 地理科学进展，2006，25(1)：63-71.

[111]宋明华，刘丽萍，陈锦，等．草地生态系统生物和功能多样性及其优化管理[J]. 生态环境学报，2018，27(6)：1179-1188.

[112]常丽娜，赵新全．三江源草地多功能目标管理与自然保护地建设[J]. 自然保护地，2022，2(2)：1-8.

[113]Costanza R，d'Arge R，Groot R，et al. The value of the world's ecosystem services and natural capital[J]. Nature，1997，387：253-260.

[114]Costanza R，Stern D I，Fisher B，et al. Influential publications in ecological economics：a citation analysis[J]. Ecological Economics，2004，50：261-292.

[115]Kruess A，Tscharntke T. Grazing intensity and the diversity of grasshoppers，butterflies，and trap-nesting bees and wasps[J]. Conservation Biology，2002，16：1570-1580.

[116]Wang L，Delgado-Baquerizo M，Wang D L，et al. Diversifying livestock promotes multidiversity and multifunctionality in managed grasslands[J]. Proceedings of National Academy of Science-United States of America，2019，116：6187-6192.

[117]Zhong Z W，Li X F，Pearson D，et al. Ecosystem engineering strengthens bottom-up and weakens top-down effects via trait-mediated indirect interactions[J]. Proceedings of Biology Sciences，2017，284.

[118]陈文清．不同放牧方式对羊草草原生态系统碳固持的影响机制[D]. 北京：中国农业大学．2015.

[119]杜子银，蔡延江，王小丹，等．放牧牲畜粪便降解及其对草地土壤养分动态的影响研究进展[J]. 生态学报，2019(13)：4627-4637.

[120]张传国，方创琳．干旱区绿洲系统生态-生产-生活承载力相互作用的驱动机制分析[J]. 自然资源学报，2002，17(2)：181-187.

[121]赵有益，龙瑞军，林慧龙，等．草地生态系统安全及其评价研究[J]. 草业学报，2008，17(2)：143-150.

中国羊草知识产权分析

程丽琴　刘公社
（中国科学院植物研究所）

摘　要：羊草是我国具有优势的牧草和生态草，在草牧业及生态保护方面有重要作用，羊草相关论文、专利、专著、商标、标准和植物新品种等知识产权和成果都取得重要进展。截至2023年12月，申请的专利名称中关于羊草的发明专利180个，其中获得授权的专利90个，包含实用新型专利权授予的25个，发明专利权授予的65个。未授权失效的专利49个，正在实质审查的41个，授权专利分属于生态环境修复、栽培（种植、收获、加工等）、产业化（机械装置）、基因资源和分子标记等类别。出版羊草相关的专著16部，包括羊草种质资源研究、羊草繁育、羊草种子生态学与盐碱地恢复、羊草生物生态学、羊草种植技术、羊草草地碳氮循环、人工草地生产力等方面，出版英文专著1部，获得软件著作权13个。含有"羊草"以国际分类号31注册的商标有8个，以国际分类号35注册的商标1个，以国际分类号40注册的商标1个，目前已核准的商标共4个。地方标准22个，企业标准16个，团体标准4个。审定通过的羊草品种共计27个，其中国审羊草品种数量14个，但由于羊草的多年生习性和群体品种的杂合性较高，目前尚没有羊草品种获得植物新品种权保护。国家知识产权保护制度的完善和发展，对于羊草等中国乡土草产业市场长远发展、民族种业安全以及新品种保护均有积极的推动和促进作用。

关键词：羊草；专利；品种权；专著；知识产权

羊草，又称碱草，为禾本科赖草属多年生根茎型乡土植物，在发展草原畜牧业、生态环境保护和修复方面具有举足轻重的地位[1]。羊草知识产权主要包括：科技论文、科技著作、标准、发明专利、商标、植物品种、软件著作等类型。最早的科技论文发表于20世纪60年代，一直到80年代末每年发表论文不到百篇，90年代后，发表论文显著增长；国家知识产权网可查到从1994年至今名称含"羊草"或与羊草直接相关的专利和商标等知识产权，获得授权专利主要是在近10年内，商标主要是近5年内注册，仅2023年注册的商标数占总数的58%；企业标准则是仅2023年发布的数量占全部标准的56%。

1　知识产权概念和种类及最新法规

1.1　知识产权概念

知识产权是指人们就其智力劳动成果所依法享有的专有权利，通常是国家赋予创造者对其智力成果在一定时期内享有的专有权或独占权[2]。

知识产权从本质上说是一种无形财产权，他的客体是智力成果或是知识产品，是一种无形财产或者一种没有形体的精神财富，是创造性的智力劳动所创造的劳动成果。它与房屋、汽车等有形财产一样，都受到国家法律的保护，都具有价值和使用价值。有些重大专利、驰名商标或作品的价值也远远高于房屋、汽车等有形财产。

广义概念上的知识产权包括下列客体的权力：文学艺术和科学作品，表演艺术家的表演及唱片和广播节目，人类一切领域的发明，科学发现，工业品外观设计，商标，服务标记，商品名称和标志，以及在工业、科学、文学和艺术领域内由于智力活动而产生成果的一切权利。

狭义范围的知识产权是指工业产权（专利权和商标权）、工业版权（如集成电路布图设计、计算机软件、工业品外观设计等）和著作权等。

1.2　知识产权类型

根据2021年1月1日生效的《中华人民共和国民法典》第一百二十三条的规定，知识产权类型包括：作品；发明、实用新型、外观设计；商标；地理标志；商业秘密；集成电路布图设计；植物新品种；法律规定的其他客体。以上类型涵盖了广义上的知识产权类型。

《中华人民共和国知识产权法》是由《中华人民共和国著作权法》(2020年修订)、《中华人民共和国商标法》(2019年修订)、《中华人民共和国专利法》(2020年修订)三部法律构成。

农业知识产权客体多样性，除了农业专利、农业商标、农业著作权之外，还包括农业数据库权、农业技术秘密、地理标志、非物质文化遗产、生物遗传资源等。

2 我国羊草知识产权分析

2.1 羊草专著

根据中国知网、百度学术及360搜索引擎搜索数据结果，截至2023年12月，正式出版的书名包含“羊草”的专著有16部(表3-1)，含1部英文专著。

表 3-1 羊草种质资源专著搜索数据结果

序号	专著名称	作者(编者、主编)	出版日期	出版社	出版单位
1	人工羊草地生产力研究	郝明德、苏富源等	2024	科学出版社	西北农林科技大学水土保持研究所[3]
2	Sheepgrass(*Leymus chinensis*): An environmentally friendly native grass for animals	刘公社、李晓霞等	2019	Springer、科学出版社	中国科学院植物研究所[4]
3	羊草高效繁育研究	马甜	2019	阳光出版社	江苏农牧科技职业学院[5]
4	羊草种子生态学与盐碱地植被恢复	马红媛	2018	科学出版社	中国科学院东北地理与农业生态研究所[6]
5	羊草种植实用技术问答	刘公社、齐冬梅等	2017	中国农业出版社	中国科学院植物研究所[7]
6	羊草种质资源研究(第二卷)	刘公社、李晓霞等	2015	科学出版社	中国科学院植物研究所[8]
7	羊草抗旱适应性研究	陈延、马甜等	2015	宁夏人民教育出版社	宁夏大学[9]
8	羊草种子生态学研究	蔺吉祥、穆春生	2015	黑龙江科学技术出版社	东北林业大学[10]
9	羊草种质资源研究	刘公社、李晓峰	2011	科学出版社出版	中国科学院植物研究所[11]
10	黑龙江西部羊草草地培育与利用技术的研究	杜广明、李国良、张亚玲	2011	东北林业大学出版社	辽宁省风沙地改良利用研究所[12]
11	羊草种质资源描述规范和数据标准	杨劼	2010	中国农业出版社	内蒙古大学[13]
12	羊草草地土壤碳循环	王娓	2006	吉林科学技术出版社	东北师范大学和北京大学[14]
13	羊草生物生态学	祝廷成	2004	吉林科学技术出版社	东北师范大学[15]
14	羊草草地氮循环研究	李玉中	2002	气象出版社	中国农业科学院农业气象研究所[16]
15	羊草种群生态型分化的分子生态学研究	崔继哲、祖元刚	2001	东北林业大学出版社	东北林业大学[17]
16	羊草草原分解者亚系统	郭继勋	1994	吉林大学出版社	东北师范大学[18]

羊草专著主要包括几个方面：羊草种质资源研究、羊草栽培繁育、羊草生态学研究、羊草草地碳氮循环及羊草种植实用技术等，分别介绍如下。

2.1.1 羊草种质资源研究(4部)

①《Sheepgrass (*Leymus chinensis*): An environmentally friendly native grass for animals》，内容包括羊草的起源和分布、育种、栽培、有性生殖，营养、水分吸收和利用，耐牧机理，基因资源挖掘等进展。这是迄今为止出版的唯一一部关于羊草研究的英文专著，对羊草这一环境友好植物30多年来的研究进展，进行了系统全面的总结和概括，展示了研究团队成员几十年的研究成果，提出了羊草

研究从草原来到草原去的研究思路；从基础的资源收集入手，对羊草存在的“三低”瓶颈问题，特别是种子产量低和发芽率低的“卡脖子”问题的研究，获得突破，开发了从传统育种到现代分子辅助育种的羊草加速育种程序，培育出生态型和饲用型的羊草新品种，并开展了羊草新品种利用模式的研究。

②《羊草种质资源研究(第二卷)》，对羊草微观领域的最新研发成果进行了系统性整理，采用新一代测序技术对羊草进行转录组高通量深度测序，建立了国际上首个羊草基因资源信息平台。基于羊草基因数据库，从分子水平上深入研究了羊草自交不亲和性、耐牧等关键科学问题，并克隆和验证了一批羊草特异的新基因。对于从事羊草和其他乡土草种质资源和基因资源研究的科研工作者具有重要的参考价值，对于草地管理及优质饲草开发从业人员具有重要实用价值。

③《羊草种质资源研究》，在10多年科研工作积累的基础上，从微观生物学角度概括了羊草从野生资源收集过渡到基因资源发掘的研究历程。内容包括羊草的分子分类、种质资源收集和评价、有性繁殖问题研究、耐牧特性研究、功能基因组测序、基因克隆和功能验证、模拟放牧的基因芯片分析、羊草生物技术及利用等，为非模式重要植物资源的研究和利用提供了借鉴和参考。

④《羊草种质资源描述规范和数据标准》，介绍了羊草种质资源描述规范规定的种质资源的描述符及其分级标准，羊草种质资源数据标准规定的种质资源各描述符的字段名称、类型、长度、小数位、代码等。

2.1.2 羊草栽培和繁育(1部)

《羊草高效繁育研究》，利用羊草育苗、移植、水肥调控技术，在苏打盐碱地、干旱风沙地、荒漠草原、干旱山区，建立羊草高效繁育、高产高效栽培技术体系，破解出苗率低、保苗难、种子产量低等技术难题。研制缓释解淀粉芽孢杆菌微生物菌肥，创建“微生物肥+羊草移植苗+补水灌溉+专用功能性改良剂”四位一体高产高效种植技术模式，使草产量、种子产量分别提高20%和30%。

2.1.3 羊草生态学研究(5部)

①《羊草种子生态学与盐碱地植被恢复》，系统研究了羊草种子发育及形成过程、种子休眠特性，探讨了温度、水分等环境因子对羊草种子萌发的影响，揭示了盐碱胁迫影响种子萌发的机制，提出了快速提高羊草种子萌发的技术以及田间直播育苗技术，阐明了不同退化演替阶段土壤中羊草土壤种子库动态及恢复潜力，初步探讨了羊草遗传多样性和优质种质资源的利用。

②《羊草抗旱适应性研究》，是宁夏农业综合开发科技推广项目“引进羊草新品种生长适应性及不同种植技术筛选”“天然草场补播羊草的适应性试验及移植穴播关键技术示范与推广”“羊草高产种子田及快繁苗培育新技术推广应用”以及宁夏回族自治区农业育种专项课题3“良种繁育与提纯复壮”等的成果总结。

③《羊草种子生态学研究》，系统研究了羊草种子发育及形成过程、种子休眠特性，探讨了温度、水分等环境因子对羊草种子萌发的影响。

④《羊草生物生态学》，涵盖了羊草的细胞与遗传特性、羊草的个体发育与生理生态特征、羊草种群生物生态特征、羊草群落生态特征、羊草草地生态系统特征、羊草草地的管理和羊草草地的生态建设。对羊草的研究从细胞遗传到个体发育与生理生态、种群、群落、生态系统，进而指导草地管理与建设。

⑤《羊草种群生态型分化的分子生态学研究》，内容包括研究简史及问题的提出、研究地区的自然概况、羊草特性与种群生态特征、羊草种群遗传变异及分化的等位酶分析等。

2.1.4 羊草草地碳氮循环(3部)

①《羊草草地土壤碳循环》，介绍了典型羊草草地生态系统土壤碳循环特征，羊草草地自然概况，羊草草地土壤碳循环研究方法，枯枝落叶的数量、质量与分解，土壤呼吸与土壤微生物的数量与生物量等。

②《羊草草地氮循环研究》，主要内容包括草地氮的输入——生物固定、干湿混合沉降等，氮的输出——挥发、反硝化、渗漏、火烧等损失，氮在土壤内部的转化，草地氮的平衡与循环等。反映和概括了国内外在该领域的研究现状，可供草地生态学研究人员参考使用。

③《羊草草原分解者亚系统》，介绍了羊草草原分解者亚系统的种类、数量、物量及其活力与枯枝落叶的关系。对羊草草原土壤微生物和土壤动物数量和生物量的季节动态进行了测定，并建立了相应的数学模型，定量描述了不同类群在分解中的作用，确定了分解者与枯枝落叶分解的关系，为维持草原生态系统的平衡和防止草原退化提供科学依据。

2.1.5 人工草地及羊草种植实用技术(2部)

①《羊草种植实用技术问答》，采用问答的形式，图文并茂地对羊草基本知识和栽培技术进行深入浅出的介绍。内容包括：起源和分布、价值和利用、形态特征、生长发育、品种繁殖、栽培技术、收获加工、科研文化。既有理论解释，又有实践指导，力争为羊草的种植、生产和加工提供专业和科学的指导。可供优质羊草产业化生产和草原改良从业人员和技术人员使用。同时，对草业研发人员、草原生态环境保护者以及相关管理者也具有参考价值。具有一定的科普性质，也面向社会各界的广大读者。

②《人工羊草地生产力研究》，在人工羊草地水肥试验研究基础上，明确羊草的需肥特性和各种肥料对饲草品质的影响，介绍提高羊草产草量、种子产量的合理施肥技术与提高水肥资源利用效率的方法，根据人工羊草地土壤肥力变化特征提出优质、高产、高效的水肥管理技术措施。

2.2 羊草软件著作权

截至2023年12月，通过中国版权保护中心https://www.ccopyright.com.cn/和天眼查https://banquan.tianyancha.com/网站，查询到名称中含有“羊草”的软件著作权有13个(表3-2)。

表3-2 名称含“羊草”的软件著作权

序号	软件全称	登记号	版本号	著作权人	登记日期
1	羊草数字育种系统	2023SR0902195	V1.0	中国科学院植物研究所	2023-08-08
2	羊草干草调制工艺智能控制系统	2021SR2083825	V1.0	黑龙江省农业科学院畜牧兽医分院	2021-12-20
3	羊草单株分蘖数据分析软件	2021SRE023907	V1.0	黑龙江省农业科学院草业研究所	2021-09-14
4	羊草种质资源鉴定评价系统	2021SRE023828	V1.0	邸桂俐	2021-09-14
5	羊草根茎扩展能力评价软件	2021SRE023827	V1.0	申忠宝	2021-09-14
6	羊草干草质量分级评价系统	2021SR0440034	V1.0	沈阳农业大学	2021-03-23
7	羊草种子耐盐萌发综合评价系统	2020SR0577249	V1.0	任卫波	2020-06-05
8	羊草青贮饲料发酵品质评价系统	2019SR1367516	V1.0	孟元发	2019-12-13
9	羊草有机肥转化利用管理软件	2019SR0319432	V1.0	中国农业科学院北京畜牧兽医研究所	2019-04-10
10	基于土壤不同盐碱化程度的羊草氮素养分调控系统	2019SR0231469	V1.0	中国科学院东北地理与农业生态研究所	2019-03-11
11	羊草的智能化管理系统	2018SR785682	V1.0	西北农林科技大学	2018-09-27
12	羊草数字育种系统	2018SR221248	V1.0	常春	2018-03-30
13	羊草干草调制工艺智能控制系统	2018SR219024	V1.0	常春	2018-03-29

2.3 羊草的标准

截至2023年12月，通过全国标准信息公共服务平台(https://std.samr.gov.cn/)数据，获得标准名称含“羊草”的企业标准16个(表3-3)、地方标准22个(表3-4)、团体标准4个(表3-5)。

表 3-3　羊草企业标准

序号	企业名称	标准名称	标准编号	发布时间
1	克劳沃（北京）生态科技有限公司	东北松嫩平原盐碱地羊草播种保苗技术规程	Q/BJKLW0002J—2023	2023-12-11
2	蒙草生态环境(集团)股份有限公司	干旱区羊草播种保苗技术规程	Q/MC JS004—2023	2023-12-14
3	克劳沃（北京）生态科技有限公司	东北松嫩平原盐碱地羊草播种保苗技术规程	Q/BJKLW0001J—2023	2023-12-11
4	内蒙古羊草青农业有限公司	准格尔旗羊草撂荒地高效利用技术规程	Q/0622NMYCQ001—2023	2023-11-28
5	科右前旗现代农牧业开发有限公司	羊草种植当年田间管理技术规程	Q/152221KYQQXDNMYKF04—2023	2023-11-22
6	内蒙古科塔中科羊草种业有限公司	沙地羊草播种当年田间管理技术规程	Q/150502KTZY002—2023	2023-11-16
7	内蒙古科塔中科羊草种业有限公司	沙地羊草播种保苗栽培技术规程	Q/KTZY001—2023	2023-07-20
8	科右前旗现代农牧业开发有限公司	中科羊草制种基地建设技术规程	Q/152221KYQQXDNMYKF03—2023	2023-06-30
9	科右前旗现代农牧业开发有限公司	羊草干草质量标准分级	Q/152221KYQQXDNMYKF02—2023	2023-06-25
10	中科劲松(北京)农牧科技有限公司	饲料原料羊草干草	Q/102100ZKJ 001—2021	2021-04-12
11	河北艾禾农业科技有限公司	饲料原料羊草干草	Q/AHNY 020—2017	2017-09-07
12	黑龙江艾禾生态科技股份有限公司	饲料原料羊草干草	Q/AHST 003—2017	2017-07-17
13	黑龙江省卫星隆泰牧业有限公司	饲料用苜蓿草、羊草、复合草	Q/HWXLT001—2017	2017-04-12
14	吉林省华雨草业开发有限责任公司	中科羊草高产栽培技术规程	Q/131300JLSHYCYKFYXZRGS01—2021	2021-04-19
15	北京易丰佳禾农业科技有限公司	中科羊草覆膜穴播技术规程	Q/100043BJYFJHNYKJYXGS001—2020	2020-12-30
16	佳县方塌镇瑞兴种羊场	中科羊草高产栽培技术规程	Q/610828JXFTZRXZYC01—2020	2020-12-18

表 3-4　羊草地方标准

序号	标准号	标准名称	省份	批准日期	实施日期	备案号
1	DB1507/T 99—2023	中科 1 号羊草栽培技术规程	呼伦贝尔市	2023/11/28	2023/12/28	104613-2023
2	DB23/T 3431—2023	羊草和草木樨混播改良盐碱化草原技术规程	黑龙江省	2023/3/20	2023/4/19	100523-2023
3	DB22/T 3474—2023	羊草菌根化育苗栽培技术规程	吉林省	2023/4/25	2023/5/23	98236-2023
4	DB15/T267—2022	羊草种子机械联合收获技术规程	内蒙古自治区	2022/7/15	2022/8/15	90640-2022
5	DB15/T 2601—2022	羊草中粗蛋白、粗纤维、酸性洗涤纤维、中性洗涤纤维、酸性洗涤木质素的快速测定 近红外光谱法	内蒙古自治区	2022/6/24	2022/7/24	90125-2022
6	DB15/T 2586—2022	羊草耐盐碱性鉴定评价技术规程	内蒙古自治区	2022/6/24	2022/7/24	90108-2022
7	DB15/T 2585—2022	羊草抗旱性鉴定评价技术规程	内蒙古自治区	2022/6/24	2022/7/24	90107-2022
8	DB15/T 2584—2022	羊草人工草地种植技术规程	内蒙古自治区	2022/6/24	2022/7/24	90106-2022
9	DB15/T 2583—2022	羊草种质资源采集与保存技术规范	内蒙古自治区	2022/6/24	2022/7/24	90105-2022
10	DB23/T 3181—2022	紫花苜蓿和羊草混播栽培技术规程	黑龙江省	2022/5/9	2022/6/8	88942-2022

（续）

序号	标准号	标准名称	省份	批准日期	实施日期	备案号
11	DB23/T 3180—2022	盐碱化草原羊草田菁混播改良技术规程	黑龙江省	2022/5/9	2022/6/8	88941-2022
12	DB15/T 1949—2020	中度退化羊草打草场切根施肥技术规程	内蒙古自治区	2020/7/30	2020/8/30	73454-2020
13	DB15/T 1906—2020	典型草原区羊草草原割草场刈割技术规范	内蒙古自治区	2020/6/28	2020/7/28	72925-2020
14	DB15/T 1902—2020	天然草地羊草生产技术规程	内蒙古自治区	2020/6/10	2020/7/10	72407-2020
15	DB23/T 2386—2019	盐碱草地羊草直播栽培技术规程	黑龙江省	2019/7/3	2019/8/2	63453-2019
16	DB23/T 2060—2017	羊草种子生活力的快速测定方法	黑龙江省	2017/12/29	2018/1/29	59841-2018
17	DB23/T 2059—2017	羊草青干草质量评定技术规程	黑龙江省	2017/12/29	2018/1/29	59929-2018
18	DB15/T 1213—2017	退化羊草草甸草原割草地土壤通气性改善技术规程	内蒙古自治区	2017/5/15	2017/8/15	54516-2017
19	DB64/T 1282—2016	宁夏干旱风沙区羊草育苗移栽技术规程	宁夏回族自治区	2016/12/28	2017/3/28	55447-2017
20	DB23/T 1562—2014	羊草干草调制与贮藏技术规程	黑龙江省	2014/4/10	2014/5/10	46611-2015
21	DB22/T 2254—2015	退化羊草草地改良技术规程	吉林省	2015/2/1	2015/3/1	44975-2015
22	DB23/T 1279—2008	羊草种子生产技术规程	黑龙江省	2008/7/7	2008/8/7	24031-2009

表 3-5　羊草团体标准

序号	团体名称	标准编号	标准名称	公布日期	起草单位
1	内蒙古农牧业机械工业协会	T/NJXH 004—2021	退化羊草草地切根施肥复壮联合作业技术规程	2021/12/31	中国农业科学院草原研究所
2	中国马业协会	T/CNHIA 8—2021	马场用商品羊草质量检验与分级	2021/4/2	中国马业协会马属动物营养委员会、全国畜牧总站、中国农业科学院兰州兽医研究所
3	宁夏回族自治区农学会	T/NAASS 004—2020	引黄灌区羊草育苗及盐碱地移栽生产技术规程	2021/1/27	宁夏农林科学院动物科学研究所、中国科学院植物保护研究所、宁夏农业综合开发办公室、宁夏农业技术推广总站、平罗县农业综合开发办公室
4	北京华夏草业产业技术创新战略联盟	T/HXCY 033—2020	羊草促进剂快速恢复退化羊草草地技术规程	2020/12/4	中国科学院植物研究所、河北大学、呼伦贝尔生态产业技术研究院、内蒙古草原勘察规划院

2.4　发明、实用新型、外观设计专利

截至 2023 年 12 月，通过国家知识产权网（https：//www. cnipa. gov. cn/）高级搜索，标题含“羊草”或摘要与羊草直接相关的授权专利按照申请人（专利权人）统计（图 3-1），结果显示排在前 10 的申请人依次为中国科学院植物研究所、中国科学院东北地理与农业生态研究所、中国科学院寒区旱区环境与工程研究所、中国农业科学院草原研究所、重庆尚八斗生态农业有限公司、中国农业大学、黑龙江省农业科学院草业研究所、中国科学院西北生态环境资源研究院、西北农林科技大学等。截至 2023 年 12 月，申请的专利名称中含“羊草”或摘要内容与羊草直接相关的发明专利 180 个，其中获得授权的专利 90 个，包含实用新型专利权授予的 25 个，发明专利权授予的 65 个。已授权的 90 个专利中，有 42 个为专利授权状态，终止专利权的 48 个，未授权失效的专利 49 个，正在实质审查的 41 个，授权专利分属于生态环境修复、栽培（种植、收获、加工等）、产业化（机械装置）、基因资源和分子标记等类别。

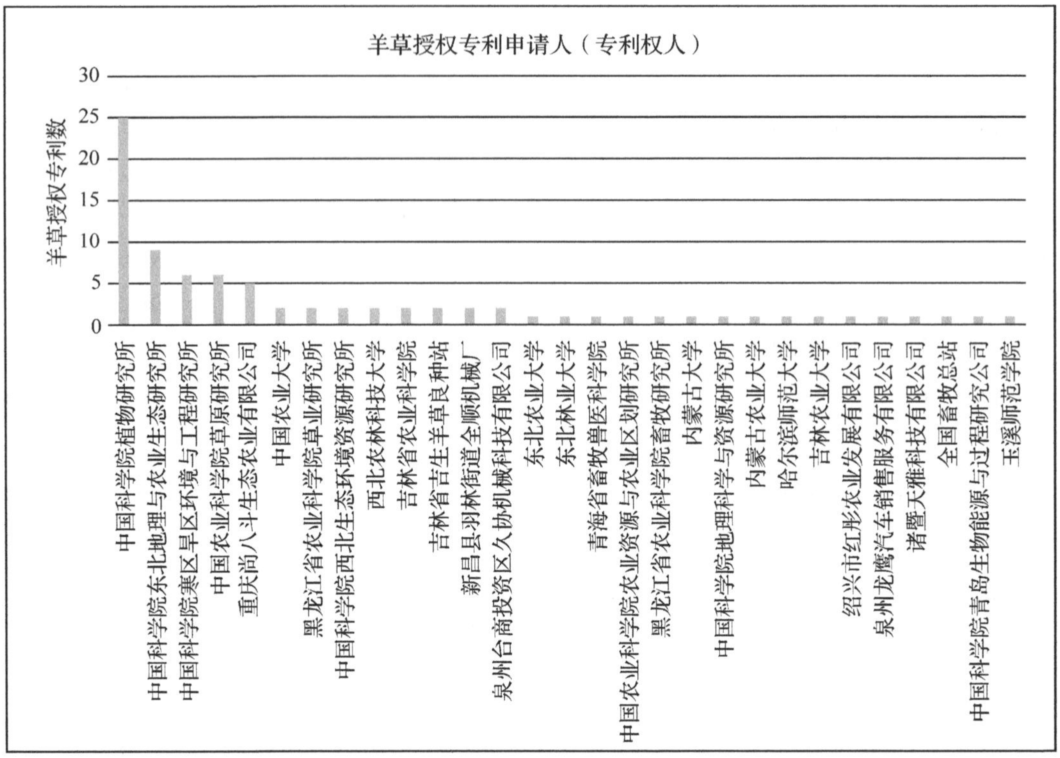

图 3-1　羊草授权专利申请人(专利权人)

截至 2023 年 12 月，名称含“羊草”及摘要内容与羊草直接相关的授权专利有 90 个(表 3-6)。按照专利类型分发明专利占 82%，实用新型占 28%。按照内容分 5 大类(图 3-2)：A. 羊草在生态环境恢复方面的作用占 9%；B. 羊草栽培相关专利(种、收、加工)占 17%；C. 羊草产业化过程相关专利占 40%；D. 羊草基因资源及分子标记相关专利占 29%；E. 其他占 5%。

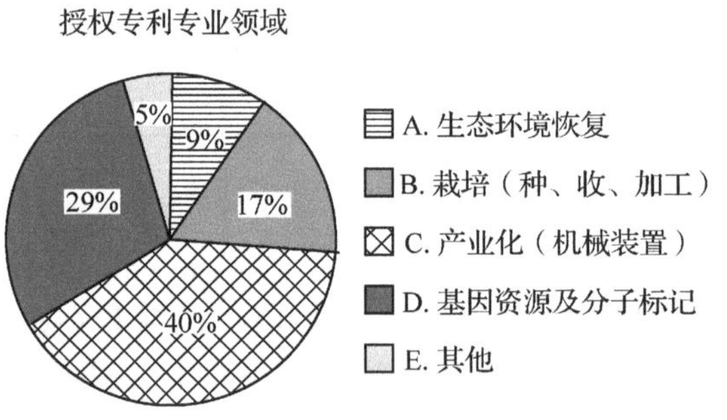

图 3-2　羊草授权专利领域分类

表 3-6　羊草授权专利信息

序号	申请号	发明名称	申请(专利权)人	发明人	法律状态	授权日	类型
1	CN202311382670. X	北方农牧交错区高效建植羊草人工草地的方法	中国农业科学院草原研究所	张玉娟、唐士明、金轲、张磊、张桐瑞、纪磊、孙世贤、郭婧	发明专利权授予	20231219	C
2	CN202320903929. X	一种牧草种子田收割机	全国畜牧总站、内蒙古科塔中科羊草种业有限公司	王加亭、刘公社、齐晓、董晓兵、邵麟惠、刘辉、王岩、齐冬梅、吴俊、苏红田、赵之阳、陈志宏、闫敏、刘彬	实用新型专利权授予	20231020	C

（续）

序号	申请号	发明名称	申请(专利权)人	发明人	法律状态	授权日	类型
3	CN202310092825. X	一种用羊草改善土壤理化性质的方法	东北农业大学	林宇龙、梅琳琳、崔国文、李冰、张攀、秦立刚、胡国富、王明君	发明专利权授予	20230829	A
4	CN202211316713. X	一种快速高效获得耐盐碱羊草突变体材料的方法	中国科学院东北地理与农业生态研究所	马红媛、李亚晓、杜艳、亓雯雯、李绍阳、李祎、赵丹丹、李景鹏、孙梦丹	发明专利权授予	20230609	E
5	CN202210500551. 9	一种快速提高退化草原羊草优势度的方法	中国农业科学院草原研究所	李西良、孙世贤、闫晓红、李元恒	发明专利权授予	20230411	A
6	CN202210392516. X	一种根癌农杆菌介导的羊草遗传转化方法	中国科学院青岛生物能源与过程研究所、黑龙江省农业科学院草业研究所、中国科学院遗传与发育生物学研究所	付春祥、赵海霞、曹英萍、申忠宝、尤佳、王建丽、曹晓风、宋显伟、张率斌	发明专利权授予	20230124	E
7	CN202111233050. 0	补播和覆施干草加速弃耕地羊草植被恢复的方法	中国科学院东北地理与农业生态研究所	李强、黄迎新、丛山	发明专利权授予	20230131	A
8	CN202111204131	一种提高羊草比例的有机无机复合肥及其施肥方法	中国科学院植物研究所	潘庆民、孙佳美、刘伟、王璟	发明专利权授予	20220819	B
9	CN202220405917. X	一种畜牧用羊草高效收割装置	庞伟东	庞伟东	实用新型专利权授予	20220726	C
10	CN202110598196. 9	一种提高羊草种子在高盐环境下发芽率的萌发方法	中国科学院东北地理与农业生态研究所	马红媛、李景鹏、李绍阳、亓雯雯、赵丹丹、马梦涵、杨帆	发明专利权授予	20220701	B
11	CN202120037883. 9	一种圈养羊草供给装置	玉溪师范学院	周芳廷、陈祯、李红梅	实用新型专利权授予	20211022	C
12	CN202021921110. 9	一种羊草水培装置	内蒙古大学	孙永伟、祁智、季成	实用新型专利权授予	20210820	C
13	CN202010409638. 6	一种羊草的移栽方法	重庆尚八斗生态农业有限公司	不公告发明人	发明专利权授予	20210921	B
14	CN201922000018. 2	一种畜牧业羊草等距切割装置	董红波	董红波	实用新型专利权授予	20200922	C
15	CN201910742525. 5	一种通过亚精胺提高羊草种子活力的方法	中国农业科学院农业资源与农业区划研究所	程宪国、陈红娜、时俊美、夏关雪莹、张美娟	发明专利权授予	20220225	B
16	CN201910269140. 1	一种通过建植羊草恢复退化草原生态系统的方法	中国科学院植物研究所	闫彩凤、陈全胜、张亮、盖晓东、赛西雅拉图	发明专利权授予	20220128	A
17	CN201810055068. 8	典型草原区放牧退化羊草用横向切根装置	中国科学院寒区旱区环境与工程研究所	冯起、郭瑞、贾冰、杨林山、张成琦	发明专利权授予	20210511	C

（续）

序号	申请号	发明名称	申请(专利权)人	发明人	法律状态	授权日	类型
18	CN201810053851.0	用于典型草原区放牧退化羊草草原多轮组履带式切根装置	中国科学院寒区旱区环境与工程研究所	冯起、刘蔚、郭瑞、贾冰、李宝锋、席海洋、张成琦	发明专利权授予	20210716	C
19	CN201810049367.0	盐碱退化草甸快速建植羊草人工草地的方法	中国科学院东北地理与农业生态研究所	黄立华	发明专利权授予	20200915	A
20	CN201810041780.2	应用于典型草原区放牧退化羊草草原履带式切根装置	中国科学院寒区旱区环境与工程研究所	冯起、郭瑞、贾冰、席海洋、杨林山	发明专利权授予	20210202	C
21	CN201810040596.6	典型草原区放牧退化羊草草原履带式切根装置的刀具系统	中国科学院寒区旱区环境与工程研究所	冯起、刘蔚、郭瑞、贾冰、陈丽娟、郭小燕、尹振良	发明专利权授予	20210608	C
22	CN201810041273.9	典型草原区放牧退化羊草草原使用的限位杆切根装置	中国科学院寒区旱区环境与工程研究所	冯起、李宝锋、郭瑞、贾冰、陈丽娟、郭小燕、杨林山	发明专利权授予	20210727	C
23	CN201810034987.7	一种来源于羊草与抗冷相关的蛋白质及其编码基因与应用	中国科学院植物研究所	李晓霞、刘公社、程丽琴、杨伟光、齐冬梅、陈双燕	发明专利权授予	20220419	D
24	CN201710965250.2	用于典型草原区放牧退化羊草草原的切根装置	中国科学院寒区旱区环境与工程研究所	冯起、刘蔚、郭瑞、贾冰、陈丽娟、郭小燕、尹振良	发明专利权授予	20210625	C
25	CN201710590084.2	一种方便灵敏检测羊草叶片磷含量的新方法	中国科学院植物研究所	黄芳、李玲玉	发明专利权授予	20200526	E
26	CN201710287962.3	一种退化羊草草地补播苜蓿的方法	诸暨天雅科技有限公司	张英俊、周冀琼	发明专利权授予	20200414	B
27	CN201710266421.2	一种提高中重度苏打盐碱土羊草成活率的直播育苗方法	中国科学院东北地理与农业生态研究所	马红媛、杨帆、赵丹丹、魏继平、梁正伟	发明专利权授予	20200915	A
28	CN201710263468.3	一种减少羊草抽穗促进营养生长的方法	中国科学院东北地理与农业生态研究所	马红媛、姜昌杰、赵丹丹、魏继平、梁正伟	发明专利权授予	20191119	B
29	CN201710056982.X	用于羊草品种鉴定的 SNP 标记引物组合及鉴定方法	中国科学院植物研究所	陈双燕、刘公社、齐冬梅、程丽琴、李晓霞	发明专利权授予	20200421	D
30	CN201611076891.4	一种羊草促进剂及其应用	中国科学院植物研究所	潘庆民、张文浩、薛建国、宋世环	发明专利权授予	20201002	B
31	CN201610835380.X	一种在北方重度盐碱地恢复羊草植被的方法	中国科学院东北地理与农业生态研究所	黄迎新、范高华、周道玮	发明专利权授予	20200428	A

（续）

序号	申请号	发明名称	申请(专利权)人	发明人	法律状态	授权日	类型
32	CN201610749824.8	一种畜牧业羊草等距切割装置	泉州台商投资区久协机械科技有限公司	季虎	发明专利权授予	20181023	C
33	CN201610749768.8	一种畜牧用羊草高效收割装置	泉州台商投资区万鼎机械科技有限公司	季虎	发明专利权授予	20181023	C
34	CN201510677227.4	一种提高羊草有性生殖能力的方法	东北林业大学	蔺吉祥、庞秋颖、王洋、阎秀峰	发明专利权授予	20180309	B
35	CN201510372799.1	羊草几丁质酶 Lc-Chi2 基因在提高植物耐冷性方面的应用	吉林省农业科学院	刘相国、郝东云、尹悦佳、柳青、韩四平、李楠、林秀峰、刘艳芝等	发明专利权授予	20181127	D
36	CN201510047010.5	一种对不同种质的羊草进行基因分型的 SNP 引物及其应用	中国科学院植物研究所	陈双燕、刘公社、齐冬梅、侯莉娟	发明专利权授予	20160831	D
37	CN201410328191.4	一种来源于羊草与抗寒相关的蛋白及其编码基因与应用	中国科学院植物研究所	刘公社、高琼、程丽琴、李晓霞、赵品苍、齐冬梅、陈双燕	发明专利权授予	20181214	D
38	CN201210256583.5	来源于羊草与耐低温相关的转录因子及其编码基因与应用	中国科学院植物研究所	刘公社、程丽琴、赵爱国、陈双燕、齐冬梅	发明专利权授予	20150624	D
39	CN201210124446.6	源于羊草与抗盐性相关的蛋白及其编码基因与应用	中国科学院植物研究所	程丽琴、刘公社、马兴勇、彭献军、齐冬梅、陈双燕	发明专利权授予	20150401	D
40	CN201010235431.8	一种促进羊草种子萌发的方法	中国科学院植物研究所	刘公社、齐冬梅、李晓峰、陈双燕、刘辉、李晓霞	发明专利权授予	20120905	B
41	CN201610828861.8	种子发育相关蛋白 LcbHLH92 及其编码基因和应用	中国科学院植物研究所	程丽琴、赵品苍、刘公社、贾俊婷、袁光孝、李晓霞、齐冬梅、陈双燕	发明专利权授予	20200519	D
42	CN201810885902.6	一种与植物结实率相关的磷酸盐转运蛋白 LcPHT4；3 及其应用	中国农业科学院草原研究所	侯向阳、万永青、万东莉、武自念、赵劲博	发明专利权授予	20190802	D

注：本表只列出目前有专利权的有效专利 42 个，终止专利权的 48 个、未授权失效的专利 49 个和正在实质审查的 41 个未在表中列出。

2.5 商标

含有“羊草”以国际分类号 31(未加工谷种；植物种子；草制覆盖物；干草；自然草皮；饲料)申请注册的商标有 8 个(表 3-7)，已经核准注册 3 个，5 个等待实质审查；国际分类号 35(广告宣传；货物展出；计算机网络上的在线广告；特许经营的商业管理；市场营销；会计)有 1 个，等待实质审查；国际分类号 40(能源生产)1 个，已核准注册。

表 3-7　羊草注册商标

序号	国际分类号	申请(注册)号	申请日期	商标名称	申请人名称	状态
1	31	3725450	20030922	JISHENG CHINESE WILDRYE	吉林省吉生羊草良种站	等待实质审查
2	31	27358641	20171108	蜀羊草	四川蜀典现代农业科技有限公司	注册(商标已确权)
3	31	34374983	20181031	中科羊草	内蒙古科塔草业有限公司	注册(商标已确权)
4	31	63808447	20220407	安达羊草	安达市农业技术推广中心	注册(商标已确权)
5	31	72842224	20230714	中科羊草颗粒	内蒙古绿茵园林绿化有限责任公司	等待实质审查
6	31	72850110	20230714	中科羊草饲草	内蒙古绿茵园林绿化有限责任公司	等待实质审查
7	31	72856467	20230714	中科羊草牧草	内蒙古绿茵园林绿化有限责任公司	等待实质审查
8	31	69766163	20230223	杭盖草原羊草之都	科右前旗现代农牧业开发有限公司	等待实质审查
9	35	74874942	20231031	中科羊草	内蒙古科塔中科羊草种业有限公司	等待实质审查
10	40	27732186	20171127	中科羊草	内蒙古科塔草业有限公司	注册(商标已确权)

2.6　羊草新品种

植物新品种作为重要的种质资源，不仅是保障国家粮食安全的重要战略性资源，还是科技原始创新与现代种业发展的物质基础，不得不引起重视，因而，“十四五”规划要求尽快建立国家种质资源库，收集并保存优异种质资源，加强对种质资源的保护与利用，对解决种子“卡脖子”技术问题，实现科技创新有重大现实意义。

我国对草品种实行审定管理，对新品种权实行依法保护。审定品种与新品种权是两个不同的概念，据《中华人民共和国植物新品种保护条例》，植物新品种是指经过人工培育的或者对发现的野生植物加以开发，具备新颖性、特异性、一致性、稳定性，并有适当命名的植物品种。植物新品种权是工业产权当中的一种类型，与专利权、著作权、商标权一样，属于知识产权的范畴，是指完成育种的单位或个人对其授权的品种依法享有的排他使用权，申请品种权的植物新品种应当属于国家植物品种保护名录中列举的植物的属或者种。羊草于 2021 年列入国家主要草种目录，同时也列入国家植物品种权保护名录。

我国目前已审定通过的羊草品种共计 27 个，其中国审羊草品种数量 14 个，地方品种 15 个，有两个品种既是国家品种，又是地方品种。品种详细信息见本书《羊草品种选育与成果转化》一文。品种的特异性(Distinctness)、一致性(Uniformity)和稳定性(Stability)“三性”，简称 DUS。由于羊草尚没有相应的 DUS 测试技术与标准(DUS 测试指南和 DUS 审查及性状描述总则)，截至目前(2023 年 12 月 31 日)我国没有一个羊草品种获得新品种权。

3　展望

20 世纪 50 年代，我国科研工作者开始羊草的研究，羊草的科研和产业发展经历了起步、发展、沉寂、再发展的历程，特别是近 10 年来，随着科技的发展羊草知识产权也进入了新的发展阶段，羊草著作、专利、品种、商标等知识产权进入快速发展阶段，但与其他大作物相比，羊草科研、产业和知识产权仍然落后很多。如何借鉴和利用其他作物成熟的方法、技术、经验，加速羊草科研、产业及知识产权的发展，是目前羊草科研亟待解决的问题。

中国植物新品种的知识产权保护仍存在许多制约性问题，如中国植物新品种原始创新力匮乏、中国植物知识产权保护范围较局限、科研工作者及普通大众对于植物品种知识产权保护意识均相对薄弱等，这将为外资企业进行农业市场垄断及品种产权窃取提供可能。因此，加强中国植物新品种知识产权保护法律体系的建设及完善显得尤为重要[19]。

因此，从国家层面建立并完善植物新品种权保护激励机制、扩大植物新品种知识产权保护覆盖面、加大植物新品种知识产权保护宣教力度等方面，进行相关法律制度优化和完善，尽快建立《国家级羊草DUS测试指南》及《国家级羊草品种审定绿色通道试验指南》，DUS测试与品种试验同步进行，加快羊草等牧草获得品种权，促进乡土草在草牧业发展和生态修复中的产业化发展。

参考文献

[1]刘公社，李晓霞，齐冬梅，等．羊草种质资源的评价与利用[J]．科学通报，2016，61(2)：271-281.

[2]吴汉东．知识产权法学第四版[M]．北京：北京大学出版社，2009：1-9.

[3]郝明德，苏富源，郭慧慧，等．人工羊草地生产力研究[M]．北京：科学出版社，2024.

[4] Liu G S, Li X X, Zhang Q F, et al. Sheepgrass (*Leymus chinensis*): An environmentally friendly native grass for animals[M]. Beijing: Science Press and Springer, 2019.

[5]马甜．羊草高效繁育研究[M]．银川：阳光出版社，2019.

[6]马红媛．羊草种子生态学与盐碱地植被恢复[M]．北京：科学出版社，2018.

[7]刘公社，齐冬梅，刘辉，等．羊草种植实用技术问答[M]．北京：中国农业出版社，2017.

[8]刘公社，李晓霞．羊草种质资源研究(第二卷)[M]．北京：科学出版社，2015.

[9]陈延，马甜，蒙静，等．羊草抗旱适应性研究[M]．银川：宁夏人民教育出版社，2015.

[10]蔺吉祥，穆春生．羊草种子生态学研究[M]．哈尔滨：黑龙江科学技术出版社，2015.

[11]刘公社，李晓峰．羊草种质资源研究[M]．北京：科学出版社，2011.

[12]杜广明，李国良，张亚玲．黑龙江西部羊草草地培育与利用技术的研究[M]．哈尔滨：东北农业大学出版社，2011.

[13]杨劼．羊草种质资源描述规范和数据标准[M]．北京：中国农业出版社，2010.

[14]王娓．羊草草地土壤碳循环[M]．长春：吉林科学技术出版社，2006.

[15]祝廷成．羊草生物生态学[M]．长春：吉林科学技术出版社，2004.

[16]李玉中．羊草草地氮循环研究[M]．北京：气象出版社，2002.

[17]崔继哲，祖元刚．羊草种群生态型分化的分子生态学研究[M]．哈尔滨：东北林业大学出版社，2001.

[18]郭继勋．羊草草原分解者亚系统[M]．长春：吉林大学出版社，2001.

[19]杨庆庆．现代农业发展战略下植物新品种的知识产权保护法规建设[J]．分子植物育种，2021，19(20)：6947-6950.

黄河三角洲地区羊草人工草地建设经验和发展潜力

王永辉[1]　翟桂玉[2]　杨国峰[3]　陈小芳[4]　张　虹[5]　徐化凌[4]　宋佳音[1]
[1. 中科劲松(北京)农牧科技有限公司；2. 山东省畜牧总站；3. 青岛农业大学；
4. 东营市农业科学研究院；5. 青岛市科奈尔饲料有限公司]

摘　要： 黄河三角洲地区土地后备资源丰富、畜牧养殖业发达，具有发展草食家畜饲草产业得天独厚的核心优势。该区域雨热同期，地势低洼，再加上濒海，形成较大面积的盐碱地，不耐盐碱的经济作物效益较差。羊草作为乡土草，在该区域经过多年种植，显现出其生物特性的价值优势。不仅能充分利用盐碱地，而且对盐碱地改良效果显著。再加上前期羊草种植经验，有了较为成熟的产业链条。因而，在黄河三角洲地区大力发展羊草种植，存在多方面价值，对农牧一体化、提高土地利用价值、降低养殖成本，成效显著。

关键词： 黄河三角洲；盐碱地；羊草

1　区域概况

黄河三角洲地区，是以黄河历史冲积平原和鲁北沿海地区为基础，向周边延伸扩展形成的经济区域。地域范围包括山东省东营和滨州两市全部，以及与其相毗邻、自然环境条件相似的潍坊市北部寒亭区、寿光市、昌邑市，德州市乐陵市、庆云县，淄博市高青县，烟台市莱州市。共涉及 6 个地级市的 19 个县(市、区)，总面积 2.65 万 km^2，占山东省的 1/6。

1.1　生态特色

黄河三角洲处于大气、河流、海洋与陆地的交接带，多种物质交汇，多种动力系统交融，陆地和淡水、淡水和咸水、陆生和水生、天然和人工等多类生态系统交错分布，是典型的多重生态界面，大规模发展畜牧业和养殖业、开展动植物良种繁育、培育循环经济产业链、发展生态旅游等条件得天独厚。拥有 2 处国家级自然保护区，生态系统的多样性为多层次推进保护开发建设提供了广阔空间。

1.2　气候特征

黄河三角洲位于中纬度地区，属于暖温带大陆性季风气候，夏季炎热多雨，冬季寒冷干燥，四季分明，光照充足，雨热同期，易形成明显的干、湿季交替。降水量年际变化较大，年内降水季节分配不均，年平均降水量为 560mm，且将近 70% 的降水发生在 7～11 月。黄河三角洲年平均蒸发量为 1962mm，约为年降水量的 3.5 倍，其中春、夏季节蒸发量最高、冬季蒸发量最低。

1.3　土地资源优势

黄河三角洲是我国东部沿海土地后备资源最多的地区，区内人均土地面积约 4 亩，是山东省平均水平的 1.6 倍；拥有未利用地 811 万亩，约占全省 33%，其中国家鼓励开发的盐碱地 271 万亩、荒草地 148 万亩、滩涂 212 万亩、其他 180 万亩；另有浅海面积近 1500 万亩。这些未利用地的 89.7%集中于渤海沿岸的莱州、昌邑、寒亭、寿光、广饶、东营、垦利、利津、河口、沾化、无棣 11 个县(市、区)。随着防潮体系建设的开展，土地后备资源将逐步增加。丰富的土地资源是黄河三角洲吸引生产要素聚集、发展高效生态经济的核心优势，也是山东省经济社会发展的潜力所在。

1.4　土壤情况

黄河三角洲是在陆地和海洋共同作用下由大量泥沙堆积而形成的缓冲带，其地下水为咸水(包含大量盐成分)，且地势低、地下水位浅、排水不畅、季风盛行等使可溶性盐类积于地表。其次，海水倒灌、引黄灌溉、水资源浪费、生态环境破坏等导致其土壤类型主要有潮土和盐土，其中盐土面积广，达 43 万 hm^2，占土壤总面积的 50.8%，土壤盐分过高、钠离子毒害，导致植物吸水困难，引起生理干旱，且土壤结构板结，养分释放慢，土壤肥力差，严重制约了植物的正常生长发育。

2 农牧业发展及存在问题

黄河三角洲地区坚持用现代物质条件装备农业，用现代科学技术改造农业，用现代产业体系提升农业，用现代经营形式推进农业，用现代发展理念引领农业，用培养新型农民发展农业，提高农业水利化、机械化和信息化水平，提高土地产出率、资源利用率和农业劳动生产率，提高农业素质、效益和竞争力，建设绿色农业基地、健康养殖基地，形成了重要的现代农业经济区。一是依托资源优势和龙头企业，实施引进、试验、示范、繁育与推广工程，推广立体高效农业、生物质能多层次利用和多能互补等技术，积极发展耐碱旱、优质、高产、高效、生态、安全农业，推进连片规模开发、集约高效发展，形成了特色化、规模化、专业化的产业格局。二是实施农产品质量提升工程，健全与国际接轨的农产品质量标准、质量检测和质量认证体系，抓好动植物防疫体系，推进无规定动物疫病区、无公害林果区和绿色有机蔬菜区建设，提高了农业标准化生产水平。三是注重开发原料供给、就业增收、生态保护、观光休闲、文化传承等多种功能，向农业的广度和深度进军。大力发展特色农业，因地制宜地发展健康养殖业、园艺业、乡村旅游业等各种物质、非物质产品和产业，加快培育了一批特色明显、类型多样、竞争力强的专业村、专业乡镇。四是依托农业产业化基地，按照系列化、品牌化和国际化的要求，形成畜牧、水产、蔬菜、林果和粮棉加工五大龙头企业集群。

黄河三角洲地区农牧业发展迅速，但也存在一些需要提升和改进的短板和不足。主要表现在：

①农业以种植业为主，种植业以粮食作物为主导。农业生产结构和种植结构不合理，结构单一，农业资源利用不充分，农业产出效益低，生产成本较高，制约了农业高产高效发展和高质量发展。如何发挥当地资源优势，突破关键技术瓶颈，建立合理的种植体系，实现降本增效、绿色增产的新模式、新路子，促进产业提档升级，实现稳粮增收、提质增效和农业可持续发展，是目前亟待解决的问题。

②畜牧业快速崛起，但优质饲草供给不足。以东营市为例，充分利用土地资源、政策支持、产业优势，促进奶牛业迅速崛起，规模化、产业化、标准化奶牛养殖水平全面提升。在奶牛数量和生产水平不断提高的过程中，本地生产饲草特别是优质饲草数量和质量难以保证奶业发展的实际需要。大力发展饲草产业又遇到了适宜当地高产高效饲草生产的品种少、多样化不足的问题。

中央领导考察东营后，提出宜粮则粮，宜草则草，让种子适应盐碱地的科学论断。羊草是优质的禾本科牧草，在春季有恢复家畜体力的作用、夏季和秋季有抓膘催肥的作用、冬季制成干羊草有补饲的作用，可全年为家畜提供饲料草，并且对幼畜的生长发育，成畜的育肥、繁育以及生产性能的发挥都具有重要意义。羊草突出的耐盐碱、耐贫瘠、耐旱、耐涝、适应性强的优点，是非盐生植物中耐盐性较高的物种。羊草属于生产、生态兼用型牧草，具有较大的社会价值和应用前景。

3 黄河三角洲地区羊草人工草地建植

羊草生态适应性强，在黑钙土、栗钙土、黑土、盐碱化土壤等不同类型土壤上都能够生长，在干旱、半干旱及半湿润气候区，平原、高原、丘陵和山地等不同地形区均有大面积分布。羊草对土壤的酸碱度适应性强，在 pH 值 5.5~9.4 时皆可生长，最适宜 pH 值为 6~8.6。羊草虽有较强的耐盐碱性，在轻度盐碱地上也可以种植，但如果土壤中盐分超过 0.6%时就会明显影响发芽和幼苗生长。羊草为旱生或旱中生禾草，在年降水量 250mm 的干旱地区生长良好，但最适宜在年降水量 400~600mm 的地区种植，降水量不足或较多的地区则要配置排灌设施。羊草虽然耐涝，长期积水(7 天以上)也会导致羊草减产或死亡，因此不宜在低洼、长期积水的地块上种植。耐寒性强，早春返青期和晚秋上冻前，能忍受-6~-5℃的霜冻，在潍坊濒海地区，出苗单叶期-10℃仍在存活，冬季极端气温-47℃而又少雪的地方都能安全越冬。

大面积羊草人工草地的建植，为便于机械播种、田间管理和收获，应尽可能选择平坦、开阔的土地。土层深厚、土质疏松、保水保肥性强、通透性好的壤土或沙质壤土种植有利于提高羊草生产性能。在盐碱地上种植羊草，土壤含盐量较高时，播种前需灌水洗盐，以降低土壤中的含盐量。羊草人工种植要求如下。

3.1 选地与整地

3.1.1 选　地

生产实践中，要想建立一个高产、优质的羊草田，就必须按照羊草的生长习性和适应性，选择适宜的地块，对土地进行合理规划，并都配套田间道路、灌溉渠道、排水设施，以达到高产稳产的目的。

3.1.2 整　地

整地是羊草栽培中一项极为重要的基础工作。整地质量的好坏，直接影响羊草的发芽率及出苗整齐度，特别是在盐碱地种植羊草时尤为重要。通过机械作用改变耕作层土壤的物理状况，按照“土层深厚、上松下实、田平如镜、土壤细净、含盐量低、墒情充足”的要求，使土壤水、肥、气、热状况得到改善，为种子发芽、出苗、生长、发育创造良好的土壤条件，生长在土壤松紧度和孔隙度适宜、各种养分充足、杂草和病虫害少的土壤上，羊草才能发挥其优质高产性能。土壤板结严重，有机质含量较低的地块，可考虑每亩40~50kg实施有机菌肥，或同时考虑秸秆还田、粪肥撒施的方式，补充碳源。

(1)翻耕。翻耕时间要根据播种时间、前茬作物而定，秋耕、夏耕、春耕均可。有灌溉条件者，耕前要将灌溉工程完成，盐碱地耕前要实施排灌脱盐。

翻耕的深度可根据所选地块土壤的具体情况决定，土层深厚的地方宜深翻，土层浅薄的地方则可适当浅翻。黏重的土壤要深翻，疏松或沙化比较重的土壤应浅翻。新开垦的荒地，要在上年秋季深翻，同时要彻底翻转，严密覆盖，以便于将原始植被完全消除；所选地块为熟地时，翻耕深度控制在20cm左右即可。土壤水分对翻耕质量很重要，水分过多或过少，都会形成土块，影响出苗。土壤水分在18%~20%，耕深18~22cm；水分20%~23%的沙壤土时，耕深15~20cm。羊草的根系发达，耕深20~30cm，可将植物残茬、枯枝落叶、绿肥、有机肥料和无机肥料等翻入土壤下层，清洁耕层表面，促进其分解转化，减少无机肥料的挥发和流失，提高土壤的有效成分，利于根系吸收，促进羊草根系的发育。

近年来常用旋耕机直接旋耕，一次作业可同时完成疏松土壤、切碎土块、平整地表、消灭杂草和混合土肥的作用。对于盐碱地耕翻时，要注意表土层厚度或者碱土层的深度，一般实行表土浅翻轻耙。

(2)耙地。耙地是对土壤表面进行处理的关键措施之一，通常在翻耕后进行，有清除杂草及根系、耙碎土块、平整地表、疏松表土、提高土温、轻微镇压和保蓄水分的作用，为做畦或播种打下基础。耙地的次数决定了耙后土地的质量。

多数情况下需要耙两遍，耙地的深度应由深到浅，即第一遍要耙深、耙透，以免土块在土层中形成大的空隙，使水分供应中断，幼苗产生“吊死”的现象。在实际生产中，土壤松软、杂草少的土地上可以只耱不耙或只耙不耱。

(3)镇压。镇压起到压碎大土块，使表土变紧，压平土壤的作用。播前镇压是在耕翻和耙耱的基础上进行，可使上层土壤变得紧实，改善土壤孔隙状况，减少水分蒸发，为适时播种、顺利出苗创造良好条件。为保证播种后出苗整齐，在播种后要镇压1次，深度应尽量保持一致，使种子和土壤充分接触，及时吸收水分和养分，对于达到苗全、苗壮具有良好的效果。

3.1.3 施基肥

羊草的利用年限长，产草量高，需肥多，尤其对氮肥的需求量较多，结合翻地施足基肥。基肥最好施用有机肥(有效活菌2亿/g以上)，在施用有机肥时一定要充分腐熟，将腐熟的有机肥拌土施入。再根据土壤的情况适当地选择化肥，如硫酸铵或者硝酸铵等。

3.1.4 播前除草

羊草的幼苗细弱，生长缓慢，易受到杂草的损害，造成羊草死亡率高，产量下降。因此在播种前要将杂草彻底消灭，为幼苗提供良好的生长发育条件，并使之尽快形成集群优势，为尽早进入效益周期创造条件。

3.2 播 种

3.2.1 品种选择

(1)'中科1号'。'中科1号'羊草，种子发芽率高，抗逆性强，具有较强的抗寒、耐旱、耐盐碱及抗病性，在拔节期粗蛋白含量可达22%~36%，花期粗蛋白含量16%~20%，种子成熟期粗蛋白含量仍然保持在10%~15%。种子产量一般在508.5kg/hm^{2}以上，高产的可达860kg/hm^2，种子千粒重2.3g左右，最高可达2.46g。在黄河下游地区种植3月上、中旬返青，5月上旬开花，6月初成熟，生育期约100天。每公顷干草初次刈割产量5~7t，种子产量高，每公顷可达0.3~0.6t。'中科1号'羊草适宜我国北方种植，可作为优良牧草用于人工草地建植和退化草地改良以及水土流失地区生态治理。

(2)'中科2号'。'中科2号'羊草以优良的羊草种质资源为材料，采用混合选育方法，该品种实现了产草量、种子产量和粗蛋白含量的协同提高。在河北省及北京市的区域试验表明，在灌溉条件下干草产量可达10038kg/hm^2，种子产量415kg/hm^2，与对照品种'农牧1号'相比增产效果明显。在生产试验中，'中科2号'羊草品种干草产量9965kg/hm^2，种子产量388kg/hm^2。该品种中抗蚜虫，中抗锈病。该品种适宜在河北省坝上地区种植，也可在中南部盐碱地区及同生态类型区推广种植。

(3)'中科5号'和'中科7号'。在羊草种质资源综合评价的基础上，以生物量大、抽穗率高、结实率高的野生种质作为亲本材料，通过混合选育法培育出早期繁殖速度快并兼顾地上和地下生物量的'中科5号'羊草新品种，以及兼顾生态修复性和有性繁殖能力强的'中科7号'羊草新品种。两个品种均适宜我国东北、西北和华北地区及青藏高原适宜地区种植。

3.2.2 种子处理

播前要对种子进行清选，可以风选或筛选，主要以风选为主，去除混在羊草种子中的茎秆等杂质和空壳、秕粒等不符合种植要求的种子。种子经过清选后，可以提高纯度，保证发芽率和出苗的整齐度。

3.2.3 播种时间

在黄河中下游，除冬季土地封冻外，羊草可在一年内任何时候播种，3月上旬到10月中旬播种均可当年发芽，10月中旬以后播种当年部分发芽，大部分在翌年开春发芽。在黄河三角洲地区实行雪前播(11~12月)，比翌年顶凌播种种子发芽提早20天左右。

在生产实践中，播种地块的地温、水分、土壤盐碱程度以及杂草种类和密度都会影响播种时间。当春季温度升高时，土壤杂草稀少的条件下，充分利用早春土壤解冻时的返浆水，在3月初进行播种，当年羊草多分蘖。

在没有前茬作物的地块，杂草处理难度大，再加上黄河三角洲地区雨量充沛，墒情不宜控制，所以6、7月播种，会因土壤湿度过大，影响出苗，或杂草疯长，导致幼苗生长迟缓，甚至死亡，风险较大。秋播一般在8月底至9月上旬，最晚不迟于9月中旬，正值雨季之后，土壤水分充足，温度适宜，而且由于气温逐渐降低，杂草和病虫害减少，出苗率和成活率较高，适宜幼苗生长和根系发育，是比较理想的播种时间。

由于盐碱地土壤含盐量受降水、气温、蒸发量等诸多自然因素的影响，有季节性的波动，一般在春季，土壤中的盐分多分布于靠上的浅土层中。而在秋季则向深层土壤中移动，春季播种后如果遇雨并再经烈日暴晒，土壤表面极易形成坚硬的板结层，使羊草出苗困难。因此，在盐碱土地上播种时间最好选择在夏末秋初，这时候雨季刚过，土壤中的盐分被淋洗下去，而且土壤的水分含量也较充足，非常有利于出苗，保苗率也较高。

3.2.4 播种方式及播种量

根据羊草生长特性，播种方式主要有条播和撒播，沙性土适宜条播，黏性土适宜撒播。条播行距以15~20cm为宜。大面积播种主要采用机械撒播，覆土1~2cm。一般来说，羊草的播种深度以2cm为宜，沙质土壤播深2~3cm，壤土不大于2cm，土壤越黏则播种越浅。在播种过程中要经常地疏通排种管，防止发生堵塞。播种后要立即镇压，以达到保墒、促进发芽的目的。羊草的侵占性强，播种时宜单独播种，不适宜与其他种类的牧草混播，尤其是要避免与豆科牧草混播，否则会影响产量。

羊草播种量要适宜，播种量过少则抓不住苗，易受到杂草的侵害，播种量过大，幼苗细弱，影响到根茎的发育，还造成种子的浪费。羊草播种量一般要求每亩2kg，在质量差、杂草多、盐碱较重的地块应加大播种量，适当增加至每亩3kg。

3.3 田间管理

3.3.1 水肥管理

良好的田间管理是确保产量和质量的关键，要适时追肥，一般在返青后至快速生长期进行。羊草对氮肥的需求量大，追肥以施用氮肥为主，根据实际情况施用磷钾肥。追施氮肥时一般使用尿素，施尿素75~150kg/hm^2，钾肥要在土壤中缺少且达到影响牧草生长的情况下追施硫酸钾45~75kg/hm^2。黄河三角洲地区为富钾区，为避免钾元素对奶牛产奶产生影响，具体地块可减少钾肥使用。在土壤缺钙的地方可施用重过磷酸钙。盐碱地增施磷肥，对提高羊草产量和品质有很大作用。追肥后应立即灌水1次。

灌溉要根据气候条件每年进行2~4次，苗期土壤含水量保持在60%~80%。如果赶上雨季，雨量较大，出现积水涝淹现象，要及时排水防止长时间浸泡导致羊草幼苗死亡。

3.3.2 除　草

羊草播种后8~12天萌发出土，幼苗纤细且生长缓慢，田间其他一年生杂草生长速度相对较快，幼苗生长易被杂草抑制，苗期要做好除草，可以选择人工除草或者化学除草。

(1)机械防控。在播种前进行两次以上翻耕、耙磨，第一遍土壤翻耕、耙磨将田间杂草种子激活，杂草发芽生长后进行第二次翻耕、耙磨，能够有效杀灭大部分杂草。羊草生长2~3叶期时，用齿耙耙地灭草率达90%以上。

(2)化学除草。

①播种前对土壤进行封闭处理，选用草甘膦2500~3000mL/hm^2，兑水450~600L/hm^2，防效均在90%以上。

②播种时地表禾本科杂草较多，可采取播种后第二天喷施百草枯或草甘膦(稀释2000倍)，喷药后两天再正常浇(灌)水，确保羊草正常出苗。

③羊草生长至4叶期时，可选用2,4-D丁酯对田间双子叶杂草进行杀灭。

两年以上的羊草田，羊草已经发展出强大的根茎，形成强大的群落，有较强的竞争优势，且羊草早春返青早，营养体生长旺盛，其他杂草一般竞争不过羊草。

3.3.3 病虫害防治

羊草病害主要有锈病、麦角病、线虫病。锈病可采用多菌灵或甲基托布津进行处理。发生线虫病时要及时翻耕，改种不感染线虫的其他牧草。虫害主要有草地螟、黏虫、土煌、飞蝗、蚱蜢等，大量发生时，可将叶子吃光导致严重减产。要特别注意早发现早防治。防治方法可以采取生物防治法(如进行草地放牧)或药物防治法(如喷洒敌杀死、巴丹、乐果等)。

3.3.4 更新复壮

羊草具有发达的横走根茎，生长年限过长，根茎层越来越厚，使土壤通透性变差，产草量降低，在生长到第5、6年时要采取措施切断根茎进行更新复壮。一般是在早春越冬芽尚未萌动时，用犁先浅耕8~10cm，再用圆盘耙斜向耙地2次，主要是切断羊草根茎，再用"V"形镇压器镇压，通过改善土壤的理化特性，调节水肥气热，提高土壤的微生物的活动及肥力，从而增加羊草的无性繁殖能力，增加羊草株数、提高产量。

3.4 小　结

羊草草地，可分为苗期、育成后管理两个阶段。苗期的出苗率是建植羊草草地的关键。苗期的墒情控制更是重中之重，羊草为多年生草种，发芽周期较长，一般在12~14天。期间墒情控制不好，是种植失败的主要原因。在没有羊草种植经验的情况下，尽量由技术人员现场指导种植，避免种植失败，造成不必要的经济损失。

4　黄河三角洲地区羊草产品的开发利用

4.1 种　子

4.1.1 收获时期

羊草种子从开花到成熟一般需要32~35天，自然条件下种子能否收获要达到以下标准：第一，大部分种子(带稃种子)的颜色从淡黄色变成黄褐色；第二，在种子田有10%的穗，用手抓住穗轻轻拉动，穗上部分(5~8个)小穗很容易掉落(落粒性)；第三，种子含水量降到17%以下。羊草种子收获宜在无雾、无露水、晴朗、干燥的天气进行。

4.1.2 收获方法

羊草是多年生植物，整个生长季节都会有新的分枝发生，地上枝条高低不一、穗的长短、粗细存在差异。对于收获对象的差异性，以收获大多数为主。种子的收获工艺一般可以分为3种：一是用草籽采集机或小麦收割机，直接一次收获羊草种子；第二，可采用疏脱收获技术，在羊草直立状态对其穗部籽粒进行疏刷收集种子；三是先用割晒机割倒，再运到场脱粒，或采用捡拾机脱离。

4.1.3 收获后处理

羊草种子收获后，首先要晾晒，把水分降到安全含水量以下，一般为12%。其次，进行清选，清除土块、石子、穗轴、叶片等杂质。之后，进行除杂，去除秕粒、小粒、破粒、有病虫害的种子和其他种子以及尘土，确保羊草种子的纯度和净度。

4.1.4 干燥贮存

收获的种子必须及时干燥，可采用自然干燥或人工干燥法。自然干燥是利用日光晾晒，人工干燥是利用干燥设备烘干，温度应保持在33~38℃。羊草种子的储藏，首要的是保证种子的活力和纯度，同时防止虫、霉危害。种子贮藏库要求：防水、防鼠、防虫、防火、干燥、通风、整洁。库内要控制温度和湿度，并定期检查。贮藏方法包括普通贮藏法、密封贮藏法和低温除湿贮藏法。

4.2 调制干草

羊草矿物质、胡萝卜素含量丰富，干物质中含胡萝卜素49.50~85.87mg/kg，羊草种子收获后调制成的干草，粗蛋白质仍能保持在12%以上。

羊草干草的调制过程中会有热害和霉变损失、机械损失、光化学损失和雨淋损失的风险，刈割应选择晴朗无雨的天气进行，留茬高度一般在5~8cm为宜，收割后在原地自然晾晒，减少草条的厚度，增加羊草与空气的接触面积、太阳辐射面积，避免上下干燥不均匀，发热、霉变造成的营养损失，特别是要及时翻晒通风，使牧草充分暴露在空气中，加速干燥，提高干燥速度减少干燥时间，缩短细胞呼吸作用的时间，减少呼吸作用的营养损失。待含水量降至14%以下时，即可集成大堆，或堆存于草场直接生产加压草捆，或运送回仓库进行储藏，在库房进行草捆加压。

为了方便贮藏和运输，降低干草损失的同时保持干草的最优品质，常把干草打捆压缩成长方形或圆形的草捆贮藏。打捆时用捡拾捆草机捡拾干草条，压制成高密度草捆。草捆贮藏时，中间必须尽力踏实，四周边缘整齐，中央比四周高，搭上防雨布。草捆垛一般长20m，宽4~5m，高18~20层干草捆，每层布设0.3m的通风道，其数量根据青干草含水量与草捆垛的大小而定。

在进行商品草销售时，要用高密度打捆机将常规打捆机打的草捆进行二次加压，目的是缩小草捆的体积，增加干草的密度，方便长途运输及内部返潮。

羊草干草也可制成草粉、草颗粒、草块、草砖、草饼，供家畜使用。

4.3 青贮利用

羊草刈割留茬高度5~8cm，适宜切碎长度为2~3cm。压实密度宜在每立方米750kg以上，按2%的添加量适当添加糖蜜，并使用乳酸菌类青贮添加剂。常用青贮方式为袋贮、裹包青贮和窖贮等。

4.4 放牧利用

羊草在山东的返青时间较早，一般2月中旬开始返青，株高达到30cm左右后可开始放牧，放牧适宜期为拔节期至孕穗期，到5月上中旬抽穗后，羊草质地粗硬，适口性降低。羊草草地通常以放牧羊、牛、马为主，幼嫩时期还可放牧猪和鹅。

4.5 加工利用

羊草的特点是植株较高，叶片发达，且含有较丰富的粗蛋白、优质纤维及多种维生素等，是牛、羊、马、兔子、鸭、鹅等动物的优质粗饲料。

为了便于运输、储存，同时减少饲料加工成本及饲喂时的浪费，羊草可在干燥后经制粒工艺加工为羊草颗粒，制粒工艺是用物理的方法对植物细胞壁、纤维素和木质素进行破坏，使植物的紧密纤维素变得疏松，还有利于使用饲料添加剂，特别是非蛋白物质、矿物质及微量元素，且容易混合均匀，使动物能均衡的进食不同的饲料有效成分，有效减少饲料的浪费，增加单位饲料的饲喂效果。

为了减少运输费用，延长羊草的保存时间，羊草在仓库里储存20~30天后，其含水量降到12%以下时，可以进行二次压缩打捆，高密度草捆打好后，还可以进行塑封包装，保证清洁运输及高湿度区域保存使用。

羊草在抽穗前粗蛋白含量最高时，进行人工干燥脱水，加工成一种宠物用干草，主要作用是满足啮齿类动物的磨牙、促进肠道蠕动及携带出动物体内残留的毛发和将有害菌排出体外。

5 展　望

长期以来，黄河三角洲地区畜牧养殖业发达，对优质饲草需求量巨大，但受土壤盐渍化、地下水位浅、春秋干旱、夏季洪涝等不利因素的影响，导致干草产量远不能满足生产需要，优质饲草短缺成为养殖业发展的重要“卡脖子”瓶颈之一。如何因地制宜，深度挖掘盐碱地潜力，开发利用好盐碱地，保护和开发适合其种植的种质，是困扰这一地区经济社会发展和生态环境保护的一大难题。

羊草具有耐盐碱、抗寒、耐旱、耐瘠薄等特性[1]，山东省近几年开展了引种试种，于2020年10月在东营市河口区种植羊草2000亩，2021年每亩收获干草500kg；2021年2月在滨州种植羊草600亩，种植当年每亩收获干草700kg。羊草为多年生牧草，利用年限长达30年以上，种植后第一年和第二年产量较低，3~4年产量最高，黄河三角洲地区羊草种植效益还需2~5年进行全面评估，且亟须耐盐碱专用羊草品种并研发配套机械化生产技术，为羊草的产业化利用奠定基础。

主要参考文献：

[1]刘公社，王德利，石凤翎，等．羊草种质资源研究历程及启示[J]．中国草地学报，2022，44(4)：1-9.

羊草与草原文旅

王景东

[凯狮融联(北京)投资管理有限公司]

摘　要：羊草孕育了美丽的草原，在茫茫的大草原，繁衍出草原文明，传承着草原文化，牧民们生生不息，接受着现代社会的探望与洗礼。

关键词：草原文明；草原文化；草原文旅；羊草小镇

——北朝民歌

“天苍苍，野茫茫，风吹草低见牛羊。”

北朝(386—581年)，指中国南北朝时期存在于北方五个朝代的总称，包括北魏、东魏、西魏、北齐和北周。北魏为鲜卑拓跋部所建，兴起于东北大兴安岭一带，后渐南迁至内蒙古草原，以“射猎为业，游牧为生”。

当年中国北方沃野千里、水草丰美、风吹草低、牛羊悠然、骏马驰骋，《敕勒歌》传唱1500多年，辽阔草原令人神往。

1　草原文明

文明是一个历史范畴，它是指不同历史时期、不同地理区域和不同种族人类生产方式和生活方式的成果体现。

1.1　文明属性

首先，文明具有历史性，也具有延续性。考察一种文明，必须追寻它的历史，有专家认为文明肇始于文字，那岩画就不是文明的证据么？实际上文明伴随人类始终。历史上几大文明发祥地，都有大量的考古发现，据此可以推断当时人类的生产方式和生活方式，判断当时的生产力水平和生活状态、文化与艺术。石器时代、陶器时代、青铜时代、铁器时代递进发展，直至近现代文明。

其次，文明具备地域性，世界不同地域、不同种族，有着不同的发展历史，创造了不同的文明。世界四大文明古国，处于不同的地理位置，大多与河流相关，古巴比伦的两河流域、古埃及的尼罗河流域、古印度的恒河流域和中国的黄河长江流域。

另外，文明具有种族性，不同民族有着不同的发展历史，创造着各自的文明成果。当然文明也有间断，随着某一种族或某一民族的消失，或许他们的文明就会淹没在历史长河之中，如四川三星堆代表的青铜文明目前还有很多未解之谜。

1.2　草原文明

当代人类出自非洲大草原，遗传学证明我们都是非洲智人亚当和夏娃的后裔，非洲早期智人25万年前走出非洲，晚期智人5万年前再次走出非洲，欧洲距今40万年前的尼安德特人和距今3万年前的北京山顶洞人都先后被融合替代了，逐渐演化成现在世界各地的欧罗巴人种(又称白色或高加索人种)、蒙古人种(又称黄色或亚美人种)、尼格罗人种(又称黑色或赤道人种)和澳大利亚人种(又称大洋洲或棕色人种)[1]。

草原文明之所以没有成为世界几大主流文明之一，主要由于草原民族的生产生活方式具备一些独有的特点：

其一，广。草原天高野阔，地广人稀，正所谓“天似穹庐，笼盖四野”，横无际涯。在这样广阔的天地里，交通以骑马为主，生活呼应着牛羊的节奏。由于人烟稀少，人口数量不多，人均拥有草原面积大，社会交往自然稀少。

其二，游。草原所承载的是游牧民族，长期以来牧民们过着居无定所、逐水草而居的游牧生活，草原是他们的天然牧场，他们领着饲养的牛、羊、马群，按照草原的丰茂情况，循环迁徙。每到一地，搭起帐篷，就地安家。这就决定了过去草原很少有宏大的建筑，没有大规模手工业，历史都被淹没在草原深处。

其三，牧。放牧生活多畜养牛羊，饮食结构以食肉为主，牧民热爱、珍惜草原，巡回放牧以保证草原得到休养生息。历史上传统牧业符合自然循环规律，没有工业化的影响，在工业化影响牧业之前，很少历史遗存和草原文明印记。

2　草原文化

著名历史学家钱穆认为：“大体文明文化，皆指人类群体生活而言。文明偏在外，属物质方面。文化偏在内，属精神方面。”也有学者认为“文化”先于“文明”，两者既有区别又有联系[2]。

2.1　文化属性

(1)与文明的交融性。文明与文化是与人类所伴生的，两者相互影响，互为因果。既没有脱离不同历史阶段、不同文明形态的文化，也没有不代表任何文化的文明，两者都是人类活动的产物。

(2)侧重精神属性。无论是代表人类的一切活动及其成果的广义文化还是代表人类精神活动及其成果的狭义文化，在物质与精神、生理与心理范畴中，多倾向于人类的精神层面。文化是文明的活化石，是传承有序的鲜活存在，更多的是满足人类的精神需求。

(3)文化具有传播性。不同文化之间会随着区域交往，生产方式和生活方式会互相借鉴互相融合。中国山东临淄古代齐国景公墓出土了蒜头瓶，具有浓郁的阿拉伯风格；北京石景山西汉墓，墓道竖立着典型的罗马柱，这些证据都表明不同地域文化的相互影响。

2.2　草原文化

草原文化就是世代生息在草原地区的先民、部落、民族共同创造的一种与草原生态环境相适应的文化，这种文化包括草原人们的生产方式、生活方式以及与之相适应的风俗习惯、社会制度、思想观念、宗教信仰、文学艺术等[3]。

草原文化与长江、黄河流域的中原文化发生过三次大的融合。

第一次民族大融合出现在春秋战国时期，从赵武灵王的“胡服骑射”，到源自甘肃为周孝王牧马有功而慢慢崛起的秦国，都深受草原游牧民族文化影响。

第二次民族大融合发生在魏晋南北朝时期，这是以鲜卑族为主的“五胡”草原文化在更大范围和更深层次地与中原农耕文化的碰撞与交流。

第三次民族大融合发生在宋、辽、西夏金元之际这一时期代表草原文化的契丹族、女真族、党项族和蒙古族分别在吸收中原农耕文化和其他外来文化的基础上各自创立了很高的辽文化、西夏文化、金文化和蒙古文化。他们或雄踞一方，与中原农耕文化对峙，或互相兼并，入主中原，甚至一统中华[4]。

3　草原文旅

草原文旅是探访草原文明、体验草原文化的旅行活动(表 5-1)，是文旅产业的重要组成部分，也是草原全产业的重要内容。

3.1 草原文旅

草原文旅与其他文旅有所不同。

一方面，人类出自草原，对草原有一种天然的亲近感，这是遗传基因的影响。草原与人类结下了不解之缘，血脉相连。草原虽然一望无垠，但不会像海洋那样凶险和深不可测，凡是去过草原的人都会时常充满向往。

另一方面，相对于现代生产方式和生活方式，原生态的草原生活更是显得稀缺而值得探访和体验，草原的辽阔，空气的清新，牧民的热情好客，牛羊成群、骏马驰骋，这些都对久居都市的人极具吸引力。

草原文旅，不仅可以了解草原的历史、民族发展，还可以了解牧民的生活、草原的民俗、节庆、艺术，品尝草原的美食，丰富人生经历。深入挖掘，可以发现很多草原文旅题材。由于历史的变迁，现在北方草原以蒙古族为主，提到草原文化，多指以蒙古族为主的草原文化。

表 5-1　草原文化与文旅内容[5]

类　型	内　容
饮食文化	手扒肉、烤全羊、风干牛肉等肉制品和奶豆腐、奶酒、奶皮、奶酪、奶油等奶制品
民俗风情	剃发礼、骑马仪式、人生礼仪、婚姻仪式等
服饰文化	蒙古袍、腰带、帽子、答忽、蒙古靴、褡裢、鼻烟壶、蒙古刀等
节庆文化	那达慕大会、兴畜节、打鬃节、马奶节、避暑节、吉祥节等
传统技艺	蒙古族民歌、马头琴、头管、四胡、乌利格尔、好来宝、博克比赛、摔跤、赛马、射箭、掷布鲁、蒙古象棋、马术等
宗教文化	宗教建筑、宗教仪式、宗教器物等
祭祀文化	祭敖包、祭祖先、祭祀自然山石、图腾崇拜等
马文化	赛马、跑马、走马、套马、驯马、以马为主题的传统艺术等
酒文化	献哈达、敬酒习俗、酒歌等

3.2 文旅内容

发展草原文旅可以完善和扩展草原产业生态，同时，“文旅搭台，经济唱戏”，发展草原文旅，也会提升当地产业发展的知名度和美誉度，所以，在做好草原产业规划的同时，一定要做好草原文旅规划。

这将带来草原生产方式的变革，但值得注意的是，经济是基础，这一类演替都将深刻地改变当地的生活方式，从而整体上构成对草原文明、草原文化的重要影响。一旦实现草原复兴，茫茫草原不仅为人们提供丰富的物质馈赠，草原还将成为人们的精神家园。

与草原文旅相关的内容可以考虑以下几个方面。

3.2.1 草原知识

为什么会出现草原，草原是如何分类的，全世界草原是如何分布的，草原又是如何变化发展的，这些关于草原的基本问题是草原文旅的基础内容。

草原是地球生态系统的一种，分为热带草原、温带草原等多种类型，是地球上分布最广的植被类型。草原的形成原因主要是因为土壤层薄或降水量少，草本植物受影响小，而木本植物无法广泛生长。

中国草原是欧亚草原的一部分，以东北地区为起点经内蒙古直达黄土高原，呈连续带状分布。此外，还见于青藏高原、新疆阿尔泰山前地区以及荒漠区的山地，大致从 51°N 起南达 35°N。一般可以划为五个大区：东北草原区、蒙宁甘草原区、新疆草原区、青藏草原区、南方草山草坡区。

我们常说的草原一般是指地处北温带的北方草原，北方草原是我国古今北方民族共同的发祥地，也是北方民族文化发育、形成的天然沃土和核心区域。在广阔的北方草原上曾经有诸多的猎牧族群走上历史舞台，用各自特色鲜明的文化，为草原文化的形成和壮大不断注入新的活力，使之发展成个性鲜明、内涵丰富多样的地域民族文化。

3.2.2 民族变迁

草原不是无人区，有着几千年可考证的历史，广袤的草原上，先后出现过许多民族和族群，甚至也有渔猎和农耕生产，还存在着很多城池遗迹。

从旧石器时代的采集渔猎人群、新石器时代原始农耕狩猎人群、青铜器时代的猎牧族群到自商周以来的土方、鬼方、检狁、山戎、北狄、匈奴、东胡、林胡、楼烦、鲜卑、柔然、乌桓、突厥、回鹘、契丹、室韦、勿吉、女真、党项、蒙古、满族等阿尔泰语系诸族，都是在这片热土生息、繁衍，创造了各自灿烂夺目的文化和文明。

历史上几次中原汉族与草原民族的交融，对彼此都产生了重大影响，尤其是南北朝时期鲜卑人、元朝蒙古族人和清朝满族人入主中原，都带有北方草原民族的生猛彪悍，都是对中原农耕文明的强烈撞击，同时也是双方的融合、同化。虽然这些族群和民族在所处年代和语言、种族方面彼此存在一定区别，但是在相同的地理环境和相同的生产、生活方式的作用下产生相同或相近的文化心理和文化传统，从而此息彼生、相互继承、相互融合，共同谱写了中华文明[6]。

3.2.3 牧业生产

草原牧业生产也经历了历史变迁，随着畜牧量的增长，畜均草场面积不断减少，草原环境恶化，退化沙化严重。如今很多地方已推广春季休牧、围封禁牧和划区轮牧的“三牧”政策，但牧业产出仍然难以满足社会所需。

畜牧业现代化是未来的发展方向，很多地方已实现了工厂化养殖，2021 年 4 月，农业农村部印发了《推进肉牛肉羊生产发展五年行动方案》，明确提出到 2025 年牛肉自给率保持在 85%左右。同时，国家政策也指明行业应加大牛羊养殖规模化、标准化示范力度，并提出要建设 100 个 1 万头牛的示范场。同年，总投资 5.6 亿元的内蒙古兴然农牧业万头肉牛、奶牛养殖基地在内蒙古巴彦淖尔市乌拉特后旗巴音宝力格镇乌兰嘎查开工建设，该项目将建成养殖存栏 5000 头肉牛及 5000 头奶牛规模的循环养殖示范园区，示范园区新建配套封闭式综合牛舍、活动场、挤奶厅、赶牛通道、干草棚、青贮池、晾粪平台、氧化塘等场地。可带动周边 3000 余户农户，种植饲草料 20000 亩。项目建成后可有效改善地区生态环境，是集绿色高效养殖、生态循环示范于一体的现代化肉牛、奶牛养殖观光牧场[7]。

上市公司福成股份从上游饲料、养殖、屠宰，到中游肉类加工及食品生产，再到下游预制菜及餐饮服务的一体化经营布局，目前已建成万头肉牛繁殖场。小街基镇依托羊草种植拟建的万头肉牛和万头奶牛基地也在推进之中。

在这一背景下，未来游牧生活会越来越少，与牧业生产相关的知识，从品种、育种、饲料、饲养、加工到产品生产等，也是文旅可以涉及的重要内容。例如，蒙牛和伊利曾经邀请客户参观企业，成为工业文旅的典型案例。

3.2.4 饮食习惯

蒙古族是一个历史悠久的游牧民族，历史上农业欠发达，以驯化牧养牛羊马等家畜为主，饮食主要摄取肉类和奶类动物蛋白，奶类食品被称为白食，肉类食品被称为红食。随着农耕文化的发展，又增加了面食食品，更加丰富了蒙古族饮食文化。

蒙古族妇女是制作白食的主力，她们可以把挤来的牛奶加工成多种美食，制作出酸奶、奶酪、奶油、奶豆腐、奶皮子。制作红食则蒙古族男人当仁不让，他们掌握着杀牛宰羊的技术和本领，还可以把牛羊的不同部位制作出不同的美食，心肝肠胃毫不浪费，而且各具独特风味。

草原饮食最为著名的莫过涮羊肉和烤全羊。据传，涮羊肉始自元世祖忽必烈，因炖煮羊肉费时费火，而羊肉切片后可以速熟，利于行军打仗，故得以推行。现在的涮羊肉历经演变已变得十分复杂，成为风靡全国的美食，尤其冬季，别无二选。烤全羊蒙古语称“昭木”，据史料记载，它是成吉思汗最喜爱吃的一道宫廷名菜，也是元朝宫廷御宴“诈马宴”中不可或缺的一道美食，是成吉思汗接待王宫贵族、犒赏凯旋将士的顶级大餐，现在仍然是蒙古族宴席规格的体现[9]。

3.2.5 文化艺术

最能代表蒙古族草原文化的艺术表现形式为长调、呼麦、马头琴演奏和安代舞等。

在蒙古语中，长调称“乌日图道”，意即长歌，是相对短歌而言，除指曲调悠长外，还有历史久远之意。据考证，在蒙古族形成时期长调民歌就已经诞生，距今已经有上千年的历史。蒙古族长调的产生与蒙古族游牧生活有关，字少腔长、高亢悠远、舒缓自由，宜于叙事，又长于抒情。歌词一般为上、下各两句，内容绝大多数是描写草原、骏马、骆驼、牛羊、蓝天、白云、江河、湖泊等。长调是一种靠口头传承的民间艺术，因地域的不同和演唱者的差异，形成了众多的风格。2005 年 11 月 25 日，经过中蒙两国联合申报，蒙古族长调被联合国教科文组织列为世界非物质文化遗产。

“呼麦”又称“浩林潮尔”，是蒙古族最古老的艺术形式之一。呼麦发声原理特殊，有时声带振动，有时不振动，使腔体内的气量产生共鸣。它运用特殊的声音技巧，一人同时唱出两个声部，形成罕见的多声部形态，是世界上颇为少见的“喉音艺术”。2009 年 10 月 1 日，中国蒙古族呼麦成功入选世界非物质文化遗产名录。

马头琴是蒙古族代表性乐器之一，用白马尾做琴弦和弓毛，用硬杂木做琴箱框板，正背两面蒙以马皮、牛皮、羊皮或蟒皮，皮面上彩绘民族图案，弦槽后开，两侧各置一弦轴，两条马尾弦分别用 40、60 根长马尾合成。琴弓用藤或木制杆，两端系以一束马尾。用马尾弓摩擦马尾弦，发出声音，这在古今中外拉弦乐器中都是独特的。因琴头雕作马头状，故称马头琴。

3.2.6 民俗节庆

草原各民族有各自的民俗文化传统，目前以蒙古族的民俗传统最有代表性。蒙古族人民豪爽好客，有朋自远方来，都会热情接待。现代文学家老舍就写过一篇《草原》的散文，如今已纳入六年级语文课本，老舍从草原牧民迎客、宴客、联欢到惜别，传神地展现了草原民俗文化。

笔者也有过亲身体验，来到草原，牧民出迎十几里，一路策马奔驰在汽车左右。一到蒙古包外，主人就献上哈达(哈达是草原人民日常行礼中不可缺少的物品)。献哈达时，主人张开双手捧着哈达，吟唱吉祥如意的祝词或赞词，渲染敬重的气氛，宾客要站起身面向献哈达者，集中精力听祝词和接受敬酒。接受哈达时，宾客应微向前躬身，献哈达者将哈达挂于宾客颈上。宾客应双手合掌于胸前，向献哈达者表示谢意。

随后就是敬酒，他们认为美酒是食品之精华，五谷之结晶，拿出最珍贵的食品敬献，是表达草原牧人对客人的敬重和爱戴。通常主人将美酒斟在银碗、金杯或牛角杯中，托在长长的哈达之上，唱起动人的蒙古族传统的敬酒歌，客人若是推让不喝酒，就会被认为是对主人瞧不起，不愿以诚相待。

宾客应随即接住酒，接酒后用无名指蘸酒向天、地、火炉方向点一下，以示敬奉天、地、火神。不会喝酒也不要勉强，可沾唇示意，表示接受了主人纯洁的情谊。

那达慕是蒙古族人民重要的节庆活动，来自“祭敖包”，是蒙古民族在长期的游牧生活中，创造和流传下来的具有独特民族色彩的竞技项目和游艺、体育项目。那达慕蒙古语的意思是娱乐和竞赛，它有着久远的历史。早在 1206 年，成吉思汗被推举为蒙古大汗时，他为检阅自己的部队，维护和分配草场，表示团结友谊和祈庆丰收，每年 7~8 月，将各个部落的首领召集在一起，都要举行那达慕。

古代和近代的那达慕盛会都要进行男子“三艺”——摔跤、赛马和射箭的竞技赛。“那达慕”不仅是娱乐盛会，也是草原上物资交流的盛会。牧民们趁每年参加那达慕盛会之际，带上自己的畜产品在大会期间交换日用商品。夜晚，牧民在临时驻扎的帐篷内欢歌笑语，男女青年伴着马头琴声倾吐衷肠。

2006 年 5 月 20 日，该民俗经国务院批准列入第一批国家级非物质文化遗产名录。

4 羊草草原与羊草小镇

4.1 羊草草原

中科羊草在通辽市开鲁县作为种业基地开展羊草优质种源培育，既是当地重视，也是因为那里本身就是原有羊草的主要产区。除通辽以外，羊草原本主要分布在内蒙古东部的呼伦贝尔市、兴安盟、赤峰市、锡林郭勒盟，吉林和黑龙江西部的松嫩草甸，辽宁的西北部。

目前随着中科羊草的大面积推广，羊草在黄河上游，西藏、甘肃、宁夏、新疆及黄河下游东营等地已试种成功。这些地方本来就是羊草的故乡，随着优质羊草的人工繁殖，草原面貌将会发生重大改观，将更加具备开展羊草草原文旅的潜在价值。

4.1.1 呼伦贝尔大草原

呼伦贝尔草原是世界著名的三大草原之一，世界著名的天然牧场，被称为世界上最好的草原。总面积约 10 万 km^2，天然草场面积占 80%。这里地域辽阔，3000 多条纵横交错的河流，500 多个星罗棋布的湖泊，一直延伸至松涛激荡的大兴安岭。

呼伦贝尔草原四季分明，年平均气温 0℃左右，无霜期 85~155 天，温带大陆性气候，属于半干旱区，年降水量 250~350mm，年气候总特征为冬季寒冷干燥、夏季炎热多雨。年温差、日温差大。

呼伦贝尔大草原是中国当今保存完好的草原，水草丰美，有羊草、针茅、苜蓿、冰草等 120 多种营养丰富的牧草，有“牧草王国”之称。呼伦贝尔大草原也是一片污染较少的绿色净土，出产的肉、奶、皮、毛等畜产品备受国内外消费者关注，连牧草也大量出口日本等国家。它是成吉思汗的出生地，同时也是世界闻名的旅游胜地。

4.1.2 锡林郭勒大草原

锡林郭勒大草原是我国境内仅有的一个以单纯草原生态为完整生态系统的国家级自然保护区，素有“天堂草原”之美誉。

地处于中国正北方的锡林郭勒大草原被誉为北京天然的“后花园”。锡林郭勒大草原的四大部落分别为乌珠穆沁部落、浩奇特部落、阿巴嘎部落、苏尼特部落。这四个部落多年以来仍保留着最完整、最传统的游牧生活生产方式，使得锡林郭勒大草原这片面积达 20.3 万 km^2 的绿色国土成为最具天然景色、极具生态观赏、最有审美价值的生态旅游好去处。

除了草原的壮观与辽阔之外，锡林郭勒盟的历史文化、民族风情也是独一无二的。早在旧石器时代，这里就已经有人存在了。秦汉时期，这里多为匈奴、东胡、突厥等民族的繁衍生息之地。13 世纪中叶，锡林郭勒草原正蓝旗境内建起了元代第一都城(元上都)。随着忽必烈在此继位，锡林郭勒便成为元代时期政治文化中心。历史已经过去了，留下来的东西依然可以让后人感受到那份宏伟与大气，元上都是内蒙古唯一一处世界文化遗产。同时，锡林郭勒盟是中国的养马基地以及马产业中心。马是世界上最完美、最善解人意的一种牲畜了，而锡林郭勒盟，一直都是马业大盟，她有一个响亮的名号叫作“中国马都”。

4.1.3 鄂尔多斯大草原

距乌海市区 50 多 km 的桌子山东麓，是碧野茫茫的鄂尔多斯大草原。在这里既可以欣赏到内蒙古草原的绮丽风光，也可以到牧民家中领略鄂尔多斯蒙古民族的风情，还可以看到现代畜牧业发展的壮景。鄂尔多斯大草原属半荒漠草原，响沙湾是游人滑沙、乘骆驼游沙漠的好地方。这里以一代天骄成吉思汗陵墓而驰名。鄂尔多斯有着悠久的历史和灿烂的文化。

3.5 万年前，鄂尔多斯是著名的“河套人”繁衍生息的地方，也是“河套文化”的发祥地。鄂尔多斯大草原随着社会的演变发展，有了游牧民族，并发展形成了古老的匈奴青铜文化，在此基础上，吸收和融合汉族和其他少数民族传统文化，形成了这一独具风格的鄂尔多斯文化。一代天骄成吉思汗的陵寝就坐落在鄂尔多斯中部的鄂尔多斯金霍洛草原上。

800 年前，成吉思汗率领蒙古铁骑，以势不可挡的气势横扫欧亚大陆，建立了蒙古帝国。从世界史的角度看，成吉思汗无疑是 2000 年来，影响世界最大的人物之一。美国的《时代》杂志在评选“对本千年 10 个影响最大的人物”时，成吉思汗力压恺撒大帝和拿破仑等人，登上了这十大人物之首，足可见他在世界中的地位。从某种程度上说，成吉思汗算得上是人类历史上最著名的征服者。

4.2 羊草小镇

目前中科羊草已在通辽市开鲁县完成了 6 万亩连片中科羊草基地建设，下一步将扩展到 16 万亩，这将是目前全国最好最大的草原，当地小街基镇作为中心区做出了创办全国首个羊草小镇的规划。

羊草小镇规划与羊草相关的育种、播种、灌溉、收割、饲草、养殖、加工全产业布局，形成以羊草为基础的全生态产业链，不仅可以取得良好的经济效益，同时还可以获得优异的环境生态效益。在整个羊草产业生态中，上述每一项都可以成为一个专业且彼此相连的产业板块，目前已具雏形。未来的羊草文旅小镇是羊草小镇的重要组成部分，也是推广羊草的平台和窗口，可以肩负起传播羊草、复兴草原的重任和使命。

目前，与草原文化相关的文旅项目已经建立了很多，既有历史类博物馆，也有文化类博物馆，还有一些重大节庆活动。结合现有羊草小镇建设，建议考虑以下几个与羊草结合且有文旅意义的项目。

4.2.1 中国草业博物馆

有关草原和草业的知识要么在各家研究机构科研院所，要么见于网络和书本，国内目前将草业集中展示和学习了解的场所，如赤峰阿鲁科尔沁旗的草都博物馆，还屈指可数。草业博物馆围绕草原和草业两大板块，争取让参观者对草原和草业有一个概貌的了解，不仅可以加深对草原的认识，也可以了解与草相关的产业全貌。

关于草原，很多人都去过，但多数人缺乏相关草原知识：

①有关草原的成因、世界草原的分布、中国草原概貌、中国草原的历史变迁、目前草原面临的问题、天然草原和人工草原的关系、草原与环境、草原复兴之路。

②草原天然牧草的种类，草的分布，不同草类的异同，优良草种的选育、播种、种植、收割、存储、饲料加工，中科羊草的优势和推广。

关于草业，一般人更是缺乏了解，应该按照草生态产业学的逻辑梳理：

①草生态和草产业。

②草与畜牧、草与人类、草与环境知识。

③草产业全链条梳理，从育种、种植、收割、加工、饲料、贸易，扩展到养殖，包括鸡、鸭、鱼，牛、羊、马，甚至包括后续加工。

草业博物馆可以和将在当地落地的研究机构结合，变成一个既具备科研又具备科普的场所，甚至可以变成一个科普基地。旅游可不仅是吃、住、玩、游、娱、乐，文旅的精髓就是要为旅游附加文化内核，满足人们求知的精神需求。科普教育能激发兴趣，可以助力培养后继人才。

4.2.2 羊草草原马业基地

人类与马有不解之缘，过去马匹是主要交通工具，历史上骑兵也是部队转战快速突击的重要军事力量。

位于甘肃、青海两省，地处河西走廊的山丹军马场，公元前 121 年由西汉骠骑将军霍去病始创，曾养育过数百万军马。星移斗转，几度马政衰微，晚清只剩军马数百匹。郑新潮，抗战时入黄埔军校炮科，奔赴延安，和爱人邵清廉携带幼子开始驯养军马，是中国人民解放军军马事业创始人，曾受到毛泽东、朱德接见，组建炮兵马政局，陪伴溥仪叔父载涛工作 10 年，参与了所有炮校和军马场的建设。但随着现代化交通工具的发展，民用和军用马匹式微，2001 年 9 月 10 日，山丹军马场整体移交中国牧工商(集团)总公司管理，只在锡林郭勒草原深处保留着唯一一只骑兵部队。

羊草耐寒、耐旱、耐碱，更耐牛马践踏。草深齐腰，这样的草原看不到马将是重大缺憾。小时候常常可以见到马，但现在却十分罕见。但人与马之间有着一丝剪不断的情缘，很多文学作品描写骏马，马在影视作品中也备受欢迎。

与马相关的产业目前是十分小众的领域，但仍有一些方面存在发展机遇：

①骑士俱乐部。很多人士爱马，喜欢骑马，在当地建立一家骑士俱乐部，吸引爱好者寄养马匹、参与活动，会得到稳定的客源。

②城市里一些爱马的成功人士苦于没有马舍，都将马匹寄养在专业的马场；专业的赛马赛季之间和退役以后也需要合适的场地休养。

③旅游者的骑马活动。

④摄影爱好者的拍摄活动及影视基地。

⑤儿童骑马训练班、夏令营。

⑥自闭症儿童通过与马的接触治疗和康复。

4.2.3 羊草小镇文化节

我国已有许多知名的草原文化节，其中影响比较大的是中国内蒙古草原文化节。

羊草小镇文化节与其他草原文化节应有所不同，在开发建设中，应该突出羊草的科学研究与技术推广，可以定期召开学术论坛和技术推广会议，召集各地开展羊草科研、羊草种植和羊草利用的相关人员齐聚一堂，从羊草全产业链和产业生态建设方面集思广益，开发羊草互联网络平台，使之成为科研开发、技术推广、产业推动、信息发布和供需见面的产业高地。

文化节本身是一个产品，需要认真的策划、研究市场、了解客户端需求、精准定位、精心组织，还需要进行良好的传播和推广。文化节搞好了不仅可以带来收益，更可贵的是，它可以对地方知名度、美誉度进行塑造和传播。

相信草原文旅将迎来新的高潮，羊草也必将担当起草原复兴的重要使命。

4.3 关于草的诗词

何草不黄

先秦　诗经　小雅

何草不黄，何日不行，何人不将，经营四方。
何草不玄，何人不矜，哀我征夫，独为匪民。
匪兕匪虎，率彼旷野，哀我征夫，朝夕不暇。
有芃者狐，率彼幽草，有栈之车，行彼周道。

野有蔓草

先秦　诗经　郑风

野有蔓草，零露漙兮。有美一人，清扬婉兮。邂逅相遇，适我愿兮。
野有蔓草，零露瀼瀼。有美一人，婉如清扬。邂逅相遇，与子偕臧。

车攻

先秦　佚名　诗经

我车既攻，我马既同，四牡庞庞，驾言徂东。
田车既好，四牡孔阜，东有甫草，驾言行狩。

饮马长城窟行

汉　佚名

青青河畔草，绵绵思远道。
远道不可思，宿昔梦见之。

枯桑知天风，海水知天寒。
入门各自媚，谁肯相为言。

草
唐　白居易
离离原上草，一岁一枯荣。
野火烧不尽，春风吹又生。
远芳侵古道，晴翠接荒城。
又送王孙去，萋萋满别情。

春草
唐　唐彦谦
天北天南绕路边，托根无处不延绵。
萋萋总是无情物，吹绿东风又一年。

出塞作
唐　王维
居延城外猎天骄，白草连山野火烧。
暮云空碛时驱马，秋日平原好射雕。
护羌校尉朝乘障，破虏将军夜渡辽。
玉靶角弓珠勒马，汉家将赐霍嫖姚。

塞下曲·其六
唐　戎昱
北风凋白草，胡马日骎骎。
夜后戍楼月，秋来边将心。
铁衣霜露重，战马岁年深。
自有卢龙塞，烟尘飞至今。

春草
唐　张旭
春草青青万里馀，边城落日见离居。
情知塞上三年别，不寄云间一纸书。

忆秦娥·别情
宋　万俟咏
千里草。萋萋尽处遥山小。遥山小。行人远似，此山多少。
天若有情天亦老。此情说便说不了。说不了。一声唤起，又惊春晓。

河满子·秋怨
宋　孙洙
怅望浮生急景，凄凉宝瑟馀音。楚客多情偏怨别，碧山远水登临。目送连天衰草，夜阑几处疏砧。
黄叶无风自落，秋云不雨长阴。天若有情天亦老，摇摇幽恨难禁。惆怅旧欢如梦，觉来无处追寻。

点绛唇·闺思

宋　李清照

寂寞深闺，柔肠一寸愁千缕。惜春春去，几点催花雨。

倚遍阑干，只是无情绪。人何处，连天衰草，望断归来路。

小重山·春愁

宋　吴淑姬

谢了荼蘼春事休。无多花片子，缀枝头。庭槐影碎被风揉。莺虽老，声尚带娇羞。

独自倚妆楼。一川烟草浪，衬云浮。不如归去下帘钩。心儿小，难着许多愁。

敕勒歌

南北朝　佚名

敕勒川，阴山下。

天似穹庐，笼盖四野。

天苍苍，野茫茫。

风吹草低见牛羊。

天净沙秋

元　白朴

孤村落日残霞，轻烟老树寒鸦，一点飞鸿影下。青山绿水，白草红叶黄花。

代别离·秋窗风雨夕

清　曹雪芹

秋花惨淡秋草黄，耿耿秋灯秋夜长。

已觉秋窗秋不尽，那堪风雨助凄凉！

风流子·秋郊即事

清　纳兰性德

平原草枯矣，重阳后、黄叶树骚骚。记玉勒青丝，落花时节，曾逢拾翠，忽听吹箫。今来是、烧痕残碧尽，霜影乱红凋。秋水映空，寒烟如织，皂雕飞处，天惨云高。

参考文献：

[1]拉尼亚凯亚超星系团．现代人类基因人种分类及远古人类扩散过程[EB/OL]．(2020-04-03)[2023-01-02]．https：//zhuanlan.zhihu.com/p/124037883.

[2]王汝良，侯传文．“文化”与“文明”综辨[N]．中国社会科学报，2022-2-23(10)．

[3]吴团英．略论草原文化的内涵、特征与基本精神[N]．内蒙古日报，2006-10-26(7)．

[4]苏明明，苏俊．论草原文化[J]．草原文物，2013.

[5]葛宏．论传统草原文化保护与草原旅游发展[J]．内蒙古大学学报：哲学社会科学版，2011，43(2)：5.

[6]王其格．再论“草原文化”的内涵及构成[C]//中国内蒙古草原文化主题论坛，2012.

[7]佚名．总投资5.6亿！内蒙古兴然农牧业万头肉牛、奶牛养殖基地落户乌拉特后旗[EB/OL]．(2021-11-08)[2023-01-02]．https：//www.dac.org.cn/read/newxhzs-21110816323964810329.jhtm.

[8]福成集团．福成股份1万头肉牛繁殖场于2021年12月18日建成[EB/OL]．(2021-12-21)[2023-01-02]．https：//www.prnasia.com/story/346117-1.shtml

[9]户灵叔．浅谈蒙古族“饮食”文化[EB/OL]．(2021-12-21)[2023-01-02]．https：//www.meipian.cn/331cs0gr.

羊草新品种选育与成果转化

李晓霞　刘公社
（中国科学院植物研究所；中国林业科学院生态保护与修复研究所）

摘　要：羊草是一种兼具重要经济价值和生态价值的乡土草种。通过对羊草新品种培育历程和成果转化情况分析发现，我国已审定通过的羊草品种共计 27 个，其中国审羊草品种 14 个，部分品种在生态修复和草原改良方面发挥了重要作用；羊草良种科技成果主要通过自主繁殖、授权转让、技术服务协议三种方式转化；而羊草育成品种数量少、种子产量低、繁殖速度慢、成果转化取得的规模化效益低等是限制羊草利用及产业发展的主要问题。针对国家对粮食安全及生态安全的需求，需要增加不同功能的羊草新品种，育种目标宜设定为生物量和饲用为主，同时兼顾抗逆等生态功能性状；羊草产业化亟须加强基础生物学研究，培育有性繁殖效率高和种子产量高的优良品种；建立有利于良种成果转化的新机制；针对目前羊草种子繁殖效率低、繁殖速度慢等问题，急需国家政策给予引导和支持，促进羊草全产业链快速发展。我国羊草草原面积约 2200 万 hm^2，固碳潜力巨大，加快草原生态修复、发展优质人工草地，将退化的羊草草原恢复到以羊草为建群种的草场，必将形成巨大的碳汇价值。

关键词：羊草；品种；审定；品种转让；技术服务；政策建议

羊草隶属禾本科赖草属，是欧亚大陆东部的关键物种。主要分布于俄罗斯、蒙古国、哈萨克斯坦、日本和朝鲜等及我国的东北三省、内蒙古、河北、山西、陕西、甘肃、宁夏、青海、新疆等[1]。羊草具有产量高、粗蛋白含量高、适口性好、再生力强、持绿期长、叶量多、适应性好、抗寒、耐盐碱、耐瘠薄、耐牧等特性，是兼顾生态和饲用价值的优质乡土草。我国拥有羊草草原面积约 2200 万 hm^2，90%退化，50%中度或重度退化，导致草原生态价值锐减，严重制约着草地畜牧业的可持续发展，影响国家生态安全和边疆长治久安。种子繁殖是生态修复的上游基础性工作，草种补播是国际上通用的生态修复的主要方法，可以显著节约成本，而提高草地生产力和修复草原生态的主要限制条件是优良草种的供应不足。因此，开展羊草种质资源的研发，选育和创制优异的新种质和育种材料，加速新品种培育及种子繁殖，是加快打通我国羊草生态全产业链发展的有效手段，将为我国紧迫的生态修复和草地畜牧业可持续发展提供物质基础。

我国自 1953 年起，以东北师范大学为代表的学者们开始了羊草生物生态学研究[2]。近 70 年来，羊草研究领域和广度不断延伸，已经在羊草种质资源收集入库、基础生物学规律研究、生物技术研发、种质创新和新品种选育等方面取得了重要进展。截至 2023 年 12 月，我国已培育出多个羊草优良品种，国内审定品种有 27 个，其中国审品种有 14 个。中科系列羊草新品种自 2014 年育成以来，已在我国北方 16 个省份进行了试验、示范与推广应用，累计建设种子繁育基地 2 万 hm^2 以上，其中内蒙古东部集中建立了 1.33 万 hm^2。

我国农业科技成果整体转化率低、效益低，客观需要借助企业所拥有的市场以及生产管理资源，促使科技成果实现进一步转化。与此同时，企业要想实现更好的发展，获得更大的经济效益，也要借助于科技。然而很多科技成果在企业转化过程中，存在科技成果成熟度不足，缺少充足的资金、专业人才等多方面问题，从而导致科技成果转化效果不理想[3]。目前，羊草新品种科技成果转化主要通过自主繁殖、授权转让、技术服务协议等方式，转化效率较低，因此，加快对已有羊草品种成果转化、大规模繁殖、推广应用，是目前我国羊草全产业链发展的首要任务。

1　羊草品种培育历程及品种特性

1.1　羊草品种培育历程

截至目前，我国已审定羊草品种约有 27 个，其中国审品种包括以下 14 个：‘东北’‘吉生 1~4 号’‘农牧一号’‘中科 1 号’‘中科 5 号’‘中科 7 号’‘龙牧 1 号’‘西乌珠穆沁’‘中科 10 号’‘中草 36 号’等。早在 1979 年，中国农业科学院草原研究所学者提出驯化选育野生羊草资源以用于退化草地补播[4]。1988 年中国农业科学院草原研究所联合黑龙江畜牧所审定登记国内第一个羊草品种‘东北’羊草。1975 年内蒙古农业大学马鹤林教授(1932—2019)开始羊草育种及相关基础研究，为解决羊草“三低”问题奠定了重要的理论基础[5]。1992 年选育出高产、高结实的‘农牧一号’羊草新品种经全国牧草品种审定委员会审定注册为育成品种(登记号 119)[6]，在内蒙古及东北三省大面积推广应用。1990—1993 年，吉林省生物研究所王克平等人，采用轮回选育的方法选育而成的‘吉生 1~4 号’羊草新品种全部通过中国牧草品种审定委员会审定[7]。

1994 年，时任中国科学院副院长的李振声院士在分析我国粮食安全现状的基础上，提出中国的食物生产要在保护利用 18 亿亩耕地的基础上，从 60 亿亩草地和广阔的海洋中发掘利用新的资源。在李振声院士的积极倡导和支持下，1999 年，刘公社和王志远[8]出版了《北方农牧交错带持续发展研究论文集》，倡导北方草原必须树立生态优先的发展理念，提出了筑建我国北方农牧交错带生态长城的设想，开启了羊草种质资源的基础生物学研究。在深入研究和初步阐明羊草结实少的遗传学、细胞学和分子生物学机制的基础上，中科羊草团队培育的‘中科 1 号’羊草新品种于 2014 年通过了全国草品种审定委员会的审定[9]。2020 年，黑龙江省农业科学院畜牧兽医分院‘龙牧 1 号’羊草品种通过农业部全国草品种审定委员会审定[10]。2021 年国家林业和草原局审定通过了中国科学院植物研究所刘公社团队培育的‘中科 5 号’‘中科 7 号’，以及中国农业科学院草原研究所武自念等人培育的‘西乌珠穆沁’羊草。2022 年中国科学院植物研究所刘公社团队培育的‘中科 10 号’羊草通过了国家林业和草原局审定。

此外，我国培育的地方羊草品种还有 15 个，其中‘西乌珠穆沁’羊草既为国家审定品种也是地方审定品种。2012—2013 年，中国科学院植物研究所培育出的‘中科 2 号’和‘中科 3 号’羊草分别通过了河北省科学技术厅(成果登记号 20113016)及内蒙古自治区草品种审定委员会(审定批准号 N003)审定。2008—2016 年，黑龙江省农业科学院先后选育出‘农菁 4 号’‘农菁 11 号’‘菁牧 3 号’‘龙牧 15 号’黑龙江省审定羊草新品种 4 个。2019—2021 年，中国农业科学院草原研究所武自念等人先后审定登记‘西乌珠穆沁’羊草(蒙审-008-2019)、‘甘旗卡’羊草(蒙审-007-2019)、‘晋中’羊草(蒙审-023-2020)新品种 3 个。2021 年，东北师范大学草地科学研究所培育的‘东草 1 号’羊草品种和吉林省农业科学院徐安凯等培育的‘吉农 1 号’羊草品种通过了吉林省林业和草原局牧草品种审定委员会的审定。2022 年，‘中科 9 号’羊草品种通过内蒙古自治区草品种审定委员审定，登记为育成品种。2023 年 5 月，由蒙草集团联合呼伦贝尔林业和草原科学研究所联合选育的‘呼伦贝尔’羊草、‘巴尔虎洽草’羊草给内蒙古自治区草品种委员会审定为野生驯化种。

1.2　国审羊草品种的主要特征和适应地区

‘东北’羊草由中国农业科学院草原研究所、黑龙江省畜牧研究所于 20 世纪 60 年代从东北羊草草原优势建群种中采集野生羊草种子，经栽培驯化选育而成。该品种根茎非常发达，主要分布于 20cm 土层中。秆直立，高 50~100cm。具有抗寒、抗旱、耐盐碱、耐践踏、耐瘠薄等优良特性。喜湿润沙质栗钙土。早春返青早，生长速度快，秋季枯黄晚，青草利用时间长。每公顷产干草 6000~8000 kg，产种子 200 kg。适应于黑龙江、吉林、辽宁及内蒙古东部地区种植。

‘农牧一号’羊草由内蒙古农牧学院草原系选自内蒙古锡林郭勒草原野生羊草种子，经栽培选育而成。该品种分蘖力强，平均每公顷茎数为 680 万。干草产量中等，约 7500 kg/hm^2；种子产量一般

300 kg/hm^2，最高可达 500 kg/hm^2。抗寒性强，较耐盐碱，不易感染锈病，更无线虫病。适应于内蒙古东部、吉林、黑龙江、辽宁种植。

1979—1985 年，吉林省生物研究所羊草研究中心王克平等开展了“羊草物种分化的研究”，对羊草野生资源进行了收集、鉴定、整理和分型，鉴定出野生羊草的 4 个生态型变异，为羊草育种和开发提供了育种原始材料[11,12]。随后采用轮回选择技术，培育出具高产、优质、抗旱、耐盐碱的‘吉生 1~4 号’羊草新品系，1986—1989 年，“吉生羊草新品系”进行了区域试验；其产草量、产种量、出苗率均比野生羊草提高 50%以上，粗蛋白提高 10%~70%，在 pH 值 8. 42~9. 12 的次生盐碱土上种植，干草产量可达 10. 41t/ hm^2[13]。1990—1993 年，‘吉生 1~4 号’羊草新品种全部通过中国牧草品种审定委员会审定[7]，适应于吉林、黑龙江、内蒙古等地种植(表 6-1)。

‘中科 1 号’羊草是中国科学院植物研究所羊草团队针对我国北方草原牧区缺少高产优质羊草新品种的问题，选择以种子产量高、发芽率高、草产量高、品质好、抗逆性强为育种目标，采用混合选育法历时 16 年培育的羊草新品种，于 2014 年通过国家农业部草品种委员会审定。该品种种子产量 509 kg/hm^2，干草产量 7638 kg/hm^2，种子发芽率可达 88. 6%，该品种具有较强的抗逆性，可用于人工草地建植 、退化草地改良以及水土流失地区生态治理等(表 6-1)。适宜在内蒙古、河北 、黑龙江、新疆、宁夏等地种植，用于人工草地建设或改良退化草场[14]。

自 1996 年起，黑龙江省农业科学院畜牧兽医分院牧草育种课题组从黑龙江省西部龙江县、肇东市、肇源县、杜尔伯特蒙古族自治县天然羊草草原优势建群种中采集种子，以干草和种子产量高、生长整齐一致、营养丰富为选育目标，采用多次混合单株选择的方法选优去劣，历经 18 年育成了‘龙牧 1 号’羊草新品种，并以国审品种‘东北’羊草和‘吉生 1 号’羊草为对照开展了品种比较试验，结果表明：‘龙牧 1 号’羊草平均干草产量为 8799. 20 kg/hm^2，较对照品种‘东北’羊草和‘吉生 1 号’羊草增产 15. 73% 和 31. 41%；种子平均产量为 206. 17 kg/hm^2，较对照‘东北’羊草和‘吉生 1 号’羊草增产 16. 31%和 42. 96%；抽穗期粗蛋白含量达到 13. 34%。说明‘龙牧 1 号’具有较强的适应性，抗寒、耐盐碱、产草量高，是适合东北寒区人工草地建植、退化草原改良治理的优质牧草[10]。

2000 年以来，中国科学院植物研究所羊草研究团队在羊草种质资源综合评价的基础上，以生物量大、抽穗率高、结实率高的野生种质作为亲本材料，通过混合选育法培育出早期繁殖速度快并兼顾地上和地下生物量的‘中科 5 号’羊草新品种，以及兼顾生态修复性和有性繁殖能力强的‘中科 7 号’羊草新品种。2021 年 2 月 3 日，国家草品种审定委员会审定通过了‘中科 5 号’和‘中科 7 号’羊草品种。‘中科 5 号’羊草具发达的地下横走根茎，株型紧凑，平均株高 109 cm，干草产量为 6245~8123 kg/hm^2，种子产量 236 kg/hm^2。‘中科 7 号’羊草品种地下生物量高达 9134 kg/hm^2，干草产量为 5660~7188 kg/hm^2，种子产量 279 kg/hm^2。两个品种均属于“育成品种”，适宜我国东北、西北和华北地区及青藏高原适宜地区种植。‘中科 5 号’‘中科 7 号’‘中科 10 号’羊草品种属于饲用兼顾生态修复草种，主要用于我国北方天然草场补播改良、退化草地生态修复、盐碱地改良、人工草地建设等(表 6-1)。

2013 年中国农业科学院草原研究所武自念等开始建立专业化羊草种质资源圃，系统开展羊草资源评价与育种等工作，采用驯化选育法 2019—2021 年草原所先后登记‘西乌珠穆沁’羊草(蒙审-008-2019)、‘甘旗卡’羊草(蒙审-007-2019)、‘晋中’羊草(蒙审-023-2020)新品种 3 个。其中，‘西乌珠穆沁’羊草通过了 2021 年国家林业和草原局品种审定委员会审定。西乌珠穆沁品种具有发达的地下横走根茎，根茎节间长 3~5cm，集中分布在 10~15cm 土层。茎秆直立，主茎粗 0. 2cm，株高 90~115cm，叶层高 60~75cm。种子土培发芽率 85% 以上，平均种子产量 250. 43 kg/hm^2，平均干草产量 8174 kg/hm^2，花期粗蛋白含量为 14. 97%。适宜在我国内蒙古及其相邻省份种植，生态修复草、牧草兼用，主要用于退化草地补播改良、草原生态修复及人工草地建设(表 6-1)。

表 6-1 国家审定的羊草品种及其基本信息

品种名称	育成时间(年)	品种类型	品种特性	适应地区	育种单位和申报人
‘东北’	1988	栽培驯化	抗寒、抗旱、耐盐碱、耐践踏、耐瘠薄等	适应于黑龙江、吉林、辽宁及内蒙古东部地区种植	中国农科院草原所、黑龙江省畜牧研究所 袁有福等
‘吉生 4 号’	1991	育成品种	抗旱性较强，适应性广，品质较好	适应于吉林、黑龙江、内蒙古等地半干旱地区种植	吉林省生物所 王克平等
‘吉生 1 号’	1992	育成品种	产草量、产籽量、出苗率较好	适应于东北和内蒙古中、东部地区种植	吉林省生物所 王克平等
‘农牧一号’	1992	育成品种	分蘖力强、结实率高、抗逆性好、产籽量高	适应于内蒙古东部、吉林、黑龙江、辽宁种植	内蒙古农业大学 马鹤林等
‘吉生 3 号’	1993	育成品种	适应区域较广，抗逆性强，产草量、产籽量、出苗率较好	适应于吉林、内蒙古、陕西等地种植	吉林省生物所 王克平等
‘吉生 2 号’	1994	育成品种	适应性较强，分蘖力强，较耐涝，产草量、产籽量、出苗率较好	适应于吉林、黑龙江、内蒙古等地种植	吉林省生物所 王克平等
‘中科 1 号’	2014	育成品种	种子产量高、发芽率高、草产量高、品质好、抗逆性强	中国北方地区	中国科学院植物研究所 刘公社等
‘龙牧 1 号’	2020	育成品种	较强的适应性，抗寒、耐盐碱、产草量高	适合东北寒区人工草地建植、退化草原改良治理	黑龙江省农业科学院畜牧兽医分院 李红等
‘中科 5 号’	2021	育成品种	种子产量高、发芽率高、草产量高、品质好、抗逆性强	适宜我国东北、西北和华北地区及青藏高原适宜地区种植	中国科学院植物研究所 刘公社等
‘中科 7 号’	2021	育成品种	种子产量高、发芽率高、草产量高、品质好、抗逆性强	适宜我国东北、西北和华北地区及青藏高原适宜地区种植	中国科学院植物研究所 齐冬梅等
‘西乌珠穆沁’	2021	驯化选育	种子产量高、发芽率高、草产量高、粗蛋白高	适宜在我国内蒙古及其相邻省份种植	中国农业科学院草原研究所 武自念等
‘中科 10 号’	2022	育成品种	种子产量高、适应性强，物候期稳定、抗寒性强	适宜在我国北方年降水量 280mm 以上地区种植，海拔 3800 m 以下地区可产种子，海拔 4700 m 以下地区用于生态修复	中国科学院植物研究所 刘公社等
‘中草 36 号’	2022	育成品种	种子发芽率、抗寒性强、粗蛋白高	适宜内蒙古中、东部地区及其他年降水量 350mm 以上的北方地区	中国农业科学院草原研究所 武自念等

2 品种繁殖技术成果的转移

我国已有的羊草品种，主要是以自主繁殖、授权转让、技术服务协议等方式，进行后期成果的技术转移、转化。内蒙古农业大学的马鹤林先生通过深入的基础研究和大量生产实践，提出了促进羊草无性繁殖及提高种子发芽率的方法，主持选育出高产、高结实的‘农牧 1 号’新品种，1992 年通过国审。2003 年该品种转让给辽宁省辽阳畜牧业科学研究所，成为该单位实施国家攻关课题研究的核心材料。

1990—1993 年 4 个吉生系列羊草新品种全部通过中国牧草品种审定委员会审定。2000 年经吉林省科技厅〔2000〕106 号文件批准，由吉林省生物研究所羊草研究中心、东北师范大学草地研究所、吉林农业大学农业生态研究中心、解放军军需大学植物基因工程研究中心、长春市农业机械研究所牧草机械研制中心和吉林省吉生羊草良种站等 6 个单位联合组建了吉林省羊草工程中心，通过自主繁殖，至 2000 年年底建立了吉生羊草原种基地约 130hm^2、良种基地约 1300hm^2、人工草场示范基地 480hm^2，至 2002 年推广面积已达 6000 多 hm^2。

中国科学院植物研究所培育的中科系列羊草品种通过与企业或政府合作，已在内蒙古、新疆等地建立了种子繁育基地，建立了沙化草地治理、盐碱地治理及退化草原改良、外来物种防治等应用模式。其成果转化的主要方式是与企业或政府签署技术服务协议，2021 年，中科羊草团队为地方政府和企业提供全方位技术服务，在科尔沁地区累计建设 8000hm^2 中科羊草繁殖基地，正在建设草种业带动的“羊草小镇”新乡村发展新模式。

中国农业科学院草原研究所自主培育的‘西乌珠穆沁’羊草新品种系，2019 年 6 月经内蒙古自治区草品种审定委员会审定，品种登记号为蒙审-008-2019。2020 年根据《中华人民共和国促进科技成果转化法》的相关规定，‘西乌珠穆沁’羊草新品种成果转化价格为许可该品种的繁种销售费 30 万元加销售收入 10%的提成。

3　问题与建议

3.1　草种的功能类型要增加

已有研究表明，我国陆地生态系统中，草地碳储量占整个陆地生态系统碳储量的 34.29% 左右。与森林相比较，草地植被层碳储量约为森林植被层碳储量的 57.88% 。草地土壤层碳储量占整个陆地生态系统土壤层的 42.64% ，与森林生态系统土壤层相当[15]。因此，随着我国对生态文明建设的重视，在退化、沙化、盐碱化地区增加多年生乡土草种植，特别是根系发达的物种，不仅可以增加地表盖度，而且可以增加碳汇。羊草作为重要的生态修复草种，具有适应性好，抗寒、耐盐碱、耐瘠薄、耐牧，寿命长，一次播种成功可以利用几十年等特点，可用于修复和治理退化草场、沙化及盐渍化草地。

我国学者从 20 世纪 50 年代开始了羊草种质资源的考察研究，发现野生羊草存在种子产量极低（60kg/hm^2）和发芽率极低（小于 10%）的现象，严重限制这羊草新品种的培育及产业发展，因此在最初的新品种选育中，多以种子萌发、种子产量、产草量以及品质作为主要选育指标，以满足我国草地畜牧业的发展需求。1988—1992 年，我国先后登记过 6 个国审羊草品种，其中生产上应用较多的‘吉生 1 号’羊草品种的种子产量为 225kg/hm^2，虽然比野生羊草有了较大提高，但羊草种子产量低依然严重制约着羊草种业和相关生态产业的发展。后期的品种培育则在满足产量和品质的基础上，逐步增加了以适应性及抗逆性（抗寒、耐盐碱等）为主要培育目标。

目前我国审定通过的羊草品种共计 27 个，但实际用于大范围推广应用的品种数量不多。而羊草育种周期长，育种技术落后，优良品种短缺，配套的良种繁育技术薄弱，机械化播种和种子收获效率低，人工栽培羊草草地和生态修复缺乏技术标准，严重影响羊草草原生态恢复和草原畜牧业的高质量发展。此外，我国地域辽阔，各地区气候、土壤等条件差异显著，因此，需进一步培育适合不同地域条件、具有自主知识产权的高产优质羊草专用新品种，服务于我国退化草原恢复、水土保持、改善生态环境、增加碳汇等方面。

3.2　成果转化要加速

2019 年 11 月 8 日《中国绿色时报》报道，党的十八大以来，林草科技部门加大落实国家科技成果推广转化政策力度，林草科技成果转化率达到 55%[16]。目前我国共育成 27 个羊草新品种，育成品种中有 14 个新品种通过国家草品种审定委员会审定，新品种的培育主要依托科研院所，这表明科研院所仍是羊草新品种创新的主力军。而科技成果缺乏有效的转化途径，前期育成品种‘农牧 1 号’‘吉生 1~4 号’仅是通过国家攻关课题研究项目及自主繁殖的方式进行成果转化，随着项目的完成，后续繁殖推广工作无法保障，种植面积相对较小；2014 年中国科学院植物研究所培育出的‘中科 1 号’羊草品种则通过与企业或政府签署技术服务协议进行繁殖推广，至 2021 年已在科尔沁地区累计建设 8000hm^2 繁殖基地；近两年培育出的‘西乌珠穆沁’羊草以转让的形式向企业转移了科技成果，而‘中科 5 号’‘中科 7 号’‘农牧 1 号’品种，因育成时间较短，尚处于种子扩繁阶段。

此外，羊草作为禾本科多年生植物，其种植当年抽穗率较低，种子产量极低，致使繁殖周期延长；同时，高产种子繁育基地及规模化的种子繁殖体系缺乏，使得种子繁育速度较慢，应用面积有限，远不能满足国内草业生产和生态修复的需求。因此，加快羊草优良新品种培育、探索有效的成果转移转化途径、加快良种繁殖速度是解决该问题的根本途径，对我国羊草产业的发展具有重要意义。

3.3 成果转化的机制要探索

近几年，我国每年产出的农业科技成果大约 8000 项，但成果转化率仅有 40%左右。农业科技成果转化的最佳方式就是与企业合作，利用企业现有的生产、市场和管理等资源推动科技成果转移转化，同时企业也要依靠科技创新创造利润[17]。以中国农业科学院为例，科技成果主要是依托全国农业科技成果转移服务中心开展线上展示、线下对接、拍卖路演、知识产权布局等全链条专业化服务，培育院所办科技型企业做大做强，各研究所探索构建了“科研单位+地方政府+龙头企业+种养大户”“使用许可+销售提成”“成果转让+技术服务”“科研单位+自办企业”“专家联县”“基地建站”等多种转化模式[18]。

目前，羊草成果的转化机制主要为以下三种，一是借助技术服务的形式促进成果转化，通过对企业提供技术开发、技术咨询、技术服务、技术培训等服务，签订技术服务合同的方式进行成果转化；二是以转让的形式，向企业转移科技成果；三是自主繁殖。而转化模式单一、缺乏国家相关的科技成果转化扶持政策、缺少有效转化渠道是目前羊草科技成果转化过程面临的主要问题。应该适当对科技成果的转化机制进行调整，利用成果转化平台进行产品宣传推广，探索完善的产学研推一体转化体系、建立研发中心、自办企业等多种成果转化模式，确保科技成果能够实现顺利转化。

同时，羊草成果的转化过程需要国家在政策及资金等方面予以支持。首先，政策扶持，推进产学研推相结合。国家支持科研机构、高校和企业之间进行联合，推进创建羊草研发中心，共同致力于羊草品种培育及配套技术成果的转化工作，这样可以使科技研究满足市场需求，确保科技成果转化工作有效落实，进而在实际生产中推广应用，转变成实际生产力。其次，成果转化资金的扶持。羊草产业化发展中，因为受到自然因素的影响较大，通常前期投入较大，而获取的回报却相对较少，企业的积极性难于调动，因此，希望政府能够在资金和政策方面加大科技成果及相关产业的投入和支持。再次，建立成果展示、转化的平台，定期地展示最新科技成果，提供科技信息，科技咨询，发放各种宣传资料。此外，政府应加大对推广经费的投入，鼓励企业参与羊草研发项目中，提升科技成果的转化率，为技术成果转化和规模化应用提供保障。

可喜的是，内蒙古自治区针对退化草地生态修复和草牧业发展优良草种短缺问题，通过深入调研羊草在内蒙古东部试点的基础上，为推进羊草产业高质量发展，内蒙古自治区农牧厅、林业和草原局、自然资源厅研究制定印发了《内蒙古自治区羊草产业发展规划》。规划中已明确设立支持羊草产业发展专项资金。鼓励重点盟市探索设立“羊草产业发展基金”，开辟支持龙头企业、种植农牧户信贷绿色通道。探索推进土地经营权、大型种植机械抵押贷款，支持有条件的地区按照市场化和风险可控原则，积极稳妥开展抵押贷款试点。鼓励有条件的地方探索开展羊草种植保险。

4 展 望

草种质资源是国家生态建设、草牧业发展以及国土绿化的物质基础。中国草地面积约 400 万 km^2，总碳储量规模在300亿~400亿t，每年固碳量约5.2亿t，等同于每年减少27.6亿tCO_2，为全国碳排量的30%~50%[19,20]，因此加强草原生态保护修复，其固碳能力就会增强，必将形成巨大的碳汇价值；我国有羊草草原面积约2200万hm^2，约一半存在中度或重度退化，没有发挥出羊草的草原生态功能，也严重制约着草原畜牧业的可持续发展；目前，我国在羊草新品种培育和推广方面已取得一定成果，但与农作物相比还有很大差距，发展空间巨大。因此，我们应当充分利用羊草丰富的种质资源，在传统育种的基础上，充分发挥生物技术在育种中的优势，将传统育种和现代育种有机结合起来，围绕不同的生产需求(饲用、生态、碳汇等)，从源头研发出更有效的技术、创造更好的材料，培育出满足不同需求的羊草新品种。同时，创建相应的羊草研发推广平台，致力于羊草科技成果的转化工作，是目前我国羊草产业发展的主攻目标，为羊草产业发展创造更多机遇。

参考文献

[1]刘公社，李晓霞．羊草种质资源研究(第二卷)[M]．北京：科学出版社，2015.

[2]祝廷成．羊草生物生态学[M]．长春：吉林科学技术出版社，2004，1-3.

[3]季珊珊，李俊献．浅析农业科技成果转化中存在的问题及对策[J]．农村实用技术，2020，(4)：37.

[4]陈山．锡林郭勒草原饲用禾草资源概述[J]．中国草原，1979，1(1)：13-20.

[5]马鹤林．马鹤林文集[M]．北京：气象出版社，2010，10.

[6]马鹤林，云锦凤，宛涛，等．“农牧一号”羊草生物学特性及主要经济性状表现[J]．中国草地，1992，14(2)：1-5.

[7]王德岐．吉生1-4号羊草新品种全部通过国家审定[J]．现代情报，1994，(3)：31.

[8]刘公社，王志远．北方农牧交错带持续发展研究论文集[M]．北京：中国科学技术出版社，1999.

[9]刘公社，李晓霞，齐冬梅，等．羊草种质资源的评价与利用[J]．科学通报，2016，61(2)：271-281.

[10]杨曌，李红，张英俊，等．龙牧1号羊草新品系选育和品种比较试验研究[J]．黑龙江畜牧兽医，2019(17)：109-112.

[11]王克平．羊草物种分化的研究Ⅰ．野生种群的考察[J]．中国草原，1984，6(2)：32-36.

[12]王克平．羊草物种分化的研究Ⅱ. 试验地种群对比·羊草授粉特征的测定[J]．中国草原，1985，7(2)：43-44.

[13]王克平，李保东，罗璇，等．羊草新品种选育的研究[J]．中国草学会会议论文集．1996，227-228.

[14]董晓兵，齐冬梅，徐辉，等．中科1号羊草在陕西佳县引种试验成功[J]．草学，2019，247(4)：47-49.

[15]杨季．试论草原碳源与碳汇的对立统一关系及草原碳汇的作用[J]．国家林业和草原局管理干部学院学报，2019(2)：8-12.

[16]王钰．林草科技推广转化取得多方面成效[M]．中国绿色时报，2019-11-08.

[17]张瑞，高颖银．国内外农业科技成果转化机制与模式研究进展[J]．宁夏农林科技，2021，62(09)：75- 78.

[18]李雪．农业科研机构科技成果转化实施策略研究——以中国农业科学院为例[J]．农学学报，2021，11(2)：92-95.

[19]刘晓慧．加快草原碳汇研究，让草原越绿越值钱[J]．中国矿业报，2022，3. 10，第003版．

[20]王穗子，刘帅，樊江文，等. 碳交易市场现状及草地碳汇潜力研究[J]．草业学报，2018，27(6)：177-187.

理论篇

羊草适生区预测及种质资源收集保护

武自念
（中国农业科学院草原研究所）

摘　要：我国拥有丰富的羊草资源，开展羊草种质资源收集与保护的基础研究，对于我国草地生态建设和草牧业健康发展具有重要意义。本研究应用最大熵模型 MaxEnt 预测了全球羊草的潜在适生区，以预测的适生区为基础，利用网格法开展了羊草种质资源的采集，建立了羊草种质资源圃，同时结合文献报道的羊草分布点和实地采样的分布点对羊草种质资源潜在分布区做了进一步预测。结果表明，全球羊草适生区在欧亚大陆东部，主要适生区从中国东北、华北，蒙古国至俄罗斯南部集中连续分布，美国、加拿大、巴基斯坦、印度、尼泊尔和不丹也有部分低适生区分布，所有适生区占全球陆地面积的 8.75%。中国羊草适生区主要分布于内蒙古、新疆北部、黑龙江、青海、甘肃、西藏、吉林、河北、陕西、山西、辽宁、山东、河南北部、四川西北部、宁夏、北京、天津等地，零星分布于江苏北部、湖北、云南北部、安徽北部等地，占全球适生区面积的 38.34%，占全国陆地面积的 54.73%。影响羊草适宜性生境分布的主导因子是降水量变化方差（Bio15）、最干旱季度平均温度（Bio9）、年温变化范围（Bio7）、温度变化方差（Bio4），贡献率分别为 37.96%、10.80%、10.60%、8.61%。本研究通过网格法采集 648 份野生羊草种质资源，建立了羊草种质资源圃。该结果对研究羊草的物种起源、草原形成、遗传结构、种质资源育种、栽培区划及生态修复等提供重要资源。在此基础上，作者对未来羊草栽培利用需要遵循的原则进行了讨论和展望。

关键词：羊草；最大熵模型；适生区；资源收集；保护

羊草是欧亚大陆草原带东部半干旱地区的主要优势种或建群种[1]，羊草及其形成的各种群落在维持我国北方温带草原生态系统结构、功能及其稳定性、支撑草牧业发展中起着重要作用。由于长期过度放牧等不合理开发利用和自然灾害影响，天然羊草草地退化严重，草地生产力大幅衰退，羊草在群落中的优势地位逐渐被替代，加之羊草的“三低”特性局限[1,2]，野生羊草的分布范围和居群数量急剧减少，部分珍贵羊草资源已濒临灭绝，严重威胁生物多样性的维持及畜牧业的健康发展[3]。收集和保护羊草种质资源是畜牧业生产、育种及生态修复等相关研究的重要物质基础。因此，为保护和合理利用羊草资源，亟需对整个羊草分布区进行系统调查与科学采样[4,5]，建立羊草种质资源异位保存圃，开展羊草种质资源保护和利用的基础研究。

为减少野生种质采集工作的盲目性，提高工作效率，最大限度地收集各种类型的种质资源，其首要任务是充分了解羊草的分布状况。从 20 世纪 50 年代开始，中国陆续开展了牧草种质资源野外调查，取得了重要进展[6]，而针对某一种牧草资源的本底调查工作开展较少。《Grasses of the Soviet Union》《Conspectus of the Triticeae》《中国植物志》等著作中，对羊草的分布区进行了详细的描述[7-9]，利用环境因子对羊草潜在分布区进行适生性等级划分，有助于了解羊草地理分布规律，对羊草收集保护、引种区划等提供重要依据。周广胜等（2015）利用 169 个羊草分布点对国内羊草种质资源适生区进行了预测[10]，徐丽君等（2016）利用模型-专家经验交互方法对我国羊草适宜性进行了区划研究[11]，明晰了羊草适生区在我国的分布，但羊草在全球适生区地理分布格局尚缺乏详细而系统的研究，这将不利于科学制定羊草种质资源收集与保护策略。

最大熵模型（Maximum Entropy Models，MaxEnt）根据已知分布区及环境数据找出物种概率分布的最大熵[12,13]，已广泛应用于物种潜在适生区预测[10,14-16]，且在物种分布数据不全时仍然能得到较好结果[13,17,18]。本研究应用最大熵模型 MaxEnt 预测了全球羊草的潜在适生区，以预测的适生区为基础，利用网格法开展了羊草种质资源的采集，建立羊草种质资源异位保存圃，同时结合文献资料已报道的羊草分布点和实地采样分布点的文献资料对羊草种质资源潜在适生区做了进一步预测，分析影响羊草适宜性生境分布的主导因子，以期为羊草种质资源研究、引种栽培及合理保护利用草地资源奠定物质基础、提供理论支持。

1 材料与方法

1.1 已有羊草地理分布数据的收集与整理

羊草的地理分布数据来源于全球生物多样性信息机构物种分布数据库(Global Biodiversity Information Facility, GBIF; http: //www. gbif. org)、AgroAtlas 数据库(www. agroatlas. ru/en/about/index. html)、中国数字植物标本馆(www. cvh. ac. cn)、已发表的中英文文献等。整理去除相同的经纬度信息，得到羊草在全世界的分布点 715 个，其中中国 490 个(主要包括内蒙古 317 个、辽宁 61 个、黑龙江 46 个、河北 22 个、山西 17 个、新疆 6 个、吉林 5 个、北京 4 个、青海 4 个、陕西 3 个、甘肃 2 个、山东 1 个、河南 1 个、天津 1 个)、俄罗斯 163 个、蒙古国 62 个。将收集到的羊草分布点按物种名、经度和纬度顺序整理成 CSV 格式的 Excel 文件，以用于模型软件的潜在分布区预测。

1.2 环境数据与地图数据

环境数据采用世界气候(WorldClim)环境数据库中的 19 个生物气候变量(bioclim; 表 7-1)，选取当前状态(current conditions, 1950—2000 年)空间分辨率为 2.5 arc-minutes 的 ASCII 栅格格式数据。地图数据来源于 DIVA-GIS(http: //www. diva-gis. org/)和中国地图采用国家基础地理信息系统(http: //nfgis. nsdi. gov. cn/)2005 年 10 月 24 日更新的 1∶400 万中国行政区划图。

表 7-1 19 个用于羊草适生区分布模拟的环境变量

名称	变量描述
Bio1	年均温 Annual Mean Temperature
Bio2	昼夜温差月均值 Mean Diurnal Range
Bio3	昼夜温差和年温差比值 Isothermality
Bio4	气温变化方差 Temperature Seasonality
Bio5	最热月份最高气温 Max Temperature of Warmest Month
Bio6	最冷月份最低气温 Min Temperature of Coldest Month
Bio7	年温变化范围 Temperature Annual Range
Bio8	最湿润季度平均气温 Mean Temperature of Wettest Quarter
Bio9	最干旱季度平均气温 Mean Temperature of Driest Quarter
Bio10	最热季度平均气温 Mean Temperature of Warmest Quarter
Bio11	最冷季度平均气温 Mean Temperature of Coldest Quarter
Bio12	年降水量 Annual Precipitation
Bio13	最湿润月降水量 Precipitation of Wettest Month
Bio14	最干旱月降水量 Precipitation of Driest Month
Bio15	降水量变化方差 Precipitation Seasonality
Bio16	最湿润季度降水量 Precipitation of Wettest Quarter
Bio17	最干旱季度降水量 Precipitation of Driest Quarter
Bio18	最热季度降水量 Precipitation of Warmest Quarter
Bio19	最冷季度降水量 Precipitation of Coldest Quarter

1.3 模型分析方法

适生区预测采用最大熵模型 MaxEnt version 3.4.1(http: //biodiversityinformatics. amnh. org/open_ source/maxent/)。具体方法是将羊草分布数据和环境数据导入 MaxEnt 软件中，随机选取 25%的分布点作为测试集(test data)，75%的作为训练集(training data)，选择 Jackknife 来检测变量的重要性，Replicates 设置为重复 10 次，output file type 设为 asc，其他参数均为模型的默认值，结果以 Logistic 格式输出。

模型的预测结果利用受试者工作特征曲线(receiver operating characteristic curve，ROC)下的面积值(area under curve，AUC)进行检验，ROC 曲线检测的评估范围为 0~1，1 代表预测值非常好，小于 0.5 说明模型的预测能力低于随机模型的预测能力[13,19]。在适生区预测中，AUC 值越高，说明模型预测准确度越高[12-18]。

将结果导入 ArcGis 10.2 后，分别与世界行政区划图和中国行政区划图叠加，利用自然间断点分级法(Jenks' natural breaks)对模型预测的羊草分布图进行重分类(Reclass)，按照重分类的存在概率 P，并参照《IPCC 第四次环境报告》中关于评估可能性[19]的划分体系将羊草适生区划分为等 5 个等级[10]，分别为最佳适生区($P\geqslant0.47$)，该类适生区羊草分布以建群种为主，其生境特别适合羊草的生长；高适生区($0.30\leqslant P<0.47$)，该类适生区羊草分布以优势种为主；中适生区($0.14\leqslant P<0.30$)，该类适生区羊草大量分布，但在群落中不成优势种；低适生区($0.04\leqslant P<0.14$)，该类适生区羊草有分布；非适生区($P<0.04$)，该类适生区不适合羊草的生长，可能无羊草分布[10,11]。

1.4 羊草种质资源实地调查与采样

以 MaxEnt 模型预测得到的羊草潜在分布为依据，采用 1∶10000(较大区域为 1∶50000)中国和蒙古国地形图为底图，将羊草潜在分布区划分为若干个网格(单元)[4]，网格大小为 100km×100km。每个网格作为羊草资源调查与搜集的基本单元(网格面积不足 1/3 的舍去)，每单元采集显域轻度放牧、重度放牧、围封、隐域性分布及人工种植等类型的羊草根茎活体各 1 份，每份包含 6 或 30 个重复取样点，重复样点之间的距离至少为 40 m[1,21]。同时开展与各圃库、科研院所、草原站等单位的种质资源收集与交流共享。

1.5 羊草种质资源异位保护

羊草既可以有性繁殖也可以无性繁殖，为保存、鉴定和评价羊草资源，2014 年 5~8 月笔者建立了羊草资源圃，该圃位于内蒙古呼和浩特市市郊的农业部沙尔沁牧草资源重点野外科学观测试验站，地处羊草适宜生长的环境区，总面积 100 亩(于 2010 年平地、测土施肥、除杂草等，保证土壤成分均匀同质)，喷灌设施完备，具备羊草种质资源生长、保纯的一切条件。目前，该圃建有小区 1120 个，带地上喷灌，每个小区 3m×3m，小区间采用 60 cm 水泥板隔离，防止根茎相互串联，影响种质资源纯度。同时在做资源评价时，在初花期对每份资源进行刈割，防止种子脱落，产生杂合植株。

1.6 分析软件

数据和图形处理中主要用到了以下软件：MaxEnt version 3.4.1、ArcGis 10.2、DIVA-GIS 7.5.0、Adobe Photoshop CC 2017、Microsoft Excel 等。

2 结果与分析

2.1 基于 MaxEnt 模型的羊草种质资源适生区预测

根据文献收集的 715 个羊草分布点，利用 MaxEnt 模型预测羊草适生区，训练集与验证集 AUC 分别是 0.9701 和 0.9746(图 7-1)，大于随机分布模型的 AUC 值(0.5)且接近于 1，说明 MaxEnt 模型预测羊草适生区的结果可靠。通过模型预测发现羊草适宜生长的区域在欧亚大陆东部，主要包括中国、俄罗斯南部、蒙古国、北美洲美国本土、美国阿拉斯加、哈萨克斯坦、加拿大、朝鲜、乌兹别克斯坦、韩国、不丹东南部，巴基斯坦也有零星适宜生长区域。

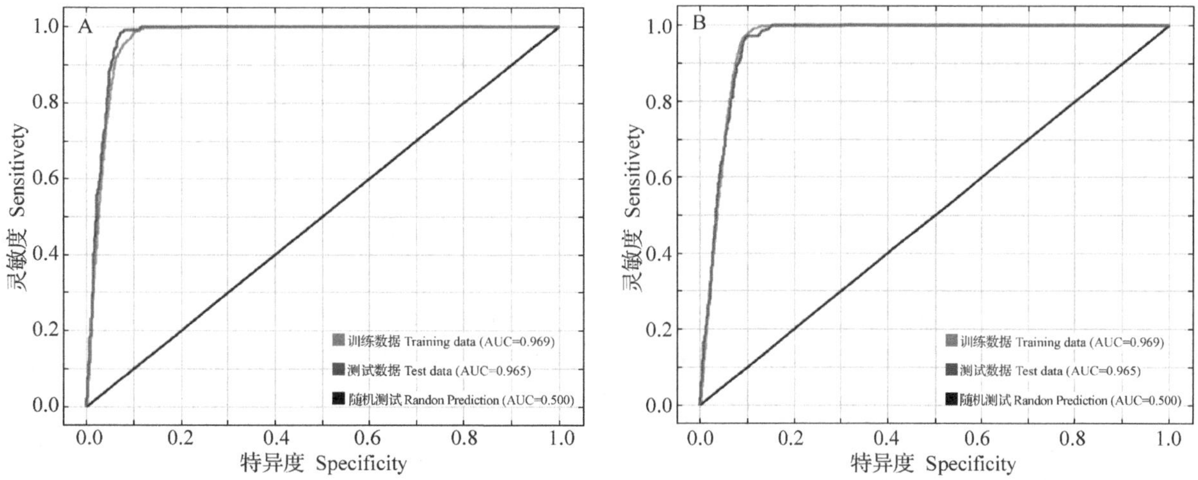

A—文献收集到羊草分布点模型预测后的 ROC 值；B—文献收集到的分布点和实际采样后的分布点模型预测后的 ROC 值。

图 7-1 羊草生境分布预测结果的 ROC 曲线验证

2.2 羊草种质资源圃的建立

以 MaxEnt 模型预测的结果为依据，2014 年利用网格法对分布于中国和蒙古国的羊草种质资源进行了采集，截至 2017 年 7 月，共采集 361 个样点(图 7-4)，形态鉴定后确认是羊草种质资源的 483 份，其中蒙古国 95 份，中国内蒙古 211 份、山西 59 份、黑龙江 32 份、陕西 23 份、河北 18 份、宁夏 14 份、吉林 12 份、甘肃 10 份、辽宁 7 份、天津 2 份；按适生区等级划分区分采集到的羊草资源，分别为最佳适生区 361 份、高适生区 83 份、中适生区 32 份、低适生区区 7 份、非适生区 0 份(图 7-4)。从模型预测的适生区和采集资源的分布情况看，采集的羊草种质资源基本覆盖了羊草主要适生区(图 7-4，图 7-6)。

2014 年 5~8 月建设了羊草资源圃(图 7-2)，该圃在种植前已进行多年的均质化处理，并在羊草种质资源移植后，确保相同田间管理措施，以方便开展羊草种质资源农艺性状评价工作。截至 2022 年 10 月，该资源圃已保存不同羊草种质资源 700 份，其中自行采集的羊草野生种质资源 648 份，各圃库、科研院所及草原站等收集资源 52 份。

图 7-2 羊草种质资源圃

2.3 羊草在全球的适生区预测

利用已报道的羊草分布点和采集羊草种质资源的1076个分布点，对羊草种质资源在全球的分布做了进一步预测，训练集与验证集AUC分别是0.9610和0.9605，结果可靠。根据模型预测，加入采集点后羊草高适生区分布区域在原来基础上几乎没有发生变化，而适生区面积总面积减小了0.38%，这可能与最佳适生区和高适生区采样分布密度有关，有待于进一步分析。本研究结果表明，羊草的适生区位于欧亚大陆草原东部，从中国东北、华北，蒙古国至俄罗斯南部成片连续分布，北美洲美国、加拿大、巴基斯坦、印度、尼泊尔、不丹也有部分低适生区分布，整个适生区占全球陆地总面积的8.75%，最佳适生区占全球陆地面积的1.78%、占全球总适生区的20.40%。适生区面积最大的是中国，占全球适生区分布面积的38.34%；其他依次是俄罗斯、蒙古国、美国(含阿拉斯加)、加拿大、哈萨克斯坦、朝鲜、乌兹别克斯坦、印度、不丹、尼泊尔、巴基斯坦等，占全球适生区分布面积的比例分别为27.55%、13.23%、10.72%、4.67%、3.91%、0.72%、0.57%、0.08%、0.05%、0.02%；巴基斯坦中部等地有零星分布。

2.4 羊草在中国的适生区预测

MaxEnt生态位模型预测结果表明，我国羊草适生区占全国陆地面积的一半以上，为54.73%，最佳适生区占全国陆地面积的18.35%、占全国总适生区的33.54%。适生区从东北平原到内蒙古高原在黄土高原局部成连片分布，总分布范围与亚洲温带气候大陆区域基本吻合，主要包括内蒙古、新疆北部、黑龙江、青海、甘肃、西藏、吉林、河北、陕西、山西、辽宁、山东、河南北部、四川西北部、宁夏、北京、江苏北部、天津、湖北、云南北部、安徽北部等，各省份适生区面积占全国适生区面积的比例分别是22.24%、16.76%、10.34%、9.47%、7.29%、7.11%、4.05%、3.71%、3.59%、3.03%、2.97%、2.93%、2.18%、2.17%、1.00%、0.33%、0.24%、0.23%、0.13%、0.11%、0.11%(图7-3)。各省份适生区占各省份面积由大到小依次是吉林、辽宁、山西、河北、北京、天津、黑龙江、山东、宁夏、陕西、甘肃、内蒙古、河南、青海、新疆、西藏、四川、江苏、安徽、湖北、云南等，所占比例分别是100%、100%、100%、100%、100%、100%、99.97%、99.70%、99.50%、92.73%、92.42%、90.69%、71.01%、69.85%、50.26%、32.77%、25.05%、12.84%、4.33%、3.84%、1.73%。最佳适生区和高适生区占全国分布面积由高到低依次是内蒙古、黑龙江、吉林、河北、山西、辽宁、甘肃、新疆、陕西、宁夏、山东、青海、北京、天津、河南等地。通过各省份适生区所占面积的分析，可为羊草育种、栽培区划及生态修复提供理论指导。

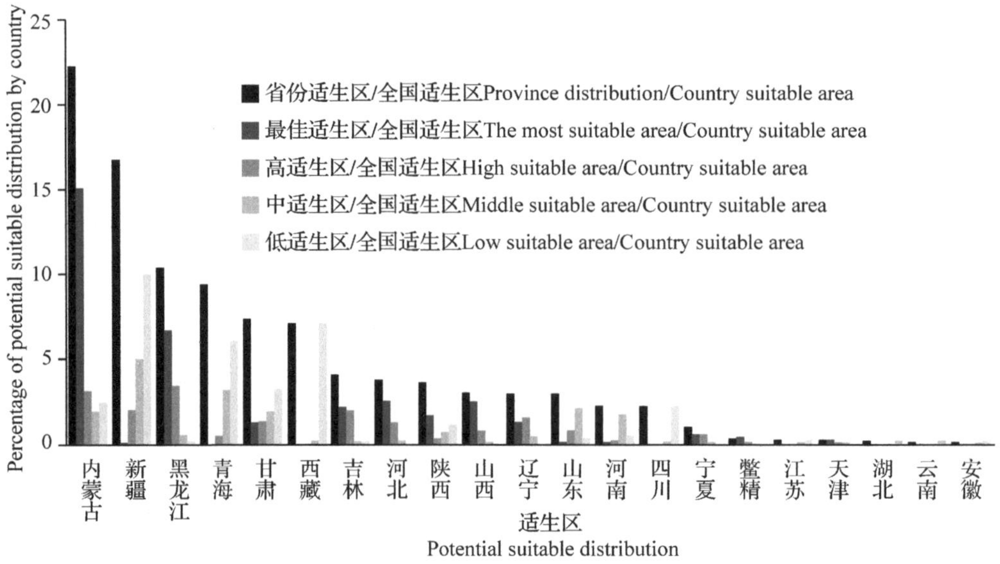

图7-3 羊草各省份适生区占全国适生区面积的比例

2.5 羊草潜在适生区主导气候因子

基于刀切法(Jackknife)对我国羊草适生区进行预测，当前气候情景下19个环境变量的贡献率排列前7(贡献率>5%)的依次为降水量变化方差(Bio15)、最干旱季度平均温度(Bio9)、年温变化范围(Bio7)、气温变化方差(Bio4)、年均温(Bio1)、最冷季度降水量(Bio19)、昼夜温差和年温差比值(Bio3)贡献率为37.96%、10.80%、10.60%、8.61%、6.20%、6.07%、5.96%，累计贡献率达86.20%(表7-2)。综合分析发现，降水量变化方差(Bio15)、最干旱季度平均气温(Bio9)、年温变化范围(Bio7)、气温变化方差(Bio4)是影响羊草适宜性生境分布的主导因子(累计贡献率为67.97%)，其次是年均温(Bio1)、最冷季度降水量(Bio19)、昼夜温差和年温差比值(Bio3)，但较最前三个小(表7-2)，降水的季节性是影响羊草适应性生长的主要因素。

表7-2 最大熵模型中各环境变量的贡献率

环境变量	贡献率(%)	环境变量	贡献率(%)
降水量变化方差	37.96	最冷季度平均气温	1.00
最干旱季度平均气温	10.80	最冷月份最低气温	0.94
年温变化范围	10.60	昼夜温差月均值	0.62
温度变化方差	8.61	最热季度平均气温	0.41
年均温	6.20	年降水量	0.35
最冷季度降水量	6.07	最湿润季度降水量	0.33
昼夜温差和年温差比值	5.96	最热月份最高气温	0.19
最湿润季度平均气温	4.45	最干旱月降水量	0.15
最热季度降水量	3.88	最湿润月降水量	0.06
最干旱季度降水量	1.42		

3 讨 论

MaxEnt是近几年应用比较广泛的适生区预测模型，其预测结果要优于同类模型[14-18,22-24]，且在物种分布数据不全时仍然能得到较好的结果，其本身只能判断物种适生区或者存在的可能概率，并不能推断物种是否存在[13,17,18]。本研究在收集和整理前人关于羊草分布区研究的基础上，利用MaxEnt生态位模型对羊草在全球的适生区进行了预测，两次预测训练集与验证集AUC都在0.9700和0.9600以上，在模型精度检验方面可信度高，预测的适生区与现有标本记载的分布区域基本吻合，属于中国东北-兴安-蒙古植物区系，同时我们在预测的中国和蒙古国适生区范围内均采集到了野生羊草(两国的适生区面积占总适生区的比例为51.57%)，从而更加证明模型的准确性。《Grasses of the Soviet Union》《中国植物志》《羊草生物生态学》等，报道羊草产中国东北、内蒙古、河北、山西、陕西、新疆等省份，俄罗斯、日本、朝鲜也有分布[1,7-9]，而我们两次预测的结果在日本等国并没有适生区的分布，这可能与模型预测的样本分布有关，我们在做模型预测时仅查到在日本等地有分布并没有查到具体标本或样本分布点，从模型对其他物种预测的准确度方面考虑[12-18,21-24]，日本等国也可能并无真正野生羊草的分布，仅是引种栽培的野生羊草资源。

羊草集中分布在我国东北平原和内蒙古高原东部的开阔地平原、低山丘陵、河滩、盐碱化低地，被称为禾本科“牧草之王”[1]。通过1076个分布点的模型预测发现我国羊草适生区约占全球适生区的38.34%，占国土面积的54.73%，这与文献报道羊草分布区结果基本一致[1,11]，从而更加证明了模型的准确度。按各省份适生区面积占全国适生区面积的比例由大到小排列，分别是内蒙古、新疆北部、黑龙江、青海、甘肃、西藏、吉林、河北、陕西、山西、辽宁、山东、河南北部、四川西北部、宁夏、北京、江苏北部、天津、湖北、云南北部、安徽北部等地，而按最佳适生区和高适生区占全国分布面积由高到低依次是内蒙古、黑龙江、吉林、河北、山西、辽宁、甘肃、新疆、陕西、宁夏、山东、青海、北京、天津、河南等地，比较发现，新疆的适生区面积较大，但其低适生区占整个新疆适生区面积的 59.36%(图 7-3)。本研究将羊草适生区进行等级划分是为了便于分析，预测的低适生区并非不适合羊草生长，只说明其分布概率较小。MaxEnt 模型预测的最佳适生区分布羊草概率较大，是重点调查采样的区域，通过第一次模型预测的结果，蒙古高原东部、松嫩平原等温带草原和草甸草原区我们均发现了大量成片、斑块状大量分布的羊草，属于野生羊草资源分布的核心区域，可能具有丰富的遗传多样性，应为重点开展研究和保护区域；农区路边、水渠边、疏林等地受强烈的人为干扰较大，发现独立生长、小面积分布的羊草群体，可能是特殊类型。中国数字植物标本馆(CVH)在录的羊草标本中新疆有 97 份，青海有 11 份(标本采集时间大都在 20 世纪 90 年代之前，无详细 GPS 点)，我们根据适生区预测和标本记录的信息实地调查和采集发现，羊草在新疆和青海的分布极其罕见，采集到具有羊草外部形态特征的资源，经在呼和浩特羊草资源圃种植，专家鉴定后无法给出结论，还需要进一步分子鉴定。

最佳适生区占全国分布面积由高到低依次为内蒙古、黑龙江、河北、辽宁、山西吉林、陕西等，2016 年《中国草业统计》数据显示[25]，2016 年各省份羊草保留面积前四位分别是吉林、黑龙江、内蒙古、辽宁等省份，对羊草保留种植面积和最佳适生区面积比较分析发现，河北、山西、陕西、内蒙古等省份蕴含着巨大的羊草产业发展潜力，可大力推广羊草人工种植和改良种草。通过对羊草潜在适生区主导气候因子分析发现降水的季节性是影响羊草适应性生长的主要因素，贡献率占 37.96%，说明季节性降水量对于羊草的生长影响较大。

徐丽君等(2016)通过 GIS 技术计算对羊草的适宜性进行了区划，将我国羊草的适生区划分为适宜、次适宜和不适宜三个区域，适宜性生长区域与本研究的最佳适生区范围大致相同。本研究采用 MaxEnt 模型、羊草分布点及 19 个气象因子将全球羊草的适生区细分为 5 个区域，与《中国植物志》描述的分布区域基本吻合。同时本研究对我国各省份的适生区面积进行了比较研究，指出降水的季节性是影响羊草适应性生长的主要因素，使得我国羊草适生区分布有了更加细致的研究。本研究基于文献大数据检索，全面分析了羊草种质在全球分布格局，结合实地采样，进一步细致地探讨了羊草在全球、中国的适生区及潜在适生区主导气候因子，建立了羊草种质资源圃，为进一步合理利用和有效保护羊草资源奠定基础。

此外，该研究未考虑人为影响、地形、土壤等因素对羊草适宜性分布的影响，尚需要进一步补充数据，研究气候变化背景下羊草适宜性生长区域的变化情况[26,27]，为未来羊草的栽培或补播提供技术指导。

参考文献

[1]祝廷成．羊草生物生态学[M]．长春：吉林科学技术出版社，2004.

[2]马鹤林，宛涛，王风刚．羊草结实特性及结实率低的原因[J]．中国草原，1984(3)．15-22.

[3]刘公社，李晓霞，齐冬梅，等．羊草种质资源的评价与利用[J]．科学通报，2016，61：271 - 281.

[4]方精云，王襄平，沈泽昊，等．植物群落清查的主要内容，方法和技术规范[J]．生物多样性，2009，17(6)：533-548.

[5]侯向阳．可持续挖掘草原生产潜力的途径，技术及政策建议[J]．中国农业科学，2016，49(16)：3229-3238.

[6]洪军，苏红田．我国牧草种质资源保护工作进展与发展思路[J]．植物学报，2022，57(06)：725-731.

[7]Tzvelev N N. Grasses of the Soviet Union[M]. Leningrad：Nauka，1976：788.

[8]Löve Á. Conspectus of the Triticeae[J]. Feddes Repertorium，1984，95(7-8)：425-521.

[9]中国科学院中国植物委员会．中国植物志[M]．北京：科学出版社，1987.

[10]周广胜．中国植被/陆地生态系统对气候变化的适应性与脆弱性[M]．北京：气象出版社，2015：376-383.

[11]徐丽君，徐大伟，辛晓平．中国羊草适宜性区划与种植现状分析[J]．中国农业资源与区划，2016，37 (10)：

174-180.

[12]Elith J, Yates C J. A statistical explanation of MaxEnt for ecologists[J]. Diversity & Distributions, 2011, 17(1): 43-57.

[13]Phillips S J, Anderson R P, Dudík M, et al. Opening the black box: an open-source release of Maxent[J]. Ecography, 2017. doi: 10. 111/ecog. 03049.

[14]Bosso L, Russo D, Di Febbraro M, et al. Potential distribution of *Xylella fastidiosa* in Italy: a maximum entropy model [J]. Phytopathologia Mediterranea, 2016, 55(1): 62-72.

[15]Shimwela M M, Narouei-Khandan H A, Halbert S E, et al. First occurrence of Diaphorina citri, in East Africa, characterization of the Ca. Liberibacter species causing huanglongbing (HLB) in Tanzania, and potential further spread of D. citri, and HLB in Africa and Europe[J]. European Journal of Plant Pathology, 2016, 146(2): 1-20.

[16]董苏君，马松梅，张丹，等. 新疆三种独尾草的适宜分布及其对未来气候变化的响应[J]. 生态学报，2022，42(21)：8809-8817.

[17]陈新美，雷渊才，张雄清，等. 样本量对 MaxEnt 模型预测物种分布精度和稳定性的影响[J]. 林业科学，2012，48(1)：53-59.

[18]Phillips S J, Anderson R P, Schapire R E. Maximum entropy modeling of species geographic distributions[J]. Ecological modelling, 2006, 190(3): 231-259.

[19]秦大河，罗勇，陈振林，等. 气候变化科学的最新进展：IPCC 第四次评估综合报告解析[J]. 气候变化研究进展，2007，3(06)：311-314.

[20]王运生，谢丙炎，万方浩，等. ROC 曲线分析在评价入侵物种分布模型中的应用[J]. 生物多样性，2007，15(4)：365-372.

[21]杨持，宝荣. 羊草草原种群分布格局的最适取样面积[J]. 生态学报，1986，6(4)：324-329.

[22]Fand B B, Kumar M, Kamble A L. Predicting the potential geographic distribution of cotton mealybug*Phenacoccus solenopsis* in India based on MAXENT ecological niche model. [J]. Journal of Environmental Biology, 2014, 35(5): 973-82.

[23]姚政宇，韩其飞，林彬. 基于最大熵模型的新疆主要有毒杂草分布区预测[J]. 生态学报，2023，43(12)：5096-5109.

[24]Narouei-Khandan H A, Harmon C L, Harmon P, et al. Potential global and regional geographic distribution of*Phomopsis vaccinii*, on Vaccinium, species projected by two species distribution models[J]. European Journal of Plant Pathology, 2017: 1-12

[25]全国畜牧总站. 中国草业统计[M]. 北京：中国农业出版社，2016.

[26]王晓帆，段雨萱，金露露，等. 基于优化的最大熵模型预测中国高山栎组植物的历史、现状与未来分布变化[J]. 生态学报，2023，43(16)：6590-6604.

[27]陈禹光，乐新贵，陈宇涵，等. 基于 MaxEnt 模型预测气候变化下杉木在中国的潜在地理分布[J]. 应用生态学报，2022，33(05)：1207-1214.

羊草种质资源的收集和评价

齐冬梅
(中国科学院植物研究所)

摘　要：我国拥有60亿亩草地资源，各类草地资源9700多种，但国内牧草长期以来主要依靠进口，严重缺乏优质乡土草品种，直接影响着我国畜牧业的质量和效益。羊草是我国北方重要的多年生乡土草，在维持我国北方温带草原生态系统结构、功能及其稳定性、防风固沙、退化草地改良、草原生态建设、畜牧业健康发展中起着不可忽视的作用。然而我国收集保存的10.8万份林牧草种质资源中，羊草野生种质资源只有345份。种质资源是筛选、培育新品种的基因源，有限的基因资源，制约着羊草新品种的开发和更新换代，因此必须从源头上加强羊草野生种质资源的保护和开发力度，为我国草地畜牧业可持续发展提供物质基础与保障。

关键词：羊草；种质资源；收集入库；大田评价；分子标记

1　羊草种质资源的收集和入库

1.1　种质资源收集

中国科学院植物研究所从1996年开始收集羊草野生种质资源，先后在北京、河北、新疆、内蒙古等地建立了羊草种质资源异位保存圃(图8-1)。已收集整理了全球13个赖草属物种1500余份羊草野生种质资源。对活体种质资源的发育时期(返青期、分蘖期、拔节期、孕穗期、抽穗期、开花期、乳熟期、蜡熟期、完熟期、枯黄期)、质量性状、产量性状、遗传多样性进行连续多年记录和评价，确保了科学研究材料来源的多样性和科研取材的时效性。

图8-1　羊草种质资源圃(左到右：北京、新疆、内蒙古、河北)

1.2　改进羊草根茎隔离方法确保实验材料纯度

野生羊草在自然界很难收集到种子，收集种质资源常只挖取横走根茎和分蘖芽，然后移栽至北京植物园开展研究。羊草根茎坚硬有力，横向扩展速度快，在种质资源圃很容易发生互相串杂。为确保每份种质的遗传纯度，采用50cm高的水泥板环绕每一份种质进行物理隔离，每过一个冬季就要进行封堵裂缝，维护成本较高。改用自制的厚3mm、直径为30cm、高为50cm的PVC管筒，将其埋入地下40cm(图8-2)，能有效防范种质间的串杂。PVC管筒结实、可移动，便于安排成对杂交，利用年限长(至少10年以上)，降低了材料成本及人工维护成本。

图 8-2　采用 PVC 管筒隔离羊草实验材料的种质资源研发基地

1.3　羊草种质资源入库要求

为开展牧草种质资源的保护，全国畜牧总站牧草种质资源保存中心要求每个野生种质资源除提供详细的采集地、采集时间、株高、产量、千粒重、各个发育时期的详细资料外，还要求提供每个种质小花、小穗、种子、整株的清晰照片，每个野生种质资源至少还要提供 15000 粒种子，种子萌发率要保证在 30%以上。为保证每份种质的可靠性、纯度及种子数量，每份种质的入库需要花费 3~5 年的持续工作。对于那些休眠期较长的种质，还需要更长的年限。

羊草地下根茎盘根错节，纠缠在一起，拍摄整株照片时，需要尽量选取完整的根茎，因此取材费时费力。在拍摄羊草小花照片时，由于花丝细长，散粉时间短，室外拍摄时微风都会使花丝带动花药舞动，小花离开母体后花药失水干瘪，影响拍照质量。因此，在种质资源圃搭建一个临时工作坊，花期时将小穗取下在坊内拍摄，能减少环境影响，提高小花小穗的拍摄效率和照片质量，而羊草整株的拍摄改在花期之后，错开了工作高峰期(图 8-3)。

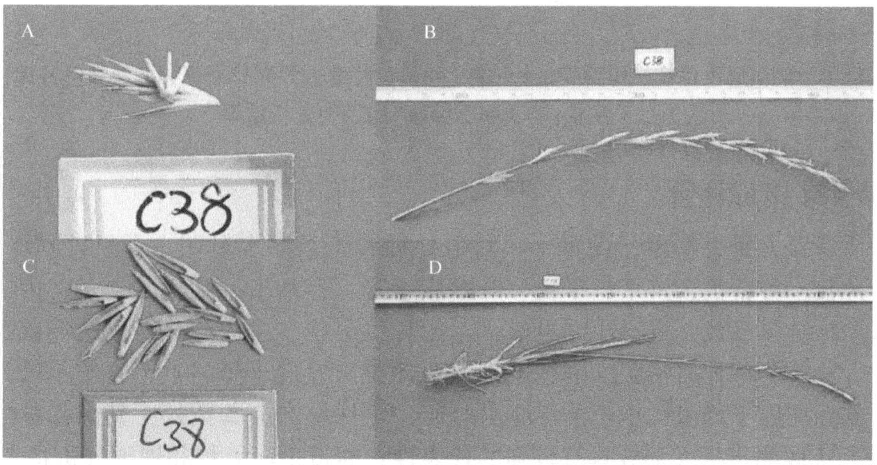

A-小穗和小花；B-穗与小穗；C-种子；D-整株。

图 8-3　全国畜牧总站牧草种质资源保存中心提供的羊草图像(C38 号案例)

截至 2021 年 4 月，全国畜牧总站牧草种质资源保存中心共保存羊草野生种质资源 345 份，其中中国科学院植物研究所提交了 260 份，中国农业科学院草原研究所提供了 12 份，两单位提交数占国家牧草种质资源保存中心羊草种质资源的 78.8%。全国畜牧总站向国内科研机构无偿提供 51 份羊草种质资源，这些羊草种质资源共享后可为我国牧草育种及科学研究工作提供可靠的物质基础。

2 羊草种质资源的大田评价

2.1 羊草表型性状多样性评价

选择 10 个质量性状和 27 个数量性状评价了 293 份羊草种质资源的遗传多样性。计算了来自 5 个不同区域的羊草种质的 Shannon 遗传多样性指数(H)，在 124°~128°E 的区域羊草的遗传多样性指数最高，在 110°~116°E 中最小。尽管营养繁殖是羊草繁殖的主要方式，前人依此推论得出羊草的种内遗传变异较低，但研究发现 293 份羊草(一个种内)在 37 个农艺性状上展现出了较大的遗传变异，灰绿型羊草比黄绿型羊草具有更大的遗传变异，而且前者的分布范围更广、抗逆性更强、多态性位点更多。与黄绿型羊草相比，灰绿型羊草的表皮毛虽然较少，但其具有非常密集的微茸毛，但微茸毛在黄绿型羊草的上表皮只有零星的分布。正因为灰绿型羊草具有更多的微茸毛，这样可以减少热量和水分的丧失，所以与黄绿型羊草相比，灰绿型羊草具有更强的抗旱和抗盐碱能力。通径分析显示，对于营养生长性状和遗传多样性，两者都能对生殖生长性状产生直接的(P_d=0. 349>0. 01，P_s=0. 550>0. 01)和间接的(0. 550×0. 220=0. 121，0. 349×0. 220=0. 077)影响。营养生长性状和遗传多样性两者的综合效应可以解释羊草生殖特性中 20. 6%的遗传变异(图 8-4)。

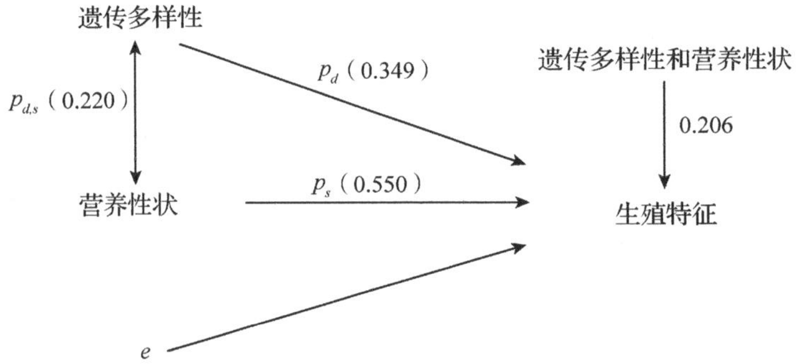

图 8-4 羊草遗传多样性和营养生长性状(叶长、叶宽、营养枝高度和营养枝叶片数)对生殖生长性状(穗长和小穗数)的通径分析结果[1]

2.2 羊草抗旱性多指标评价

以份羊草种质资源为研究对象，设置干旱胁迫处理和正常灌水对照。干旱处理 3 周后，对株高、叶长、叶宽、叶片数、分蘖数、鲜重、干重、叶绿素含量、存活率、脯氨酸含量、丙二醛含量等指标进行测定，计算单项抗旱系数、抗旱性度量值，运用相关分析、主成分分析、隶属函数、聚类分析和灰色关联分析等方法对羊草种质资源抗旱性进行综合评价。发现干旱胁迫下，羊草叶片中脯氨酸、丙二醛含量升高，其余指标平均值均小于正常灌水对照；除株高和分蘖数外，其余指标的干旱变异指数均大于 10%，说明选取的指标大部分具有较强的代表性；通过隶属函数和聚类分析将 54 份材料划分成高抗旱(Ⅰ类，4 份)、抗旱(Ⅱ类，12 份)、中等抗旱(Ⅲ类，4 份)、干旱敏感(Ⅳ类，30 份)、干旱高敏感(Ⅴ类，4 份)五类；分蘖数、丙二醛、脯氨酸等与羊草种质资源抗旱性关联度较大；筛选鉴定出的抗旱性较强种质资源为 LC24 和 LC34[2]。

2.3 羊草种子产量性状评价

2.3.1 单穗种子产量构成因素相关性分析

羊草种子单产由亩穗数、单穗种子产量组成。那么，单穗种子产量的影响因子有哪些？对羊草单穗种子产量构成性状进行通径分析发现，结实率与单穗产种量存在正相关，其他性状所起作用微小，因此通过结实率间接选择单株产种量具有一定效果，其次为小花数，直接作用显著，说明通过小花数间接选择单株产种量也可取得一定效果[3]。

2.3.2 单穗粒重与结实率及结实数存在显著正相关

“结实率低”一直被认为是羊草育种的瓶颈。为了提高新品种的种子产量，必须了解其构成因素中的主要因素。作为评价羊草有性繁殖特性的“结实率”指标本身属于间接性状。研究表明，结实率与单穗粒重之间的相关系数为 0.506，说明两者之间具有显著正相关。但在羊草单穗种子产量构成因素中，结实数与单穗种子产量的相关系数达到 0.908，远高于结实率。相反，千粒重的变异系数为 14.39%，与单穗种子产量的相关系数仅为 0.197。可见，结实数和千粒重虽与单穗产量均有正向显著相关性，提高两者之一都会对单穗产量有所贡献，但两者相比，结实数比千粒重对单穗产量的贡献较大。分析了有性生殖性状的变异规律及其对育种目标可能的贡献潜力，得知单穗的结实数(2.3 倍)和小花数(2 倍)最具潜力可供利用，而每小穗的小花数(1.9 倍)、穗长(1.6 倍)和小穗数(1.6 倍)尚有较大潜力，但结实率(1.4 倍)和千粒重(1.4 倍)虽有一定潜力，但改良难度较大。根据 Pearson 相关分析，穗长、小穗数、小花数、结实数、千粒重、结实率及每小穗的小花数均与单穗粒重呈显著正相关，特别是单穗小花数和结实数对单穗种子产量有显著影响。因此，在培育羊草新品种过程中，单穗结实数是一个更有价值的参数，应当作为评价羊草种质资源和育种亲本选择的重要指标。羊草单穗结实数变异系数达到了 36.17%，这正是育种家进行种质创新的理论依据[4]。

2.3.3 颖果比重变异为培育饱满种子奠定了基础

种子密度和颖果比重是影响种子质量的两个重要影响因素。选育出密度大和籽粒饱满的羊草品种，对提高羊草产量具有实质性的作用。袁光孝等[5]研究了 28 份羊草种质的颖果性状。结果表明，颖果比重的变异系数是 7.33%，在 0.49~0.66 区间内变动，高于 0.6 的种质有 6 份，其中最高达 0.66，优于其他种质。多数种质的内外稃都不易脱落，但外稃较内稃易脱落；外稃长与颖果长、颖果长与千粒重、颖果宽与颖果比重呈极显著相关。而内稃脱壳指数与外稃长及颖果长、千粒重与外稃宽均呈显著相关($P<0.05$)[5]。

2.3.4 生物量性状相关性分析

生物量是一个重要育种目标，但却是一个复杂性状，什么性状可以影响生物量？通径与回归分析发现，羊草植株密度与地上部收获的鲜重存在极显著正相关(0.766)，而单株生物量对每平方米面积生物量的影响较小(0.445)。影响单株生物量的因素包括茎高(0.865)、株高(0.757)、茎叶比(0.718)、叶数(0.699)、叶宽(0.653)。在这些性状中，叶长与株穗高存在显著正相关(0.707)；茎高与株高存在极显著正相关(0.954)；茎高与茎叶比存在显著正相关(0.702)。这些数量性状的相关性为育种目标的实现提供了理论支撑[6]。

2.3.5 羊草种质资源的耐盐性评价

羊草具有较强的耐盐性，是非盐生植物中耐盐性最高的物种之一。李倩等[7]对 100 份羊草种质萌发和幼苗期耐盐性进行了评价。结果表明：盐胁迫下，羊草不同种质的萌发率为 25.33%~92.67%，相对盐害率为 6.31%~95.54%，分为耐盐性极强、强、中、弱、极弱五种类型，其中耐盐性极强的种质如 Z31、Z3、W36、C31 等在盐胁迫下相对萌发率为 85%左右；在 1%NaCl 处理下，对盐敏感羊草种质的抑制作用大于对耐盐种质的抑制，盐胁迫对各器官的抑制强度不同，对根长的抑制大于对叶长的抑制，对胚芽鞘长度的影响差异不显著；不同时期盐处理的抑制效果不同，在一叶期的抑制作用大于萌发期；羊草萌发阶段盐敏感时期在第 1~4 天，此时进行盐处理对羊草的萌发率影响最大。这些结果对羊草种质资源的耐盐性评价和新品种培育具有重要参考价值，同时为羊草耐盐的分子作用机理和耐盐基因的挖掘提供了可靠的种质[7]。

梁潇等[8]对 60 份羊草种质资源耐盐碱性进行了评价和分级，以 60 份羊草种质资源为对象，采用生长期盐碱溶液灌溉胁迫盆栽试验，盐碱胁迫 30 天后测定株高、分蘖数、叶长、叶宽、叶片数、地上部干重、地上部鲜重、根干重、根鲜重、SPAD 值、光合效率、丙二醛含量、脯氨酸含量等 13 项指标，运用相关性分析、主成分分析、聚类分析、隶属函数法、灰色关联度分析等方法对羊草种质资源耐盐碱性进行综合评价。结果表明：盐碱胁迫处理下，羊草叶片中 SPAD 值、脯氨酸和丙二醛含量升高，其余指标平均值均小于对照；除叶片数外，其余指标的变异系数均大于 10%；采用主成分分析将盐碱胁迫处理下 13 个单项指标转换成 8 个综合指标，累计贡献率达 87.56%；根干重、分蘖数、脯氨酸含量与羊草种质资源盐碱胁迫灰色关联度较大，敏感度较高；通过隶属函数分析得到不同地理来源羊草幼苗耐盐碱性综合评价值(D 值)，采用聚类分析将 60 份羊草种质划分为 5 种类型，包括高度耐盐碱型(Ⅰ型)3 份、耐盐碱型(Ⅱ型)22 份、中等耐盐碱型(Ⅲ型)22 份、敏感型(Ⅳ型)12 份、高度敏感型(Ⅴ型)1 份[8]。

近年来，海水稻研究引起社会广泛关注。羊草作为耐盐碱乡土草种资源，尚未见羊草耐海水有关试验报道。刘逸飞等[9]选择 S19 和 S11 两份羊草种质，研究了不同海水浓度对种子萌发特性的影响，结果表明，羊草种子萌发率随海水浓度的增加而降低，萌发率与海水浓度呈明显负相关；S19 比 S11 更耐受海水抑制；羊草胚根长度、第一片真叶长度均随海水浓度的增加而受到明显抑制，胚芽鞘所受抑制较小。这些结果对羊草种质资源的耐海水评价和新品种培育具有重要参考价值[9]。

2.3.6 北美牧草在内蒙古高原的适应性评价

谷安琳报道[10]在中国内蒙古高原中西部地区和美国西部落基山区建立了亚洲及北美牧草资源评价试验网，对选自中美双方的禾本科、豆科牧草和灌木进行为期 4~7 年的联合评价。中国试验区试验结果表明，产于中国的冰草属牧草、豆科小半灌木和草本植物在典型草原和荒漠草原的建植率和生物产量显著优于引自北美的草种。中国的羊草和北美的牧冰草在典型草原的适应性相近，但羊草的牧草稳产性显著优于北美牧冰草。美国的耐盐、适盐禾草在内蒙古黄河灌溉区中度盐渍土壤中生长良好。在隐域草甸生境中，美国中生禾草的生活寿命和生物产量都极显著优于同一生态型的中国禾草。在沙地和荒漠化草原上，中国的豆科灌木锦鸡儿属植物建植稳定，半灌木塔落岩黄芪建植后的侵占性较好。

2.3.7 羊草与冰草混生种植条件下的根茎繁殖能力

羊草和根茎冰草均为禾本科根茎型植物，具有分布广、耐盐碱、适口性好等优良特性，是饲用价值较高的优良牧草。郑红梅所在实验室[11]研究了上述两种植物不同初始密度对后续繁殖的效应。结果表明：经过两个生长季的营养繁殖，初始密度 36 株/m^2，不同比例混生的羊草种群密度增加 16.5~47.1 倍；根茎冰草种群密度增加 44.5~94.8 倍；初始密度 16 株/m^2，不同比例混生的羊草种群密度增加 48.0~129.3 倍，根茎冰草种群密度增加 127.0~173.3 倍。表明羊草和根茎冰草在空间相对宽松和资源较丰富的生境条件下，都可以通过营养繁殖迅速占领生态位空间，根茎冰草营养繁殖的速率大于羊草。经过两个生长季，羊草种群分蘖株最多形成 3 个龄级，呈明显的增长型年龄结构。根茎冰草最多形成 4 个龄级，栽培比例较大的小区中，分蘖株在两个生长季内形成了稳定型年龄结构，其他种群呈增长型年龄结构。羊草和根茎冰草根茎均由两个龄级构成。根茎长度是无性系植物空间扩展能力的重要量度。经过两个生长季的生长，在 36 株/m^2 和 16 株/m^2 的初始密度下，羊草种群根茎的累计长度分别为 118±64m/m^2 和 135±89m/m^2，根茎冰草种群分别为 47±26m/m^2 和 51±28m/m^2，羊草种群根茎长度分别为根茎冰草种群的 2.5 倍和 2.9 倍，说明羊草的空间扩展能力远大于根茎冰草。两个生长季中，羊草种群叶构件的建成速率、生物量积累速率均大于根茎冰草种群。羊草与根茎冰草相比，表现出一定的生长优势，同时，二者单植种群与混生种群相比也表现出一定的生长优势。羊草分蘖株数量、生物量、根茎长度、分蘖节芽数与根茎冰草呈负相关关系。作者预测，再经过几个生长季的生长，羊草种群的优势地位将逐渐凸显出来，随着群落的演替，根茎冰草将成为混生群落的伴生种。

3 分子标记技术的开发及其在资源评价中的应用

3.1 早期开发的分子标记技术

利用自主开发的 RAPD 分子标记与形态标记，对随机抽取的 17 份禾草种质资源进行了评估，发现两种方法均在 17 份供试材料中鉴别出 9 份羊草种质，说明分子标记方法用于羊草种质资源鉴定具有快速、准确、不受环境条件限制等优点。S1213-900 等 10 个特异分子标记，可将羊草种质与披碱草、赖草加以区分。在羊草种内发现 13 条可区分供试羊草种质的特有标记。形态标记与分子标记相关性分析结果显示：羊草种质的小穗数、种子千粒重、叶色、有性繁殖量和结实率 5 个形态学指标与遗传多样性指标与特有带百分率及遗传距离之间存在一定相关性，可以用于羊草种质资源的遗传评估[12]。

3.2 开发的 SSR 技术可对羊草种质资源遗传多样性进行更加精细的评价

采用 4 种人工合成的 16 个碱基的短 SSR 序列 $(CT)_8$、$(GCTA)_4$、$(GGAT)_4$、$(GACA)_4$ 寡聚核苷酸作为探针和引物，用 9 种不同的限制性内切酶对羊草基因组 DNA 进行 Southern 分析，发现 $(GCTA)_4$ 与 9 种不同的限制性内切酶组合对羊草基因组 DNA 进行 Southern 杂交均可产生 5~15 条杂交带，因而可以将不同的种质资源区分开。以此获得了用于个体间或群体内的多态分析的分子标记，并最早利用 SSR 构建了羊草的遗传指纹图谱。与传统的表型评价方法相结合，这些分子标记可以对羊草种质资源的遗传多样性进行更加精细的评价[13]。

3.3 开发的 AFLP 技术提供了有效区分不同基因型的方法

利用 AFLP 构建了来自不同区域的 27 份羊草种质的指纹图谱。利用 8 个 AFLP 引物组合可扩增出共 75~530 bp 的 537 个 DNA 片段，其中有 89 个是单态性，329 个是多态性。基于 537 个 AFLP 标记的遗传变异构建了 27 个羊草基因型的 DNA 分子进化树，发现高频的遗传变异出现在亲缘关系相近的生态型和地理分布区。27 个羊草的基因型可分为 4 个群，相同群中基因型有相同的表型特征(株高、叶宽、黄绿、蜡质等)，尽管来源不同，但具有相近的遗传关系。有个别基因型与当地的其他基因型完全无关，认为发生了基因重组。根据 AFLP 图谱中种质的特异性条带可将羊草不同的种质与不同的生态型区分开来。不同生态型表型不同，来源于干旱气候类型的生态型 I，适口性不如来源于湿润气候类型的生态型 III，但抗逆性更好，来源于半干旱半湿润气候类型的生态型 II 适口性好，但抗逆性弱于生态型 I，认为这些不同的表型与不同的 AFLP 标记有关。AFLP 技术及基于 AFLP 数据的进化树分析，提供了一种能可靠、有效区分不同的基因型及它们的亲缘关系的方法，可加速育种程序[14]。

3.4 基于测序数据开发的 SNP 分子标记技术

首次建立 SNP 的 HRM 基因分型方法，较早代分子标记技术(RAPD、SSR、AFLP)更简单高效、灵敏快速，用途广泛。2009 年后，随着转录组测序技术在羊草的应用，构建了羊草转录本数据库，并在此基础上于 2016 年开发了利用高分辨率熔解曲线(high-resolution melting，HRM)进行羊草基因分型的 SNP 分子标记技术，从羊草转录组数据中获得 41843 个 SNPs；建立了基于 SNP 的 HRM 基因分型方法，设计了 112 对 SNP 引物，其中 98 对能扩增出明亮单一条带，扩增条带大小符合预期的有 72 对，适宜进行 HRM 基因分型的引物有 46 对，占 41.07%；用其中的 7 对引物可将羊草 48 份种质区分开，并绘制出指纹图谱。羊草 SNP 的 HRM 基因分型方法，可用于育种亲本的选配、基因关联分析、新品种的保护、功能分子标记开发等分子标记辅助育种工作，比早代分子标记技术更简单、高效、灵敏快速[15]。

3.5 叶绿体非编码区多态性标记

叶绿体多态 cpDNA 标记，为羊草的种质资源保护、精细评价和谱系地理学研究奠定了技术基础。以 9 个不同地理位置的羊草居群为材料，通过对 12 个叶绿体非编码区 DNA 片段测序及其序列间变异分析试图从中找出有遗传差异的叶绿体 DNA(cpDNA)片段，并利用有多态性的 cpDNA 片段进行遗传多样性分析。发现序列 *ndhF-rpl*32、*trnL-trnF*、*trnC-YCF*6、*aptI-aptH* 具有比较丰富的变异，可作为研究野生羊草群体遗传学和谱系地理学较为理想的分子标记。在 37 个羊草个体 4 条非编码区片段的合并序列中，共检测到 15 种单倍型，单倍型多态性(*Hd*)为 0.928，核苷酸多态性(*Pi*)为 0.00101，遗传分化指数(*Fst*)为 0.58884；AMO-VA 结果显示，65%的分子变异出现在居群间，35%出现在居群内；

Mantel 检验得到，遗传距离与地理距离具有显著相关性($r=0.449$)；居群分化值 Nst 0.386 大于 Gst 0.234，差异显著，表明羊草居群存在分子谱系地理结构。通过系统发育树将羊草 15 个单倍型分为两大分支，H2 和 H10 聚为一支，它们与别的居群个体亲缘关系较远，其余单倍型聚为另一支[16]。

参考文献

[1]刘志鹏．羊草遗传多样性分析和赖草属的分子系统发育[D]．北京：中国科学院植物研究所，2007.

[2]李怡，侯向阳，武自念，等．羊草种质资源抗旱性综合评价[J]．中国草地学报，2019，41(1)：75-82.

[3]刘公社，李晓霞，齐冬梅，等．羊草种质资源的评价与利用[J]．科学通报，2016，61(2)：271-281.

[4]刘公社，刘杰，齐冬梅．羊草有性繁殖相关性状的变异和相关分析[J]．草业学报，2003(2)：20-24.

[5]袁光孝，侯升林，刘盼盼，等．羊草种子性状的变异及其相关分析[J]．草地学报，2016，24(1)：237-240.

[6]李晓峰，刘杰，刘公社．羊草若干数量性状的相关性及通径分析[J]．草地学报，2003(1)：42-47.

[7]李倩，齐冬梅，李晓霞，等．羊草种质资源耐盐性评价[J]．草学，2019(4)：15-21.

[8]梁潇，侯向阳，王艳荣，等．羊草种质资源耐盐碱性综合评价[J]。中国草地学报，2019，41，1-9.

[9]刘逸飞，董晓兵，李倩，等．羊草种子耐海水萌发特性初步研究[J]．草学，2，24-28.

[10]谷安琳，LarryHolzworth，云锦凤，等．中美牧草种质资源联合评价试验网中国试验区试验报告[J]．草地学报，1998，01，1-10.

[11]郑红梅．羊草和根茎冰草两个混生实验种群的数量动态及其结构研究[D]．长春：东北师范大学，2008.

[12]汪恩华，刘杰，刘公社，等．形态与分子标记用于羊草种质鉴定与遗传评估的研究[J]．草业学报，2002，11(4)：68-75.

[13]刘杰，刘公社，齐冬梅，等．用微卫星序列构建羊草遗传指纹图谱[J]．植物学报，2000，(9)：985-987.

[14]刘杰，朱至清，刘公社，等．羊草种质基因组 DNA 的 AFLP 多态性研究(英文)[J]．Acta Botanica Sinica，2002(7)：845-851.

[15]侯莉娟，齐晓，齐冬梅，等．用于羊草基因分型的 SNP 分子标记技术研究[J]．草业学报，2016，25(2)：105-113.

[16]杨艳婷，侯向阳，魏臻武，等．羊草叶绿体非编码区多态性标记筛选及群体遗传多样性[J]．草业学报，2018，27(10)：147-157.

羊草基础生物学研究进展

于 杰 杨 佳 祁 智

（内蒙古大学生命科学学院牧草与特色作物生物学教育部重点实验室）

摘　要：羊草研究在我国可以追溯到新中国成立之初。羊草研究内容和方法的演变是我国植物科学和草原生态学研究发展的一个缩影。羊草植根于我国广袤的北方草原土壤，为放牧家畜采食。羊草个体的生长发育最终影响了我国北方草原的植被覆盖度、放牧家畜健康和养殖成本。羊草基础生物学研究主要涉及人类羊草利用方式如何影响羊草生长发育、羊草生长发育如何响应自然环境因素变化以及现代植物科学研究方法在羊草研究中的应用。本文重点综述了人工打草和牛羊采食对羊草生长的影响研究、羊草矿质营养形成规律研究、空气二氧化碳浓度升高对羊草生理的影响研究以及羊草基础生物学研究技术方法。最后对羊草未来研究方向进行了展望。

关键词：施肥；打草；矿质营养；二氧化碳；基础生物学

羊草是禾本科赖草属多年生植物，兼具种子繁殖能力和通过地下横走根茎自我克隆生长能力，在内蒙古和东北等我国北方草原广泛分布，是这些地区草原的建群种。在内蒙古典型草原，5 月中下旬禁牧期结束，草原上的羊草为放牧牛羊自由采食。8 月中下旬，牧民开始打草，准备牛羊舍饲越冬干草，羊草比例多少往往是牧民判断干草质量的直观标准，可见羊草在草原生态和草原畜牧业中的重要地位。

按照研究方法，我国羊草研究可以分为三类：调查草原自然生长羊草的生长规律、养分变化规律；以草原自然生长羊草为研究对象，探索人为施肥、打草、放牧、改变温度和空气 CO_2浓度等对羊草生理的直观描述性研究；在实验室内，研究人工种植羊草对环境胁迫、模拟打草和同微生物互作机制。涉及的领域主要包括种子发芽、矿质营养、饲用品质、抗逆性等。本文重点总结人工打草和牛羊采食对羊草生长的影响，以及羊草矿质营养、空气 CO_2浓度升高对羊草生理的影响和羊草基础生物学研究技术方法。

1　人工打草和牛羊采食对羊草生长的影响研究

打草在科学文献中又称刈割，因为在牧区生产生活中，打草被广泛使用，因此我们在这里使用“打草”方便更广泛的读者阅读。人工打草和牛羊采食是牧民在牛羊养殖过程中利用羊草的最重要生产活动。

在内蒙古锡林郭勒盟典型羊草草原，每个畜牧旗对草原放牧起始时间和人工打草时间、打草留茬高度都有明确规定。一般情况下，每年春季 5 月中下旬禁牧期结束以后，放牧牛羊在草原上自由采食羊草，有经验的牧民会有意识采取分区轮牧方式给被采食羊草充分时间恢复生长。到 8 月中下旬，牧民开始用打草机打草，准备牛羊舍饲越冬干草。

打草对羊草的影响有两个方面：机械伤害（mechanical wounding）和部分叶组织损失（defoliation）。牛羊采食对羊草个体的影响更为复杂，除了机械伤害、部分叶组织损失以外，还有来自牛羊唾液和呼气对羊草叶机械伤口的调节作用、牛羊采食过程中对羊草生长土地的踩踏，以及牛羊粪尿在土壤中的沉积。

目前研究体系有两个：①室内盆栽，用剪刀剪割羊草模拟打草或是牛羊采食过程；室内盆栽羊草，用海绵吸取羊唾液涂抹剪刀剪割的羊草切口。②以天然草原为实验样地，设置不打草不放牧的禁牧样地以及牛羊放牧样地。羊草测试指标包括：基本生长指标、饲用品质指标、转录组。在研究对象方面包括羊草个体和根茎克隆繁殖后代。我们在考察具体研究结果时，首先要了解研究结果产生的实验体系，这有助于我们了解研究结果在生产实际中的适用范围。

将根茎相连的两株羊草苗移到两个紧密相邻的两个培养杯中独立培养，两株子母羊草苗只有根茎相连，用剪切叶子模拟人工打草，发现会降低母株、促进子株地上地下生物量积累；母株叶再生速度显著慢于子株，表现羊草子母株克隆生长整合作用[1]。以温室内盆栽生长8个星期的羊草为材料，对比机械伤害和剪掉叶子(模拟打草)后羊草转录组的区别，发现两种处理均显著促进茉莉酸合成途径相关基因表达，但是抑制淀粉合成途径。不同的是，机械伤害涉及多个氨基酸合成途径，如缬氨酸、亮氨酸和异亮氨酸合成，而模拟打草抑制了木质素合成[2]。对盆栽羊草进行不同留茬高度的剪切用以模拟打草强度，转录组分析发现打草收割主要改变了羊草光合效率、激素代谢和信号转导相关基因表达[3]。

对温室内培养的二叶期羊草进行去叶处理，在剪切口喷赤霉素促进叶和茎生长，对根生物量无影响。剪掉部分叶子以后，总体而言果聚糖、果糖和蔗糖含量前7天显著下降，随后在第14天大幅度升高；而葡萄糖在叶鞘部位呈总体下降趋势，在生长叶基部逐渐显著升高。施加赤霉素抑制果聚糖积累，促进果糖和葡萄糖在生长叶基部积累；抑制蔗糖在叶鞘中积累，但是促进其在生长叶基部积累。同时，外加赤霉素对植物赤霉素合成基因、代谢基因和信号转导基因表达有不同调节作用。外加赤霉素抑制果聚糖代谢和转运相关基因表达。证明剪掉叶子以后，剩余叶子之间源库关系发生变化，糖分代谢和运输方向随即发生改变，涉及不同糖分子动态变化和相互转化以及不同组织部位之间的运输，内在的细节机制尚不清楚[4]。植物的一部分叶子被剪掉以后，植物叶鞘和生长叶子基部的果聚糖含量减少，用于支持受损叶子再生，蔗糖运输蛋白 *LcSUT*1(*Sucose Transporter*1)基因在叶鞘和生长叶基部表达量显著升高[4]。

羊草中的 *LcSUT*1 被克隆，预测蛋白含有12个跨膜域，互补蔗糖转运缺陷型酵母突变体 *SUSY7/ura*3，可以显著增强酵母突变体在蔗糖培养基上的生长。*LcSUT*1 在根茎叶中都有表达，在叶鞘中相对丰度最高，半定量 PCR 证明，剪掉叶子6~12小时以后，表达显著升高，对机械伤害信号茉莉酸甲酯不敏感。在愈伤组织中，缺乏蔗糖的时候，表达显著升高[5]。在正常生长条件下，叶鞘是库，但是当一部分叶子被剪掉以后，剩下的叶鞘转化成了源，这个部位的果聚糖先降解成果糖，进一步转化成蔗糖，然后通过蔗糖转运蛋白 *SUT*1 把剪割处的蔗糖运输到生长点[5]。

温室培养的羊草也用于模拟牛羊采食。研究发现，羊唾液显著促进羊草地上生物量积累，加速了果聚糖、葡萄糖和果糖分解[6]。在温室条件下，剪掉羊草顶部2/3，留茬1/3，用水或溶于水的牛血清白蛋白(BSA)涂抹剪切部位，用以分别模拟机械打草和放牧家畜采食，BSA 处理引起羊草叶氧化迸发(oxidative burst)和细胞凋亡。转录组对比发现模拟机械打草主要调节羊草叶氨基酸代谢，BSA 处理导致脂质分子运输和代谢、能量代谢和转化相关基因表达量下降[7]。在天然羊草草原上，什么时间打草、每年打草几次、每次打草留茬高度是草原生产关心的问题。以锡林郭勒盟主要畜牧旗为例，目前都是在8月中下旬羊草进入枯黄期打草一次，主要是为了让成熟种子落地增加土壤种子库密度，政府要求留茬高度在10cm以上。这些在牧区进行的具体措施与多项相关研究推荐措施本质上完全吻合[8]。

在天然羊草草原上，不同单位设置了不同时间长度的研究打草和放牧对羊草影响的样地。2006年在内蒙古锡林郭勒盟东部接壤大兴安岭区域设置不同打草频率羊草样地，2017年测试发现，不同打草频率对羊草叶碳含量无显著影响，但是显著促进叶氮磷积累[9]。在中国科学院位于内蒙古锡林郭勒盟中部地区的草原生态系统定位试验站，从2014年开始设置了不同放牧强度的羊草样地，每个牧场125m×100m大小，每年6月中旬到9月下旬，在不同的放牧场内分别放置0、4、8、12只羊，模拟禁牧、轻度、中度和重度放牧强度。在2016年7中旬到8月中旬对放牧场羊草进行测试发现，不同强度的放牧均抑制叶光合效率、羊草株高、叶可溶性蛋白合成、叶生长素合成和生物量积累，对叶碳含量影响不大，只有重度放牧促进叶氮积累；不同强度的放牧均显著促进根中碳和氮积累、促进叶脱落酸和水杨酸合成；轻度放牧促进、中度和重度放牧抑制叶茉莉酸合成[10,11]。在2017年夏季测试发现，轻度采食促进羊草叶光合效率、蔗糖合成和茎向叶的果糖供应，通过生长素和茉莉酸途径促进叶再生。

中度采食可能通过脱落酸、茉莉酸和水杨酸信号通路，调节羊草叶碳向根部积累、降低叶光合效率和蔗糖积累，促进 *LCSUT*1 基因表达和水分利用效率。羊草叶被重度采食以后，可能通过脱落酸和 *JA* 途径促进碳同化过程，通过光保护来抵抗光氧化，努力实现叶的再生[12]。同时，中国农业科学院呼伦贝尔草原生态系统实验站设置了 3 组牛自由放牧区和封闭禁牧试验区，自由放牧区土壤中羊草可萌发种子数量显著高于封闭禁牧区，家畜踩踏会将种子埋进土壤，促进羊草有性生殖[13]。

多个单位在羊草草原上设置了长期放牧和禁牧试验区，自然生长在长期放牧试验区的羊草和同时期禁牧区内羊草相比，地上和地下多项生长指标均显著下降，清晰地表明长期放牧，尤其是长期过度放牧会抑制羊草的生长[14,15]。长期频繁采食或是收割会造成羊草植株本身和其通过根茎自我克隆的后代矮小化，即使把这样的苗在实验室内水肥条件充分的环境中培养，和没有经历过过度采食的羊草相比，仍旧表现为矮小化，被认为是一种胁迫记忆。在实验室水肥充分生长条件下，和正常羊草相比，矮小化羊草有 51 个蛋白丰度增加，53 个下降。丰度增加倍数较高的蛋白包括拟南芥多胺氧化酶 PAO3（Polyamineoxidase）同源蛋白，主要参与以多胺为底物的 H_2O_2 生成过程，以及维持植物正常胁迫响应的 ATP 依赖的 RNA 解旋酶（RH12），具有果胶降解功能的果胶甲酯酶，一个特异性识别基因启动子区域脱落酸响应元件的转录因子 EmBP1；丰度降低倍数最高的 24 蛋白中，有 8 个蛋白参与细胞内囊泡运输，7 个和活性物质合成相关，涉及赖氨酸、亮氨酸、黄独皂苷、硫代葡萄糖苷等合成途径以及 5 个和遗传信息传递相关蛋白[16]。这说明，频繁采食可能造成植物体内遗传信息传递、细胞内运输和重要活性物质合成受阻，从而导致根茎苗的矮小化。

采集 35 年连续放牧草场的羊草和对照禁牧草场的羊草，在温室相同条件下培养，来自放牧草场羊草和禁牧草场羊草相比，地下根生物量差异不显著，地下根茎生物量下降 50%，地上叶展开角度增加 130%[17]，株高和叶生长显著下降[18]。地上组织转录组分析发现，表达量升高倍数前 20 基因，8 个功能未知，已知功能升高倍数最高基因编码 PVA3，在拟南芥中过量表达 PVA31 导致叶子衰老[18,19]。表达量下调倍数最高的已知功能基因编码伸展蛋白（Extensin），是一种参与高等植物细胞壁构建的富含羟脯氨酸的糖蛋白。这说明过度放牧叶子一方面内部细胞活动受阻，导致衰老，另一方面抑制了细胞壁构建[18]。

在根茎芽培养条件下，与正常羊草相比，矮小化羊草的氮素累积量、氮素吸收效率、氮素利用效率和氮素利用指数分别降低了 18.3%、18.5%、8.7%、24.7%，表明氮素吸收和利用能力降低可能是长期过度放牧致羊草矮小化的关键因素。此外，与正常羊草相比，矮小化羊草根系中的硝酸还原酶（NR）活性显著降低，谷氨酸合成酶活性显著升高，表明矮小化羊草根系硝酸盐（NO_3^-）还原能力降低、根系铵态氮（NH_4^+）同化能力增强，说明矮小化羊草氮同化主要途径发生了改变，由硝态氮途径转变为铵态氮途径。矮小化羊草参与根系氮素吸收的 NO_3^- 转运载体基因 *NRT*1.1 和 *NRT*1.2 表达量下降，而参与叶片氮素再分配的 NO_3^- 转运载体基因 *NRT*1.7 上调表达。这些研究结果说明氮转运能力的下降和体内氮素再分配的激活可能是矮小化羊草调控氮代谢的关键途径[20]。

2　羊草矿质营养形成规律研究

2.1　羊草氮磷营养

在不同的羊草样地，土壤施加不同类型氮肥，都观察到显著促进羊草地上和地下生长的现象，包括在中国科学院内蒙古草原生态系统定位研究站的羊草样地[21]、内蒙古大学锡林郭勒盟毛登牧场样地[22]、内蒙古通辽人工种植羊草样地[23]、呼伦贝尔草原额尔古纳草原试验站[24]和东北师范大学松嫩草地生态研究站草原样地[25,26]。土壤氮素添加可以促进羊草根茎中碳水化合物、果聚糖、甘露醇积累，促进地上组织光合效率、蒸腾作用，促进叶绿素、类胡萝卜素、脯氨酸和可溶性糖积累，提高抗氧化酶活性、降低氧化胁迫产物丙二醛积累，延迟羊草叶衰老。适宜的施氮期是在上年秋季和当年春季各施一次，施肥期处理均显著增加羊草的抽穗率和结实率[27]。对于温室盆栽羊草，土壤施加氮肥可以促进地下分蘖，转录组分析发现结实期施氮主要促进了淀粉和蔗糖合成相关基因表达，积累了分蘖需要的能量物质，抑制了防御相关化合物合成基因表达，包括类黄酮、苯丙烷类和木质素；果后营养期施氮(NO_3^-)主要上调了细胞分裂素合成(细胞分裂素脱氢酶3)和代谢(反式玉米素葡萄糖基转移酶)、多糖水解相关基因表达[28]。吉林松南草原生态系统国家观测研究站的盆栽实验中，氮添加促进了^{13}C、抑制了^{15}N在营养株和繁殖株之间的转移[29]。植物氮素吸收需要硝酸盐转运体(Nitrate Transporter，NRT)，在拟南芥中*AtNRT*1.1是硝酸盐受体，在羊草中*LcNRT*1.1、*LcNRT*1.2、*LcNRT*1.7基因在暗生长成熟羊草根中高表达，其基因表达对不同形态不同浓度氮素敏感，呈现复杂规律[30]。

氮肥施加促进盆栽羊草基因组胞嘧啶甲基化程度，同时转座子周围胞嘧啶甲基化程度显著高于基因组区域，可能会降低转座子活性从而提高遗传稳定性[31]。氮素添加以后有7个基因甲基化程度显著升高，包括植物中广泛存在的一种转录因子*Tubby like F-box*，可以促进西红柿干旱条件下水分利用率[32]；同时还包括可以提高植物抗盐和抗旱性的乙烯响应因子ERF4(Ethylene-Responsive Factor，ERF)、植物非生物胁迫相关糖基转移酶基因(Glycosyltransferase)，这说明氮素添加有可能通过修饰羊草基因组特定基因表观遗传特性而改变其对非生物胁迫的耐受力。在天然草原，土壤施加尿素，显著缓解轻度和中度干旱对羊草叶CO_2交换和生物量积累的抑制作用，但是在重度干旱情况下，土壤施加尿素反而会加剧干旱对羊草生物量抑制作用[33]。

用新疆大田土壤进行羊草盆栽实验发现，适量磷肥促进羊草株高和生物量积累，促进羊草氮和钾积累[34]。以“羊草天然生境的原状土”为基础的盆栽试验发现，磷肥添加对羊草生物量没有显著影响[35]。在另外一个独立盆栽实验中，以新疆农业大学位于天山北麓的试验农场土壤为基质，发现在羊草拔节期和收获期，随着施磷量的增加，羊草地上生物量、地下生物量和总生物量呈先增加后减少的趋势，羊草地下和地上部分的磷积累量和全氮积累量呈先增加后减少的趋势；在施磷量为30.6 kg/hm^2时，生物量积累量和养分积累量均达到最大值[36]。盆栽实验体系，磷缺乏抑制地上部分生物量积累，促进花青素和丙二醛积累，促进超氧化物歧化酶(SOD)和过氧化物酶(POD)活性，抑制叶绿素积累和光合效率[32,37]。磷缺乏显著抑制水培羊草叶和根的生长，诱导*LcPHO*1-2 (*PHOSPHATE*1，*PHO*1)基因表达，但是抑制紫色酸性磷酸酶基因*LcPAP*2和*LcPAP*27(*Purple Acid Phosphatases*，*PAPs*)表达[38]。在拟南芥中，*AtPHO*1主要在根中表达，促进磷从根向茎运输。紫色酸性磷酸酶属于双核金属脱氢酶家族，能够催化水解磷酸单酯和酸酐类有机物释放无机磷供植物吸收利用[39]。综合这几个相互独立的羊草盆栽实验可以看出，磷肥添加对羊草生长的具体作用机制尚不明确，受土壤基质影响较大。

2.2 羊草钙营养

钙是植物生长发育必需和细胞感应内外部信号最重要的矿质元素。羊草草原土壤主要是钙质土，土壤中的钙通过在羊草组织内积累最终供应草原家畜钙营养。在东北师范大学松嫩草地生态研究站草原样地，1986年对羊草包括钙在内的10种矿质元素含量进行测试发现，羊草地上组织对钙的吸收量约占地上总生物量的0.45%，和0.5%的镁元素相当，仅次于最大1%的氮元素，远高于0.25%的钾元素；钙在根中的含量最高，其次是叶和茎[40]。这个结果和2019年在锡林郭勒盟羊草草原上的调查吻合，羊草叶钙含量大约是茎的2倍，同时第一叶钙含量显著高于第二叶和第三叶[41]。羊草草原上羊草钙含量在抽穗期最高[42]。

羊草草原上羊草叶钙含量受多种因素调节。在2019年7月，在锡林郭勒盟草原上3个不同的自然样地，2个在土壤肥沃的乌拉盖管理区，1个在土壤相对贫瘠的白音锡勒牧场，羊草地上组织钙含量分别是3.72、5.20、0.95 mg/kg干重，相差5倍，说明受土壤地力影响很大。总体上打草促进钙在叶中的积累[43]，放牧强度和牛羊组合模式对叶钙含量无影响[43]，长期放牧促进钙在根中积累[44]。在室内石英砂培养条件下，羊草叶根钙含量同培养基中钙含量间有响应阈值，当营养液钙含量在0.01~1mm百倍差距范围内，叶根钙含量基本恒定。当营养液中钙含量从1mm升高到20mm时，钙主要在根中积累，含量升高5倍以上，但是叶钙含量只升高2倍。在同样的研究体系下，有利于羊草钙积累的其他矿质元素含量建议配方为：5mm NO_3^-，50mm Fe^{2+}，15mm Zn^{2+}，0.1mm Mg^{2+}，1mm K^+，0.1mm PO_4^{3-}。相对于建议浓度，1mm Mg^{2+}和20mm K^+都显著抑制羊草钙积累。与此吻合的是，在东北师范大学松嫩草地生态研究站草原样地，羊草地上地下组织钾含量总和同钙含量总和显著负相关[45]。羊草组织内钙含量随镁、锰、铜含量升高而升高，被认为是羊草防治镁、锰、铜过量毒害的一种自我保护策略[45]。

营养液中钙含量升高总体对羊草叶光合效率和常规饲用品质无显著影响[43]，但是显著增强羊草幼苗抗盐抗低温能力，但是不会提高羊草抗碱和抗渗透势胁迫能力[46]。钙添加可以缓解 NaCl 对盆栽羊草生长的抑制作用[47]。

钙进入植物细胞内，通过和不同亚细胞位置上、具有不同钙亲和性的钙结合蛋白结合，实现钙调节酶活性、基因表达和细胞内活动的功能。在羊草转录组数据中，不但含有在各类植物中广泛存在的钙结合蛋白，如钙依赖蛋白激酶 CDPK(Calcium Dependent Protein Kinase)、钙调神经磷酸酶 B 亚基类蛋白 CBL(Calcineurin B-Like Protein)、钙调素类蛋白 CML(Calmodulin Like Protein)等，还含有一个特殊钙结合蛋白“组氨酸富集 Ca^{2+}结合蛋白 HRC”(Histidine Rich Calcium-Binding Protein)命名为 *LcHRC*1(*Leymus Chinensis HRC*1)。*LcHRC*1 基因没有内含子，在羊草叶根中均表达，其蛋白定位于羊草细胞核内，等温滴定实验证明可以和 Ca^{2+}、Zn^{2+}结合，不结合 Mg^{2+}、Mn^{2+}。酵母双杂交筛选拟南芥 cDNA 酵母文库实验发现 *LcHRC*1 可以同拟南芥的 *AtTPM*1 蛋白互作，*AtTPM*1(At3g21295)蛋白预测含有 Tudor/PWWP/MBT 结构域。*AtTMP*1 和羊草 *LcTMP*1 都位于细胞核内，可能和 *LcHRC*1 互作调节其他基因表达。在拟南芥中异源表达 *LcHRC*1 提高了植物对脱落酸的敏感度，证明 *LcHRC*1 可能和植物逆境生理相关。小麦中 HRC 是抵抗赤霉病(Fusarium Head Blight)的关键基因[32,48]。

2.3 羊草铁锌营养

铁和锌是动植物生长发育必需的微量元素，过量会形成毒害。在东北师范大学松嫩草地生态研究站草原样地，羊草地上组织对铁和锌的吸收量约占地上总生物量的0.12%和0.01%，铁主要在根中积累[40,49]，锌在1986年测定时主要在叶中积累[40]，在2001年测定时发现主要在根中积累。在2019年锡林郭勒盟调查的3处不同羊草样地，羊草地上组织铁含量均是锌含量的2倍。羊草叶铁含量显著高于茎，但是叶茎间锌含量无显著差异；同时羊草第一叶铁含量显著高于第二、第三和四叶，但是四种不同发育阶段叶子的锌含量无显著差异[41]。

在室内石英砂培养条件下，总体而言，羊草根铁含量是地上组织的20~80倍，取决于培养液成分，而羊草叶和根锌含量相当[41]。基于羊草草原样地研究发现，羊草根富集铁和锌分别为土壤有效铁和锌的21.57和44倍[7]。铁缺乏诱导羊草根和地上组织积累锌，铁含量增加抑制锌积累；但是培养液中锌浓度变化对羊草组织铁积累无显著影响。羊草组织铁含量总体上对培养液中其他矿质元素浓度变化敏感度低于锌，如培养液中添加 NH_4^+显著抑制锌在羊草地上和根组织中积累，但是对根中铁积累无显著影响，显著促进铁在地上组织的积累[41]。在内蒙古羊草草原样地发现牛羊采食促进羊草地上组织积累铁和锌[41]。

在羊草中观察到的铁调节羊草锌积累的现象，在拟南芥中也有类似的报道，主要因为铁锌经常共用一个转运蛋白。植物锌铁转运蛋白主要包括 ZIP 家族(Zinc/Iron-regulated transporter like Protein)、HMA 家族(Heavy Metal ATPase)、CDF 家族(Cation Diffusion Facilitator)[又称 MTP 家族(Metal Tolerance Protein)]等。对羊草幼苗进行转录组分析发现10个有可能编码铁锌转运蛋白的基因，其中 *LcZNE*1 同拟南芥 *AtZNE*1 (Zinc Nutrition Essential 1)同源，属于 *AtZIP* 家族以外的一个新的铁锌转运蛋白，基因表达受高锌和低铁培养条件诱导。序列分析预测 *LcZNE*1 蛋白有15个跨膜结构域，等温滴定量热法证明 *LcZNE*1 非跨膜域含有 Zn^{2+}而不具有 Fe^{2+}结合位点，*LcZNE*1 定位于羊草细胞内质网，可以恢复高锌敏感酵母突变体在高锌培养基上的生长，证明 *LcZNE*1 是负责将细胞质内 Zn^{2+}逆浓度梯度积累到内质网中的转运体[50]。

同时在羊草转录组中发现和拟南芥 *AtHMA*2、*AtHMA*4 同源基因 *LcHMA*2、*LcHMA*4，其编码蛋白分别位于高尔基体和液泡膜，通过互补高锌敏感酵母突变推测，LcHMA2 和 LcHMA4 分别介导细胞质内 Zn^{2+} 逆浓度梯度向高尔基体和液泡内积累；和拟南芥 *AtZIP*1 和 *AtZIP*10 同源基因 *LcZIP*1 和 *LcZIP*10，编码蛋白分别位于内质网和液泡膜，通过互补低铁敏感酵母突变体推测，LcZIP1 和 LcZIP10 分别介导内质网和液泡内储存的 Fe^{2+} 顺浓度梯度释放到细胞质中[51]。

3 空气二氧化碳浓度升高对羊草生理的影响研究

全球大气 CO_2 浓度自 1950 年工业时代的 280 ppm 持续升高到现在的 417.2 ppm。植物叶细胞通过光合作用将吸收的 CO_2 和水转化为植物生长必需的碳水化合物，因此大气中 CO_2 浓度增加总体会对植物生物量积累产生积极影响。同时，研究表明大气中 CO_2 浓度增加会降低植物矿质营养吸收和生物活性物质合成代谢[52]。

在人工气候室或自制熏气室内，空气 CO_2 浓度倍增促进盆栽羊草净光合效率，降低蒸腾作用，提高水分使用效率[53,54]；促进羊草株高增加，茎、叶和根系增长，总生物量增加[55,56]；促进羊草根茎克隆繁殖，增加分蘖株、分蘖株抽穗数以及根茎子株数量；改变羊草生长周期，出苗、抽穗、开花提前，枯黄期延迟[57]。

但是，空气 CO_2 浓度升高到 700 ppm 会导致盆栽羊草地上组织中粗脂肪、粗蛋白、铁和锌元素含量显著降低，降低盆栽羊草饲用品质[58]；转录组分析发现，1535 个基因表达量下降，15 个基因表达量升高，基因功能主要富集在氨基酸代谢、无机离子代谢及次生代谢等途径；代谢组学分析发现，盆栽羊草地上组织中三羧酸循环主要代谢底物含量发生显著变化，柠檬酸、苹果酸及 α-酮戊二酸含量上升，延胡索酸、琥珀酸、富马酸、草酰乙酸及丙酮酸含量下降[58]。

除了盆栽羊草实验，在中国科学院内蒙古草原生态系统定位研究站的永久羊草样地，通过设置开顶式气室，对自然环境中生长的羊草进行两年的空气 CO_2 倍增处理，发现对羊草草原植物群落总体生物量和多样性无显著影响，但是促进了光合速率、降低呼吸速率、增加群落碳净输入量[59]。在松嫩草原西南部长岭县境内的东北师范大学草地生态系统研究站为研究基地，采用开顶式气室，在自然状态下模拟空气 CO_2 浓度升高并探讨羊草中植硅体的响应，发现羊草植硅体以帽型为主，并且其他早熟禾亚科中常见的齿型植硅体含量非常低，CO_2 浓度升高使羊草植硅体数量增加[60]。

高浓度 CO_2 对羊草同时具有正面和负面的影响。羊草株高、生物量以及光合速率得到显著提升，这对于提高羊草生产力，提升牧草经济价值具有重要作用。相反，羊草中粗脂肪、粗蛋白以及粗脂肪等饲用指标下降，营养元素 Fe 和 Zn 减少，意味着羊草饲用品质降低。这样研究为我们思考羊草草原如何应对气候变化提供了基本数据参考。

4 羊草基础生物学研究技术方法

羊草染色体原位荧光标记技术。利用低覆盖率测序技术开发了羊草染色体标记探针，并结合多色多次荧光原位杂交技术（Multi-color FISH），筛选出能够辨认羊草 28 条染色体的重复序列标记探针组合。建立了羊草染色体和小麦遗传连锁群的关联，实现羊草染色体辨认图与小麦遗传连锁图谱的统一[61]。

羊草幼苗体内基因瞬时表达技术。基本流程如下，首先将需要在羊草幼苗内瞬时表达的基因克隆到带有荧光标记的双元表达载体中，进一步转化到感受态农杆菌 GV3101/C58C1 中，和叶长 0.5cm 左右羊草幼苗共孵育，同时加入灭菌石英砂，经过涡旋、超声、恒温孵育以后在荧光显微镜下观察。利用这个技术体系已经可以用红色荧光蛋白标记羊草幼苗主要细胞器和亚细胞组分，包括细胞质膜、液泡膜、线粒体、质体、高尔基体、内质网和过氧化物酶体[62]。

比较转录组鉴定羊草功能基因。将羊草目标基因在模式生物酵母或拟南芥中异源表达，通过观察羊草基因在模式生物体内表达以后对模式生物特定生命现象的影响，从而间接判断羊草基因在羊草体内可能的功能。羊草虽然没有人为创建的基因突变体库，但是有丰富的自然变异种或是生态型，对比特定表型差异显著羊草生态型的转录组，结合拟南芥异源表达体系也可发现特定功能羊草基因，这方面羊草 *bHLH92* 转录因子功能鉴定是典型案例。通过对比羊草中弱休眠的黄色种子和强休眠的棕色种子转录组，发现转录因子基因 *LcbHLH92* 在黄色种子中高表达，同花青素合成酶(*ANS*)和花青素还原酶(*ANR*)基因表达显著负相关。在拟南芥中过表达 *LcbHLH92*，抑制二氢黄酮醇还原酶基因(*DFR*)和 *ANS* 的表达水平，导致转基因拟南芥叶片中花青素减少，种子呈现黄色。进一步的萌发测试证实，拟南芥转基因黄色种子比野生型棕色种子具有更高的发芽率[63]。

羊草自然群体表型和基因关联分析技术。在羊草草原直观可见羊草分为灰绿和黄绿两种。以东北松嫩羊草草原上野生灰绿和黄绿羊草种群，以及从自然黄绿种群人工移栽种群为基础，从各种群中采集间距 10m 以上带根茎单株为材料，在室内培养以后采集幼嫩叶片提取 DNA 进行“扩增片段长度多态性 AFLP”(Amplified Fragment Length Polymorphism)分析。对发现的 40 条叶型和种群相对特异性 AFLP 条带进行分离克隆和 DNA 测序，最终确定 13 条和其他物种功能已知 DNA 序列高度同源序列[64]。

羊草遗传转化技术。羊草新鲜带种子的穗经过 75%酒精、20%次氯酸钠、灭菌水依次消毒和清洗以后，放置在含有 2mg/L 2,4-二氯苯氧基乙酸(2,4D)的 MS 培养基上，在 28℃黑暗中诱导愈伤组织 30 天左右；分化良好的愈伤组织在室温下用农杆菌液处理 20 分钟，在含有乙酰丁香酮(AS)的 WLS[65-67]培养基上 28℃黑暗培养 2 天，转移到 WLS 恢复培养基(WLS-res)上 28℃黑暗培养 5 天；黄色愈伤组织依次转移到诱导培养基 WLS-P5，WLS-P10 上 28℃黑暗分别培养 2 和 3 个星期；最后胚性愈伤组织转移到含有草胺磷分化筛选培养基上在 28℃、14 小时或 10 小时光照或黑暗条件下茎的生长；带有绿色茎的组织转移到含有草胺磷根诱导培养基诱导生根，最后转移到土中光照培养成苗。

5 羊草基础研究展望

如果说十字花科的拟南芥是完美的研究高等植物遗传学、分子生物学、细胞生物学模式材料，羊草就是模式材料的完美反面。现代植物基础科学研究往往以对比正常植物和遗传突变材料展开，创建遗传突变材料本身的难易程度直接决定了相关科学研究活动本身的难易。拟南芥是二倍体、自花授粉一年生植物，种子发芽率近乎 100%，一颗种子可以在两个月内繁殖出上万粒种子。羊草是异源多倍体、异花授粉多年生植物，野生种子发芽率经常低于 10%，种植一颗种子到成苗第一次产种需要 1 年多时间，而且种子量少。因此，羊草不是探索高等植物共性基因功能和遗传问题的理想材料。我们研究羊草，主要应围绕羊草服务草原生态和草原畜牧业建设这个场景展开，重点有 4 个方面：①羊草育种，利用羊草分布面积广、生境类型多样的优势，从羊草草原收集筛选不同性状的羊草种质资源，包括抗盐碱、耐旱、耐低温，高生物量，强根茎延伸能力等；②羊草根茎繁殖机制，根茎繁殖是羊草有别于其他作物的最主要生长特性，也是羊草能够在干旱半干旱草原广泛分布的重要组织基础，根茎发生和延伸的细胞学和分子机制会形成羊草独有的研究领域；③羊草矿质营养需求规律，这是羊草人工种植和利用羊草进行草原生态建设的重要理论保障，在掌握这个规律的基础上，开发用于不同生境羊草群落培育的肥料、种子包衣剂、丸化剂等；④羊草细胞壁形成和营养转化机制，羊草细胞壁是羊草干草主要成分，为冬季舍饲草原家畜食用，探索通过育种和栽培方式优化羊草细胞壁成分和羊草干草适口性的技术路径，从而提高羊草干草在草原家畜体内的营养转化率。

参考文献

[1]张佳良. 刈割对羊草克隆整合的影响[D]. 长春：吉林农业大学，2017.

[2]Chen S，Cai Y，Zhang L，et al. Transcriptome analysis reveals common and distinct mechanisms for sheepgrass(Leymus chinensis) responses to defoliation compared to mechanical wounding[J]. PLoS One，2014，9：e89495.

[3]赵劲博，侯向阳，武自念，等. 不同刈割强度下羊草转录组研究[J]. 草业学报，2018，27：12.

[4]Cai Y，Shao L，Li X，et al. Gibberellin stimulates regrowth after defoliation of sheepgrass(Leymus chinensis) by regulating expression of fructan-related genes[J]. J Plant Res，2016，129：935-944.

[5]Su M，Li X，Li X，et al. Molecular characterization and defoliation-induced expression of a sucrose transporter LcSUT1 gene in sheep grass(Leymus chinensis)[J]. Plant Molecular Biology Reporter，2013，31：1184-1191.

[6]Liu J，Wang L，Wang D，et al. Plants can benefit from herbivory：stimulatory effects of sheep saliva on growth of Leymus chinensis[J]. PLoS One，2012，7：e29259.

[7]Huang X，Peng X，Zhang L，et al. Bovine serum albumin in saliva mediates grazing response in Leymus chinensis revealed by RNA sequencing[J]. BMC genomics，2014，15：1-17.

[8]肖红，杨合龙，戎郁萍，等. 刈割对草甸草原羊草，无芒雀麦再生和碳水化合物含量的影响[J]. 草业科学，2018，35：9.

[9]赵成振. 不同刈割起始时间和频次对羊草产量、品质及再生性的影响[D]. 长春：中国科学院大学(中国科学院东北地理与农业生态研究所)，2019.

[10]董敬超，孙继军. 不同频次刈割对羊草碳、氮、磷化学计量特征的影响[J]. 北方园艺，2017，126-130

[11]Liu M，Gong J，Yang B，et al. Differences in the photosynthetic and physiological responses of Leymus chinensis to different levels of grazing intensity[J]. BMC Plant Biol，2019，19：558.

[12]Zhang Z，Gong J，Wang B，et al. Regrowth strategies of Leymus chinensis in response to different grazing intensities [J]. Ecological Applications，2020，30(5)：1 - 19.

[13]Liu H，Wu Y，Li Y，et al. Free-Grazing versus Enclosure Lead to an Increase in the Germination of the Leymus chinensis Seed Bank in the Hulunbuir Grassland[J]. Agronomy，2023，13(1)：22.

[14]胡柳，张宇乐，程艺凡，等. 放牧和刈割对羊草形态可塑性的影响[J]. 河南科技学院学报：自然科学版，2020，48(5)：8.

[15]Zhang Y，Shao X，Chen C，et al. Morphological characteristics and biomass allocation of Leymus chinensis (Poaceae) (Trin.) responses to long-term overgrazing in agro-pastoral ecotone of northern China[J]. Journal of Animal and Plant Sciences，2013，23：933-938.

[16]Ren W，Xie J，Hou X，et al. Potential molecular mechanisms of overgrazing-induced dwarfism in sheepgrass(Leymus chinensis)analyzed using proteomic data[J]. BMC Plant Biol，2018b，18：81.

[17]Guo F，Li X，Jimoh S O，et al. Overgrazing-induced legacy effects may permit Leymus chinensis to cope with herbivory [J]. PeerJ，2020，8：e10116.

[18]Ren W，Hou X，Wu Z，et al. De novo transcriptomic profiling of the clonal Leymus chinensis response to long-term overgrazing-induced memory[J]. Sci Rep，2018a，8：17912.

[19]Ichikawa M，Nakai Y，Arima K，et al. A VAMP-associated protein，PVA31 is involved in leaf senescence in Arabidopsis[J]. Plant signaling & behavior，2015，10：e990847.

[20]胡宁宁. 长期过度放牧致羊草个体“矮小化”的调控机制——基于氮代谢途径的研究[D]. 北京：中国农业科学院，2017.

[21]潘庆民，白永飞，韩兴国，等. 内蒙古典型草原羊草群落氮素去向的示踪研究[J]. 植物生态学报，2004，665-671.

[22]翟占伟，龚吉蕊，罗亲普，等. 氮添加对内蒙古温带草原羊草光合特性的影响[J]. 植物生态学报，2017，41：196-208.

[23]朱爱民，张玉霞，王显国，等. 不同施氮水平对羊草抗衰老能力的影响[J]. 草原与草坪，2019，39：39-46.

[24]Yang G，Zhang Z，Zhang G，et al. Tipping point of plant functional traits of Leymus chinensis to nitrogen addition in a temperate grassland[J]. Front Plant Sci，2022，13：982478.

[25]宋彦涛，李强，王平，等. 羊草功能性状和地上生物量对氮素添加的响应[J]. 草业科学，2016，33：1383-1390.

[26]西晓霞. 施氮对羊草个体特征、群体结构及生产力的影响[D]. 长春：东北师范大学，2018.

[27]潘多锋，张瑞博，李道明，等. 施氮期和收获期对羊草种子产量及质量的影响[J]. 草业科学，2019，36：2078-2086.

[28]潘慧超．施氮影响羊草秋季地下分蘖芽发生的转录组学研究[D]．长春：东北师范大学，2020.

[29]Li H，Wang Y，Feng J，et al. Unequal carbon and nitrogen translocation between ramets affects sexual reproductive performance of the clonal grass Leymus chinensis under nitrogen addition [J]. Science of The Total Environment，2024，912：169326.

[30]赵浩波．羊草硝酸盐转运蛋白 LcNRT1. 1、LcNRT1. 2 和 LcNRT1. 7 编码基因的克隆与表达特征[D]．北京：中国农业科学院，2019.

[31]于英杰．增温和施氮导致羊草生理生态与表观遗传变化[D]．长春：东北师范大学，2014.

[32]Li L，Yang H，Peng L，et al. Comparative Study Reveals Insights of Sheepgrass (Leymus chinensis) Coping With Phosphate-Deprived Stress Condition[J]. Front Plant Sci，2019，10：170.

[33]Shi B，Wang Y，Meng B，et al. Effects of Nitrogen Addition on the Drought Susceptibility of the Leymus chinensis Meadow Ecosystem Vary with Drought Duration[J]. Front Plant Sci，2018，9：254.

[34]李会军．不同磷水平对羊草生长和养分利用的影响[D]．乌鲁木齐：新疆农业大学，2021.

[35]李文晶，王俊锋，高晓荻，等．干旱条件下氮磷添加对羊草干草产量及饲用品质的影响[J]．草地学报，2021，29：743-748.

[36]Li H，Hu Y，Liu G，et al. Responses of biomass accumulation and nutrient utilization along a phosphorus supply gradient in Leymus chinensis[J]. Scientific reports，2023，13(1)：5660.

[37]LI L，YANG H，LIU P，et al. Combined impact of heat stress and phosphate deficiency on growth and photochemical activity of sheepgrass(Leymus chinensis)[J]. J Plant Physiol，2018，231：271-276.

[38]万东莉，侯向阳，丁勇，等．磷胁迫下羊草的响应及磷响应相关基因表达分析[J]．中国农业科学，2019，52：4215-4227.

[39]魏铭，王鑫伟，陈博，等．植物紫色酸性磷酸酶基因家族功能研究进展[J]．植物学报，2019，54：93-101.

[40]郭继勋．羊草草地营养元素的吸收、积累和归还[J]．中国草原，1986，31-34.

[41]赵曼．羊草钙铁锌营养形成机理研究及 VIGS 体系建立[D]．呼和浩特：内蒙古大学，2020.

[42]王克平，娄玉杰，成文革，等．吉生羊草营养物质动态变化规律的研究[J]．草业科学，2005，24-27.

[43]闫春霞，赵曼，李浩，等．放牧和施肥模式对轻度退化天然羊草草原羊草叶钙、铁、锌含量的影响[J]．北方农业学报，2022，50：83-95.

[44]Yang Y，Chen S，Wu X，et al. Grazing affects bacterial and fungal diversities and communities in the rhizosphere and endosphere compartments of leymus chinensis through regulating nutrient and ion distribution [J]. Microorganisms，2021，9：476.

[45]常杰，葛滢．羊草群落主要营养元素吸收相关性分析[J]．植物学通报，1995，136-141.

[46]赵曼，祁智．钙调节羊草非生物胁迫耐受性的作用[J]．华北农学报，2021，36：68-76.

[47]王萍，周天．在 NaCl 胁迫下羊草幼苗生理反应及外源钙的缓解效应[J]．草地学报，1998，20-25.

[48]SU Z，BERNARDO A，TIAN B，et al. A deletion mutation in TaHRC confers Fhb1 resistance to Fusarium head blight in wheat[J]. Nature genetics，2019，51：1099-1105.

[49]周晓梅．松嫩平原羊草草地土—草—畜间主要微量元素的研究[D]．长春：东北师范大学，2004.

[50]亢燕，王耀辉，李俊，等．羊草锌转运蛋白 LcZNE1 功能的鉴定[J]．中国草地学报，2021，43：1-9.

[51]王耀辉．拟南芥和羊草锌铁转运蛋白功能研究[D]．呼和浩特：内蒙古大学，2018.

[52]GOJON A，CASSAN O，BACH L，et al. The decline of plant mineral nutrition under rising CO2：physiological and molecular aspects of a bad deal[J]. Trends in Plant Science，2023，28(2)：185 - 198.

[53]林舜华，高雷明，黄银晓．大气 CO_2 倍增对草原羊草的影响[J]．生态学杂志，1998，2-7.

[54]高素华，郭建平．CO_2 浓度和土壤湿度对羊草光合特性影响机理的初探[J]．草业科学，2004，23-27.

[55]高素华，郭建平．羊草、针茅对高 CO_2 浓度及土壤干旱的响应[J]．水土保持通报，2003，12-14.

[56]何汉琼．模拟 CO_2 倍增及降雨量变化对羊草生物量与无性繁殖的影响[D]．长春：东北师范大学，2013.

[57]高雷明，黄银晓，林舜华．CO_2 倍增对羊草物候和生长的影响[J]．环境科学，1999，28-32.

[58]季成．CO_2 浓度升高对羊草饲用品质及矿质营养的影响研究[D]．呼和浩特：内蒙古大学，2021.

[59]吴冬秀．CO_2 浓度升高对羊草草原生产力和碳平衡的影响[D]．北京：中国科学院研究生院(植物研究所)，2003.

[60]葛勇，介冬梅，郭继勋，等．松嫩草原羊草植硅体对模拟全球 CO2 浓度升高的响应研究[J]．科学通报，

2010, 55: 2635-2641.

[61]孙美萍. 利用 Multi-color FISH 建立羊草染色体辨认体系[D]. 呼和浩特: 内蒙古大学, 2020.

[62]张婷. 羊草 Ca^{2+} 依赖生长机理及特有组氨酸富集 Ca^{2+} 结合蛋白 HRC 功能研究[D]. 呼和浩特: 内蒙古大学, 2018.

[63]Zhao P, Li X, Jia J, et al. bHLH92 from sheepgrass acts as a negative regulator of anthocyanin/proanthocyandin accumulation and influences seed dormancy[J]. Journal of experimental botany, 2019, 70: 269-284.

[64]宫磊. 利用 AFLP 分析不同羊草种群间和种群内的遗传多样性[D]. 长春: 东北师范大学, 2008.

[65]LI T, TANG S, LI W, et al. Genome evolution and initial breeding of the Triticeae grass Leymus chinensis dominating the Eurasian Steppe[J], PNAS, 2023, 120 (44) e2308984120.

[66]WANG K, SHI L, LIANG X, et al. The gene TaWOX5 overcomes genotype dependency in wheat. genetic transformation[J]. Nat Plants, 2022, 8(2): 110-117.

[67]LIN Z, CHEN L, TANG S, et al. Efficient CRISPR/Cas9-mediated genome editing in sheepgrass(Leymus chinensis)[J]. J Integr Plant Biol, 2023, 65(11): 2416-2420.

羊草生殖生物学研究进展

杨伟光[1]　陈双燕[2]　贾俊婷[2]　刘公社[2]
（1. 黑龙江八一农垦大学动物科技学院；2. 中国科学院植物研究所）

摘　要：作为我国重要的乡土草种，羊草既被称为禾本科“牧草之王”，又具有极高的生态价值。笔者在查阅已有科技文献的基础上，结合自己近年的羊草生殖研究工作，对羊草生殖生物学这一领域取得的研究进展进行了综述，内容包括羊草的开花、传粉、结实等有性生殖和无性繁殖生物学研究等，并针对现状，提出羊草生殖生物学急需解决的科技问题及展望，以期为羊草种质资源的开发和利用提供参考。

关键词：羊草；有性生殖；无性繁殖；根茎；结实性；自交不亲和性

羊草又名碱草，隶属于禾本科小麦族赖草属，是亚欧草原东部的关键物种，主要分布于中国、俄罗斯、朝鲜、蒙古国等国家，我国的东北三省及内蒙古、河北、山西、陕西、新疆等省份为羊草的主要分布区。羊草是我国具有优势的多年生优质乡土草，是多年生根茎型禾草，对不同生境表现出较强的适应性，对改善我国北方草原生态环境和盐渍化土地治理具有重大意义。同时，羊草是一种重要的牧草资源，蛋白质含量高，适口性好，耐践踏，对发展高质量草牧业具有现实的经济和社会意义。

多年来，国内外的学者从不同角度对羊草的生殖生物学进行了探讨，积累了许多宝贵的研究结果，如羊草的有性生殖、无性生殖特征特性、自交不亲和机理、提高羊草结实率的方法等，但尚缺少这一研究领域的综合分析与评述。笔者结合近年的研究工作，分析整理了前人在羊草生殖生物学研究方面所取得的丰硕成果，并提出对这一领域的研究展望，以期与同仁商榷。

1　羊草有性生殖生物学研究

1.1　羊草开花生物学研究

羊草花序为穗状花序，小穗是花序的组成单位，每穗小穗数 5~15 个，每个小穗上有小花被内稃和外稃包裹，内外稃里面有 3 个雄蕊、1 个雌蕊和 2 片浆片，花药呈橘黄色或紫红色[1,2]。花器官是由茎端分生组织分化出来的，花的发育可分为 3 个阶段：①成花决定；②形成花原基；③花器官的形成及其发育。李晓宇等研究不同外源激素对羊草有性生殖数量性状的调控作用，发现激动素与赤霉素可显著地增加羊草的每穗小花数，且激动素的效果明显好于赤霉素[3]。杨允菲等研究了羊草结实器官与生态环境之间的联系，发现羊草种群的幼穗分化，以数年割草场最好，穗序长，小穗多。放牧场次之，长期割草场和停刈休闲草场上的普遍不良[4]。张兆军等对羊草根茎顶芽采用石蜡切片法首次报道了羊草根茎分生组织分化的动态以及花芽分化的时间和所占比例。结果表明：在整个生长季的根茎顶芽中，营养芽和花芽均存在，但春秋两季是花芽分化和发育的高峰；而秋季分化和发育花芽的早晚和多少，是限制羊草种群抽穗整齐度和抽穗率的重要因素[5]。

国内羊草解剖学研究多见于形态比较，马鹤林等最早将羊草幼穗分化过程分为 8 个阶段：Ⅰ. 初生期；Ⅱ. 伸长期；Ⅲ. 结节期；Ⅳ. 小穗突起期；Ⅴ. 颖片突起期；Ⅵ. 小花突起期；Ⅶ. 雌雄蕊形成期；Ⅷ. 抽穗开始期[6]。张兆军等将羊草幼穗分化时期分为六个时期，即初生期、伸长期、结节期、小穗分化期、小花分化期和抽穗期[5]。利用扫描电子显微镜技术，对羊草根茎分生组织分化的动态以及花芽分化过程进行观察[7]，分为初生期(叶原基分化期)、伸长期(第一苞分化期)、结节期(苞原基分化期)、小穗分化期、小花分化期和抽穗期[7]，如图 10-1 所示 。

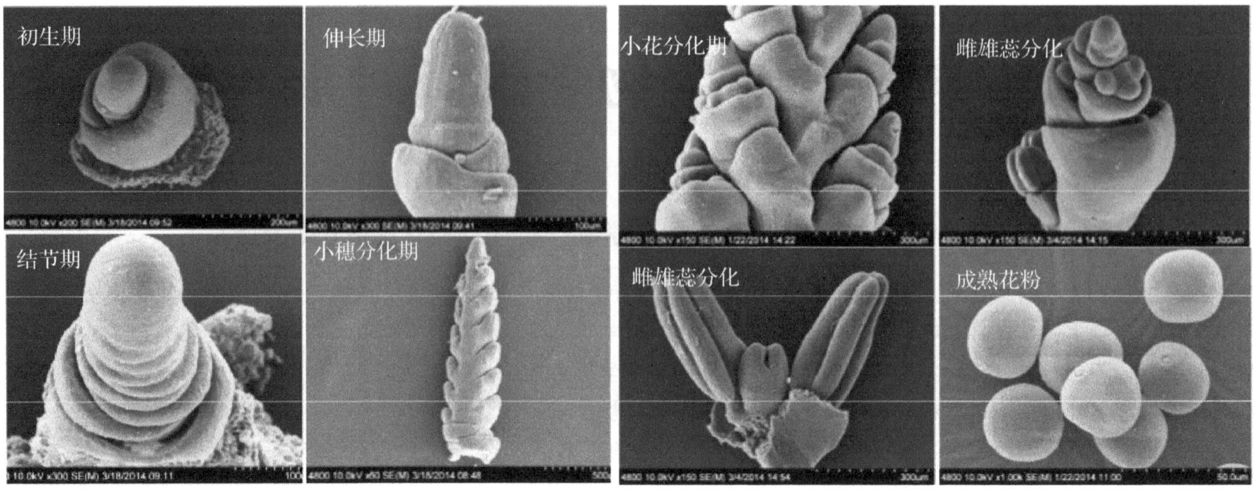

图 10-1　羊草不同时期根茎顶芽分生组织扫描电镜照片

1.2　羊草传粉生物学研究

羊草是一种异花传粉植物，这种生殖方式与其他多种多年生禾草类似[8]。羊草种群从开花到结实，一般历时 30~45 天，本阶段主要是雌蕊历经授粉受精，发育成胚和胚乳，再经过灌浆阶段，最后形成种子[4]。张卫东等观察发现不同地区羊草的开花期有所不同。在北京，开花期一般在 5 月上中旬，开花持续 2~3 周。对某一特定居群，开花时间最多 8 天，开花盛期在第 3~6 天。开花显露柱头的时间在一天之内集中于两个阶段，其一为上午 8：30~9：30；其二为下午 15：30~16：30，下午偏多。天气干燥和阳光充足有利于开花授粉。在整穗中，穗中部的小穗上的小花首先开放，随后向上下延伸，不同居群开花性状呈现类似的表型。羊草一般不存在自花授粉和异花授粉的空间障碍，开花时，雌蕊和花粉的成熟时间同步，柱头与花药的空间邻近(图 10-2)[8]。

A-成熟的花药和柱头同时显露于花序上(花序长约 8.5cm)；B-在花序上，开花后，萎蔫的柱头和散除大部分花粉的花药；C-剥开的小穗显示萎蔫的柱头和开裂的花药；D-剥开的小花显示羽状柱头，在内稃和外稃之间是 3 个花药。

图 10-2　羊草花序、小穗和小花照片

从雌蕊柱头出现至花药散粉的全过程，最长 350 分钟，最短 160 分钟，平均 289.6 分钟。从花丝延伸到花粉散粉的时间基本上是稳定的，大约 6 分钟[8]。直至花药散粉后萎缩和花丝下垂，柱头始终保持蓬松舒展、接受花粉的状态。羊草柱头为宽大、蓬松的羽状柱头，传粉以后，花粉很快在羽状柱头上萌发，长出花粉管。花粉管不断调整方向，穿过柱头和花柱进入子房，并破坏 1 个助细胞，将 1 个营养核与 2 个精子释放到破坏的助细胞中。此后，1 个精子与卵细胞融合，合子发育成为颖果中的胚。另一个精子与极核融合，发育成为胚乳，羊草的受精作用属于有丝分裂前配子体融合类型。目前关于花粉到达胚囊的具体时间还未有报道。而关于传粉后精核与卵核融合时间，卫星和申家恒认为传粉后2~3小时，精核贴附于卵核核膜上，一般传粉后8~9个小时，精核与卵核的核膜开始融合[9]，而孙桂贞等认为羊草开花后4小时，二精子进入胚囊，开花后5个小时精核贴附于卵核核膜上，之后就很快精核与卵核的核膜开始融合[10]。

羊草的胚胎发育为紫菀型，受精卵在开始分裂之前，有一个“休眠期”，或者称为成熟期[10]。羊草自受精到合子第一次分裂需10~12个小时[9]。据观察，卵细胞受精后，合子体积没有明显变化。大多数合子内有1个大核仁，少数合子内雌雄性核仁一直没有融合。休眠后进行横分裂，形成2个细胞原胚，其中顶细胞体积小，具有浓厚的细胞质；基细胞较大，其珠孔端有液泡[10]。约48小时之后，顶细胞进行一次纵分裂，基细胞进行一次横分裂形成“T”形4-细胞原胚。之后细胞向各个方向分裂，开花4天胚呈椭圆形，胚柄不显著；开花8天，形成具盾片雏形的长棒状胚；此后，出现盾片、胚芽鞘和胚根鞘；开花15天后出现胚根和胚芽，经胚成熟期发育成为胚[10,11]。羊草的胚乳发育属于核型胚乳[12]，与禾谷类如玉米、大麦和水稻等相似，这些游离核沿胚囊四周排列成为周缘游离核[13]。羊草胚乳细胞化顺序先由珠孔端向合点端进行[10,11]。首先游离核之间出现成膜体，经细胞板产生初始垂周壁，经过一段“开放细胞”时期，以后形成平周壁，羊草胚乳细胞增生无形成层状结构存在，且胚乳的各层细胞都可以进行分裂，以增加胚乳体积；开花后约9天胚乳细胞内积累了许多淀粉，胚乳最外层细胞发育为糊粉层。

1.3　羊草结实生物学研究

羊草在自然条件下，无性繁殖占绝对优势，有性繁殖能力低。自然条件下羊草的结实率仅为25%左右[14]。结实率低给羊草的实际生产和应用带来很大的困难。对于羊草结实率低的原因和解决方法，前人已经做了多方面的研究和尝试。马鹤林等认为羊草群体抽穗期长、开花不集中，不能保证有充足的花粉进行异花授粉，导致其结实率低；另外，他们还发现羊草线虫病是造成羊草结实率低的另一个原因(侵入子房，主要危害籽实)[15]。有研究发现，影响结实率的内因是羊草遗传，在自然条件下对羊草进行自交、异交结实性实验，并采用FDA染色法检测羊草小孢子活力，观测雌、雄蕊发育的时空特点，结果表明，在草原上羊草异交结实率远大于其自交结实率。在成熟花药中有生活力的花粉平均达95.2%以上。在发育时间顺序和空间结构上，雌、雄蕊并不妨碍自体授粉。在自然条件下，羊草自交结实率大多数为0，偶有结实的材料，结实率也很低(2.99%~3.32%)[8]。与自交结果不同，在相同条件下，虽然羊草自然异交结实率也较低，但远大于自交的结实率（$P<0.01$），最低是6.5%，最高为56.71%。且成熟花药中绝大多数的花粉具有活性；在雌蕊和雄蕊发育的时间和空间上，羊草适于异花和自体授粉。花粉柱头亲和性实验表明，大多数的杂交花粉是亲和的，自身花粉大多在柱头表面萌发后不久即受到抑制[8]，这与Heslop-Harrison[16]对禾草的研究结果一致。以上结果说明：羊草具有显著的自交不亲和性。不过，也有学者提出，羊草的胚囊发育属于蓼型，在雌蕊发育过程中，几乎半数的雌蕊和8.6%的大孢子发育异常；开花期，47%的雌蕊发育异常；开花后24小时，许多花粉粒在正常雌蕊柱头上萌发。异常雌蕊和低效获得花粉的能力，可能是低结实率的主要原因[17]。

在实践中，人们试图通过各种途径提高羊草的结实率。有人认为，羊草结实受生态环境(特别是水分因子是造成不同年份羊草结实率不同的主要原因，如阴雨天气)、羊草生长年龄、营养物质分配方式、播种期等多种因素影响，因此强调在生产过程中应选择水热条件好的地区种植羊草[18]。还有人尝试通过体细胞杂交或者远缘杂交导入外源基因改变羊草遗传特性，发现以羊草为母本，赖草为父本，杂交比较容易成功，反之则不容易成功[19,20]。段晓刚[14]等还发现在羊草雄配子体发育的过程中，某些小孢子母细胞有明显的无丝分裂现象，从而形成不育花粉；他们认为减数分裂不正常是由于温度不正常(高温、低温或变温)引起的。已有研究发现，施肥对羊草有性生殖也有影响，不同时期施用N、P、K肥虽然对当年羊草的抽穗率和抽穗数均没有显著影响，但可以显著提高羊草的结实率和结实粒数。特别是施用N、K肥和早期施肥对羊草结实影响更大，并提出在5月羊草孕穗前期施用120kg/hm^{2}尿素和 100kg/hm^2 硫酸钾，不施用磷肥的组合为最佳组合[21,22]。上述研究结果为改良羊草结实性寻找新的突破点提供了参考。

1.4 羊草种子生物学研究

种子特性研究是种子质量评价的基础，为种子质量管理和新品种的培育提供理论基础。中国科学院植物研究所对来源于宁夏、内蒙古、北京、河北、吉林、黑龙江 6 个省份的 28 份羊草种质的种子相关性状进行了研究[23]，发现外稃和颖果长宽在不同种质间、地域间均存在显著差异；多数种质的内外稃都不易脱落；外稃长度与宽度、外稃长度与颖果长度、颖果长宽与千粒重、颖果宽与颖果比重存在极显著相关。而外稃长与内稃脱壳指数、颖果长与颖果宽、颖果长与内稃脱壳指数、千粒重与外稃宽均存在显著相关。不同基因型羊草种子大小特性存在显著差异；羊草种子大小对幼苗自养生长有显著影响，种子大小与幼苗大小和生物量显著正相关。羊草种子大小特性形成于种子发育过程中授粉后 14 天左右，种皮颜色特性形成于授粉后 28 天左右，羊草种子萌发特性由基因型和发育进程决定[24]。

植物种子成熟后脱落是其祖先在长期生存竞争中形成的一种适应性，它有利于植物抵御恶劣自然条件和有效繁衍后代[25]。刘祝江等[26]对羊草落粒性的研究表明，在羊草种子成熟过程中，小穗轴和种柄之间形成离层，是导致种子自然脱落的重要原因，羊草落粒性在不同品系中存在明显差异，其落粒率的范围在 22.8%~79.9%，羊草颖果宽度与落粒率呈正相关。羊草落粒性不仅受品系影响，还受环境、气候及其自身结构等因素影响。在连续降雨条件下，空气湿度大，温度高，羊草种子几乎不落粒。我们推测，在湿度大、温度高的条件下，羊草小穗吸水改变了茎秆的柔韧性，可以降低落粒性。

2 羊草无性生殖生物学研究

羊草是典型的无性系植物，又称克隆植物。分蘖是羊草重要特性之一，同时也是自然条件下羊草种群更新的主要途径[27]。每个羊草无性系（clone）由同一基因型的不同分蘖株（ramets）所构成[28]。羊草分蘖株发生的部位为分蘖节，是随着叶片的不断分化而形成的一个节间较短的区间，分蘖节的每个节间均可产生一个分蘖芽[28,29]。分蘖芽可向上生长伸出地面上，也可在地面下横向生长。向地面上生长的分蘖芽形成新一代分蘖株，而在土壤中横向生长的分蘖芽则形成根茎（图 10-3）[23]。

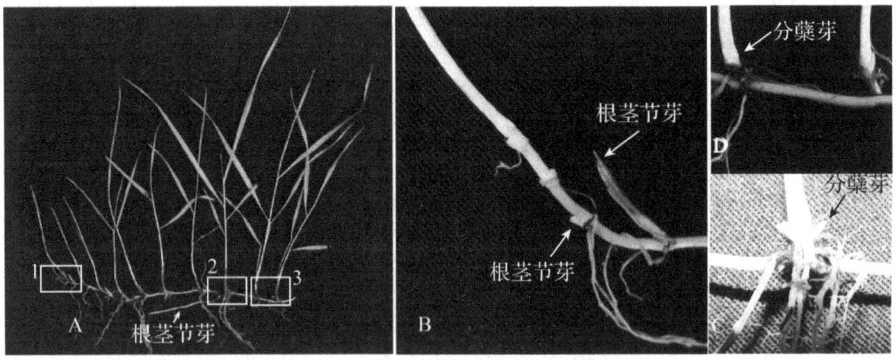

A-为无性系全局图；B-为 A 图的第 1 区域局部放大；C-为 A 图的第 2 区域局部放大；D-为 A 图的第 3 区域局部放大。

图 10-3 羊草无性繁殖器官示意图

横走根茎是羊草的无性繁殖器官，也是重要的营养储存器官。根茎在养分和水分储存、运输，分蘖茎的形成，抵御逆境胁迫等方面起关键性作用。特别在逆境条件下，由根茎相连的多个分蘖株，可以通过克隆内资源整合和共享，抵御环境的不利影响，增加种群的生存机会。羊草发达的横走根茎多分布在地下 5~10cm，地下根茎蔓延生长最长可达十几米，使得羊草植株可以接触更广的土壤；每个节间都生有不定根，这些不定根可以用来获取土壤中的养分和水分[16]。

羊草的无性繁殖直接关系到种群的生存发展，分蘖芽和根茎节芽的持续分化和生长保证了种群的动态更新。同时横走根茎不断“开疆拓土”，保证物种的“觅食”空间。张继涛等[31]观察发现，在返青初期，前一个生长季末形成的地下各类芽向地上单向生长，此时新生母株还没有产生无性后代(芽)的能力，所以地下各类芽的密度逐渐减少；返青的母株生长1个月之后，羊草根茎顶芽开始发生，呈水平生长方式远离母株，占据生态位；7月中旬以后，水平根茎顶芽开始向地面弯曲输出子株，同时分蘖芽和根茎节芽开始持续发生，并输出子株，随着根茎顶芽、根茎节芽和分蘖芽的陆续增加，相对应输出的子株数量也在不断增加。8、9月是地下芽密度的最高峰。9月中旬之后，各类芽的输出量逐渐大于输入，使各类芽呈下降的趋势。由此可见，正是通过这一机制，羊草实现了在不同生长地区的快速繁殖。

目前，对于禾草根茎的生物学意义的认识还未形成一致意见，主要有两种观点：一是根茎的主要功能是连接分蘖株，存储碳水化合物，分化再生芽[32]；另外一种观点认为，禾本科克隆植物的根茎除了具有繁殖功能外，还是重要的营养吸收器官。研究结果显示[33]，羊草根茎生长第一和第二节具有明显的顶端优势，而已有研究表明，根茎的顶端优势与植株竞争营养(如氮、碳水化合物以及水分)有关[34,35]。从这些分析来看，羊草根茎除了具有繁殖功能外，还与植株适应不同生境有关。另外，刘公社[23]发现分蘖芽是植株更新的主要来源，对无性系的产量和植株数量有显著影响。张继涛等[31]通过观察各类芽和子株的构成比例发现，分蘖芽和分蘖芽子株的比例约占更新分蘖株的80%，远远超过根茎顶芽和根茎顶芽子株的15%，以及根茎节芽和根茎节子株的5%，这一结果也说明分蘖芽和分蘖芽子株是构成返青母株种群的主体，所以地上植株的密度主要受分蘖芽多少的制约。另外，从以上结果可以发现，羊草根茎在特定无性系对种群繁殖数量贡献不大，根茎顶芽的形成、延伸和根茎顶芽子株输出从某种角度看似乎具有更大的生态意义。

关于决定分蘖芽、根茎芽、根茎节芽形成的机制还不是很清楚。Hu 等[36]观察到在竹子笋芽形成之前，根茎具有较高浓度的赤霉素、玉米素和吲哚乙酸。采用酶联免疫吸附精确的检测试验表明，高浓度的生长素与新根茎和竹笋形成前新的根茎芽的形成相关，而高浓度的 ZT 与根茎芽形成竹笋有关[37]。另外，有研究发现多年生草的根茎含有较多的碳水化合物(有机物质的20%~40%，主要成分是果聚糖)，而根中只有1%~8%，不同季节差异明显，最大量为秋季，最小量为早春和夏季第一次割草之后[38]，这与刘公社[23]观察到的各类芽的更新时期具有某种吻合。石连旋等[39]研究表明，羊草越冬根茎中蔗糖和可溶性总糖含量与7月中旬时羊草的密度和高度有显著的正相关性。而刘公社[23]也认为除了作为营养物质外，碳水化合物可能作为信号物质参与了调控根茎各类芽的分化比例。分子生物学研究结果显示，与叶片相比，竹子根茎中有318基因上调和339基因下调，这些基因与植物生长发育的调控信号、代谢、胁迫响应、细胞壁构成等功能的执行密切相关。研究人员对6个与根茎芽发育相关的基因进行了克隆和测序，深入分析发现，这些基因在根茎苗、根茎芽、竹笋、叶片、小花中具有不同的表达模式，其中 *PpHB*1 基因与根茎芽的形成以及原形成层的发育密切相关[40]。研究表明[23]，去叶对羊草各分蘖株的高度和叶片数未发生显著影响，说明刈割诱导了羊草补偿生长。另外，刈割后羊草新长出的无性系分株间隔距离和分蘖芽发生强度表现为更强的顶端优势。对于这种现象可以有几种解释：一是刈割引起了适应性生长，新生根茎为获得较多的物质，促进伸长生长；二是刈割改变了植物的外界生长环境，由于植物地上部分被去掉了，减少了对光照的遮蔽，有更多的光照照射到土壤中，提高了土壤温度，进而促进了每个根茎的生长，因为有研究显示，高温条件下确实可以提高根茎的生长量[41]；三是刈割去掉了部分分蘖芽，减少了营养和水分的竞争，顶端生长优势获得了增强。

3 羊草的自交不亲和机理研究

自交不亲和性(SI)是一种在显花植物中广泛分布，避免开花植物自花授粉的遗传机制[42,43]。花粉 SI 表型的遗传控制方式分为两类：配子体自交不亲和性(gametophytic self-incompatibility，GSI)和孢子体自交不亲和性(sporophytic self-incompatibility, SSI)[44]。禾本科植物SI在生理表型上跟罂粟科(Papaveraleae)和十字花科(Brassicaceae)极其相似，三者都是干柱头以及花粉与柱头之间的快速反应[45]。在这三种SI体系中，柱头能够识别亲和花粉及不亲和花粉，亲和花粉能够在柱头上黏附、吸水、萌发、深入花柱等完成受精过程；而不亲和花粉则受到抑制，不能完成受精作用。禾本植物是一种特殊的配子体自交不亲和类型，和单一位点控制的自交不亲和性不同，其不亲和性由至少两个非连锁的复等位基因位点S和Z控制[46,47]。当花粉和柱头上两个位点的等位基因完全一致时，才会发生自交不亲和性，而且这两个基因之间没有显隐性的关系。张卫东等通过花粉柱头亲和性实验，发现自交组合的花粉柱头亲和率极低，而多数杂交组合的结实率并不一致，从47.5%~96%不等。正反交的花粉柱头亲和率基本一致，说明羊草是一种GSI自交不亲和性的物种，大多数自交花粉萌发后产生的花粉管刚一进入柱头就停止延伸[8]。Zhou等通过高通量测序的方法，对羊草苗期10天的叶片、成熟子房、成熟柱头进行转录组测序，发现了羊草柱头特异性和偏好性表达基因1025个。此外，通过对其他物种中筛选出的SI候选基因与羊草柱头转录组数据库进行比对，在羊草数据库中发现了很多与SI候选基因同源的基因序列[48]。这项研究在基因组水平鉴定禾草柱头特异性和偏好性SI表达基因，并筛选出许多可能参与花粉与柱头相互作用及SI候选基因，包括钙依赖性的蛋白激酶、CBL相互作用蛋白激酶(CBL-interacting protein kinases, CIPKs)、氧化物酶、果胶酯酶、转录因子等。柱头特异或偏好性表达基因的挖掘将为禾本科植物SI机制的揭示提供了理论基础。

禾本科植物自交不亲和性的研究是植物生殖研究的热点，尤其是控制自交不亲和性状的基因。但是目前仍然没有获得能直接控制禾本科植物自交不亲和的S或Z基因。Kakeda[49]在球茎大麦花药中克隆了一个S位点连锁的F-box基因。二倍体球茎大麦也是一种自交不亲和物种。他们克隆的两个F-box基因与S位点连锁遗传，命名为*HSLF*1和*HSLF*2。测序结果表明，这两个基因编码类似F-box蛋白，这类蛋白在C端有个亮氨酸富集序列(leucine-rich repeat, LRR)，它们在花粉表达，参与S-RNase类的自交不亲和控制。但是这两个具有F-box序列的基因不同，没有直接证据表明其参与了自交不亲和。同时他们还证明，*HSLF*1的一个等位基因*HSLF*1-S在成熟花药中表达，*HSLF*2具有三个等位基因。Manzanares[50]在黑麦草中定位了一个S位点基因*DUF*247。贾俊婷等通过取授粉前及自交、杂交授粉后不同时间点的雌蕊为材料，利用转录组测序及生物信息学分析，筛选出可能参与花粉与柱头相互作用及SI候选基因，包括钙依赖性的蛋白激酶、CBL相互作用蛋白激酶(CBL-interacting protein kinases, CIPKs)、氧化物酶、果胶酯酶、转录因子等[51]，并鉴定一个雌蕊偏好性表达的MYB转录因子，命名为*LcMYB*4，在成熟雌蕊中表达较高，且该基因的表达受花粉诱导，在杂交授粉后大量表达，参与羊草的有性生殖[52]。采用细胞学及组学等手段，发现羊草自交授粉时花粉能正常萌发，但授粉后30分钟花粉管的生长严重受阻，发掘出自交不亲和性(SI)相关的基因群，涉及钙离子(Ca^{2+})信号、蛋白磷酸化、植物激素、活性氧(ROS)、一氧化氮(NO)、细胞骨架和程序性细胞死亡(PCD)等信号基因和途径，提出了羊草SI作用机理模型，即羊草SI可能通过花粉与柱头识别基因互作，诱导了以钙离子和植物激素为主的复杂信号转导级联反应，最终通过程序性细胞死亡，抑制花粉管尖端的生长，导致自交不结实，研究结果为高效混合选择育种方案的制定提供了理论依据[53]。

4　羊草种子的休眠与萌发特性

羊草种子萌发率非常低，一般仅有10%~20%[54]，普遍存在休眠特性。有研究认为，羊草种子的休眠特性属于生理性休眠，是种子内含萌发抑制物和促进物综合作用导致的结果[55]；Zhang[56]认为羊草休眠方式是内源激素、外部环境(光照、温度、冷层积)等多种休眠方式的混合作用结果；而马红媛等[57]则认为羊草种子休眠特性形成的关键是羊草种子本身的外稃束缚以及来自胚乳的抑制作用；何学青等[58]发现种子胚乳、种皮和外稃是羊草种子休眠特性形成中的关键因素，对休眠特性的贡献分别约为42.0%、28.4%和23.4%。也有研究发现，羊草种子的稃对颖果的机械束缚是种子物理休眠的主要原因，羊草种子去稃后能够显著提高萌发率[59]。此外，易津等[60]发现羊草种子的稃中促进萌发的激素(Z、ZR、GA3、IAA)含量相较种子胚中低很多，而抑制萌发激素脱落酸(ABA)的含量显著高于胚，这可能说明了稃对休眠的维持作用。也有研究认为羊草种子的稃与种皮在一定程度上阻碍了大分子物质的渗入，并抑制了种子内部胚中萌发抑制物的渗出，使种子与外界物质交换受到阻碍，但种子的稃也具有保护颖果和响应环境胁迫的作用[61]。综合大多学者的观点，种子的稃和种皮的束缚，以及种子内部和种皮中的萌发抑制物是造成羊草种子休眠的主要原因，同时也是羊草种子休眠特性形成的综合因素。

羊草种子的萌发特性主要体现于种子低萌发率。造成羊草种子萌发率低的因素很多，如活性氧代谢低[62]、稃表面有角质层[63]和外稃的机械束缚[57]等。齐冬梅等[64]则认为羊草种子的萌发率受种质本身的基因型、采收地域的土壤类型、气候条件等影响，种子本身的活力(37%~69%)是造成羊草种子萌发率偏低的主要原因之一，而不同地点采收的羊草种子活力差异较大，如河北省沽源县采收的种子活力达69%、吉林省达42%、黑龙江省达40%。Zhang[56]认为羊草种子休眠是由于多种休眠的混合而形成，如利用GA3、BA、浓硫酸、NaOCl和低温层积等方法处理羊草种子，均能提高羊草种子萌发率。马红媛等[57]认为羊草种子萌发时的温度、稃片的阻碍和胚乳的阻碍是羊草种子休眠和萌发的主要因素，而非激素调控，其中物理阻碍主要来自内稃，且胚乳中含有的萌发抑制物均对羊草种子萌发具有显著的抑制作用。此外，黄立华等[65]研究表明高pH和高Na^+含量是抑制羊草种子萌发和根芽生长的主要原因。

而关于羊草种子萌发和休眠特性的机理，主要集中在激素调控作用方面，尤其是ABA和GA被认为是调控种子休眠与萌发的最为重要的两种内源激素。普遍共识是，种子体内的ABA含量随着种子成熟逐渐增加，进而诱导种子进入休眠，抑制种子的提早萌发；相反，种子体内的GA含量是种子萌发的正调控因素，对种子休眠释放和促进种子萌发方面起着重要的促进作用。易津等[55]研究表明，羊草种子休眠属于生理休眠，种胚内的ABA是抑制羊草种子萌发的关键因素之一。马红媛[57]研究表明，将羊草种子放入低浓度的GA中萌发，可显著促提高羊草种子萌发率。而黄小辉等[66]利用外源低浓度的ABA胁迫羊草种子萌发，发现低浓度的ABA对羊草种子休眠和萌发没有显著影响，但高浓度的ABA显著抑制羊草种子萌发，这主要是由于种子萌发启动后，吸胀过程中ABA的合成、抑制种子内源赤霉素的合成，是羊草种子萌发低的重要原因。萌发相关基因鉴定方面，刘书等[24]利用变温处理羊草种子萌发材料进行测序，从中鉴定筛选得到6个与变温处理和萌发均相关的基因，分别是几丁质酶基因*Chi*1、低温响应基因*CBF*3、赤霉素合成相关基因*GA3ox*、细胞松弛素编码基因*EXPB*4和羊草新基因*SAIN*1、*5423*；李晓霞等以同样的方法，鉴定出羊草新基因*SAIN*3，过表达*LcSAIN*3拟南芥种子在萌发时间、萌发速率、萌发整齐度上更有优势，因此推测*LcSAIN*3基因在种子萌发信号通路中起着重要作用，为揭示羊草萌发机理奠定了基础[67]。

5　存在问题及展望

5.1　羊草“低抽穗率、低结实率、低发芽率”仍是羊草产业发展的瓶颈问题

羊草的有性生殖研究已有较长的研究历史，近期研究成果已取得了一定的进展，如羊草的结实率低与自交不亲和性密切相关、萌发率低与基因型有关。随着羊草基因组测序的完成，如何利用表型组学、基因组学等技术解析羊草种质资源生殖性状形成的分子机制，研究性状调控的关键基因，发掘性状关联的分子标记将是下一步研究的重点。通过常规育种与分子生物学相结合选育、“高抽穗率、高结实率、高发芽率”的品种是羊草产业的迫切需求。

5.2　羊草自交不亲和机制尚不清楚，杂种优势有待挖掘与利用

前期研究证明羊草自然条件下异交结实率远大于其自交结实率，其主要原因之一是羊草具有自交

不亲和的特性，尽管羊草自交不亲和特性取得了一定进展，但其作用机理尚不清楚，有待进一步解析。如果获得控制羊草自交不亲和性的基因，就可以采用基因编辑的方法，调控羊草的自交结实率，获得自交系，为羊草杂交育种奠定基础。另一方面还可以利用羊草的自交不亲和性选配优良杂交组合，利用羊草的杂种优势，选育高产羊草品种。

5.3 羊草有性和无性繁殖的基础生物学研究仍较薄弱

羊草具有有性、无性混合繁殖策略，野生状态下以无性繁殖为主，有性繁殖为辅。羊草的无性繁殖采用两种方式，分蘖和根茎克隆繁殖。大量分蘖芽密集于基部，有效减小了被采食的机会，是刈牧后再生的有效保证。但决定分蘖芽、根茎芽、根茎节芽形成的机制还不清楚。此外，羊草的有性生殖，如开花特征、花芽分化过程、雌雄配子体发育、自交不亲和特性等研究基础仍较薄弱，结实率低、萌发率低的生殖适应机制尚不清楚，杂交制种、三系配套繁种技术尚属空白。

参考文献：

[1]马鹤林，云锦凤，宛涛，等.‘农牧一号’羊草生物学特性及主要经济性状表现[J]. 中国草地，1992，(2)：1-5.

[2]Huang Z H，Zhu J M，Mu X J. Pollen dispersion，pollen viability and pistil receptivity in Leymus chinensis[J]. Ann Bot，2004，93：295-301.

[3]李晓宇，穆春生，王颖，等. 不同外源激素对羊草有性生殖数量性状调控作用的研究[J]. 中国草地学报，2009，31：17-22.

[4]杨允菲，祝廷成. 羊草种群种子生产的初步研究[J]. 植物生态与地植物学学报，1989，13(1)：73-78.

[5]张兆军，穆春生，张继涛，等. 羊草根茎顶芽分生组织分化的动态研究[J]. 草业学报，2008，17：71-79.

[6]马鹤林. 羊草小孢子发育与结实的关系[J]. 内蒙古农牧学院学报，1985，(2)：97-104.

[7]刘公社 李晓霞. 羊草种质资源研究(第二卷)[M]. 北京：科学出版社，2015.

[8]张卫东，刘公社，刘杰，等. 羊草自交不亲和初步研究[J]. 草地学报，2002，10：287-292.

[9]卫星，申家恒. 羊草受精作用及其胚与胚乳早期发育的观察[J]. 西北植物学报，2004，24：31-37.

[10]孙桂贞，屠骊珠. 羊草的双受精作用与胚胎发育[J]. 内蒙古大学学报(自然科学版)，1990，21：572-577.

[11]马鹤林，索培芬. 对羊草细胞生物学研究的回顾[J]. 内蒙古草业，2006，18：1-7.

[12]孙桂贞，屠骊珠. 羊草胚乳发育及颖果发育过程中多糖的动态[J]. 内蒙古大学学报(自然科学版)，1991，21：522-527.

[13]胡适宜. 小麦受精过程的形态学及细胞学的观察[J]. 植物学报 1962(10)：299-308.

[14]段晓刚，樊金铃. 羊草(Leymus Chinensis)PMC 减数分裂的研究[J]. 中国草地学报，1984(01)：68-70+83.

[15]马鹤林，苑涛，王凤刚. 羊草结实性及结实率低的原因[J]. 中国草原，1983(3)：15-20.

[16]Heslop-Harrison，J. Pollen - Stigma Interaction and Cross-Incompatibility in the Grasses[J]. Science，1982，215(4538)：1358-1364.

[17]Teng N，Chen T，Jin B，et al. Abnormalities in pistil development result in low seed set in Leymus chinensis (Poaceae)[J]. Flora-Morphology Distribution Functional Ecology of Plants，2006，201(8)：658-667.

[18]王梦龙. 羊草结实特性的研究[J]. 中国草地，1998，(1)：18-20.

[19]杜建材，王照兰，于林清，等. 用远缘杂交方法改良羊草结实性的研究[J]. 中国草地，1998(4)：5-8.

[20]张颖，侯建华，张志，等. 羊草与灰色赖草 F1 代细胞悬浮系的建立及植株再生[J]. 西北植物学报，2006，26：937-941.

[21]王俊锋，穆春生，张继涛，等. 施肥对羊草有性生殖影响的研究[J]. 草业学报，2008，17：53-58.

[22]Wang J，Li X，Gao S，et al. Impacts of Fall Nitrogen Application on Seed Production in，a Rhizomatous Perennial Grass[J]. Agronomy Journal，2013，105(5)：1378-1384.

[23]刘公社 李晓峰. 羊草种质资源研究[M]. 北京：科学出版社，2011.

[24]刘书，刘盼盼，杨伟光，等. 羊草种子萌发相关基因的筛选及表达分析[J]. 草业学报，2018，27(11)，58-66.

[25]王立群，杨静，石凤翎. 多年生禾本科牧草种子脱落机制及适宜采收期的研究[J]. 中国草地，1996，18(3)：7-16.

[26]刘祝江，陈延，蒙静，等. 羊草种子的落粒性及其相关特征的研究[J]. 草地学报，2013，21(001)，152-158.

[27]Wang R C, Jensen K B . Absence of the J genome in Leymus species (Poaceae: Triticeae): evidence from DNA hybridization and meiotic pairing[J]. Genome, 1994, 37(2): 231-235.

[28]杨允菲，张宝田，李建东．松嫩平原栽培条件下羊草无性系构件的结构[J]．应用生态学报，2003，14(11)：1847-1850.

[29]张慧荣，杨持．不同生境条件下羊草种群构件的可塑性变化[J]．内蒙古大学学报(自然科学版)，2008，39(3)：4.

[30]李静，马小凡，郭平，包国章．施肥及施加植物生长调节剂对盐碱胁迫下羊草分株种群特征的影响研究[J]．牧草与饲料，2007，1(4)：3.

[31]张继涛，徐安凯，穆春生等．羊草种群各类地下芽的发生、输出与地上植株的形成、维持动态[J]．草业学报，2009，18(4)：7.

[32]Dong M, Alaten B . Clonal plasticity in response to rhizome severing and heterogeneous resource supply in the rhizomatous grass *Psammochloa villosa* in an Inner Mongolian dune, China[J]. Plant Ecol, 1999, 141: 53-58.

[33]汪恩华．羊草繁殖生物学特性的研究[D]．北京：中国科学院大学，2002.

[34]ChancellorR J. The development of dominance amongst shoot arising from fragments of *Agropyon repens* rhizomes. Weed Res, 1974, 14: 29-38.

[35]McIntyre, Gordon I . Apical dominance in the rhizome of Agropyron repens. Some factors affecting the degree of dominance in isolated rhizomes[J]. Canadian Journal of Botany, 1971, 49(1): 99-109.

[36]Hu C, Jin A, Zhang Z. Change of endohormone in mixed bud on Lei bamboo rhizome during differentiation[J]. J Zhejiang For Col, 1996, 13: 1-4.

[37]Huang J, Liu L, Zhang B, et al. Dynamic changes of endophytohormone in rhizomal buds of Phyllostachys praecox[J]. Sci Silvae Sin, 2002, 38: 38-41.

[38]Eliel S, Kjell L. Carbohydrates in roots and rhizomes of perennial grasses[J]. New Phytol, 1986, 104: 339-346.

[39]石连旋，胡勇军，宫亮，等．不同盐碱化草甸羊草越冬根茎中可溶性糖和蛋白研究[J]．东北师大学报(自然科学版)，2008，40：884-92.

[40]Wang K H, Peng H Z, Lin E P, *et al.* Identification of genes related to the development of bamboo rhizome bud[J]. J Exp Bot, 2010, 61: 551-561.

[41]Peter S, Philipp E, Bernhard S. Plant foraging and rhizome growth patterns of Solidago altissima in response to mowing and fertilizer application[J]. J Ecol, 1998, 86: 341-354.

[42]Shuangyan Chen, Junting Jia, Liqing Cheng, et al. Transcriptomic Analysis Reveals a Comprehensive Calcium-and Phytohormone-Dominated Signaling Response in Leymus chinensis Self-Incompatibility[J]. International Journal of Molecular Sciences, 2019, 20(9): 23-56.

[43]Zhang Y, Zhao Z, Xue Y. Roles of proteolysis in plant self-incompatibility[J]. Annual Review of Plant Biology, 2009, 60: 21-42.

[44]De Nettancourt, D. Incompatibility and incongruity in wild and cultivated plants[J]. Plant Systematics and Evolution, 232 (2002): 263-266.

[45]Yang B, Thorogood D, Armstead I. How far are we from unravelling self-incompatibility in grasses[J]. New Phytologist, 2008, 178(4), 740-753.

[46]Baumann U, Juttner J, Bian X Y. Self-incompatibility in the grasses[J]. Annals of Botany, 2002, 85: 203-209.

[47]Klaas M, Yang B, Bosch M. Progress towards elucidating the mechanisms of self-incompatibility in the grasses: further insights from studies in Lolium[J]. Ann Bot, 2011, 108: 677-685.

[48]Zhou Q, Jia J, Huang X, et al. The large-scale investigation of gene expression in Leymus chinensis stigmas provides a valuable resource for understanding the mechanisms of poaceae self-incompatibility[J]. BMC Genomics, 2014, 15(1): 399.

[49]Klaas M, Yang B, Bosch M. Progress towards elucidating the mechanisms of self-incompatibility in the grasses: further insights from studies in Lolium[J]. Ann Bot, 2011, 108: 677-685.

[50]Manzanares, Chloe, Studer, et al. A Gene Encoding a DUF247 Domain Protein Cosegregates with the S Self-Incompatibility Locus in Perennial Ryegrass[J]. Oxford University Press, 2016(4): 870-874.

[51]Jia J, Zhao P, Cheng L . MADS-box family genes in sheepgrass and their involvement in abiotic stress responses[J]. Bmc Plant Biology , 2018, 18(1): 42.

[52]贾俊婷．羊草自交不亲和基因资源挖掘及 LcMYB4 基因功能研究[D]．北京：中国科学院大学，2018.

[53]Shuangyan Chen，Junting Jia，Liqing Cheng，et al. Transcriptomic Analysis Reveals a Comprehensive Calcium-and Phytohormone-Dominated Signaling Response in Leymus chinensis Self-Incompatibility[J]. International Journal of Molecular Sciences，2019，20(9)：23-56.

[54]杨映根，郭奕明，郭毅，等．羊草种子生产及提高种子萌发率的研究进展[J]．种子，2001(5)：40-42.

[55]易津，李青丰，田瑞华．赖草属牧草种子休眠与植物激素调控[J]．草地学报，1997(2)：93-100.

[56]Zhang W D，Ning T Y，Liu X L. Effects of temperature，light and other treatments on seed germination of Leymus chinensis[J]. Canadian Journal of Plant Science，2006，86：143-148 .

[57]马红媛，梁正伟，陈渊．提高羊草种子发芽率方法研究进展[J]．中国草地，2005(4)：64-68.

[58]何学青，胡小文，王彦荣．羊草种子休眠机制及破除方法研究[J]．西北植物学报，2010(1)：120-125.

[59]Ma H Y，Liang Z W，Wang Z C ，et al. Lemmas and endosperms significantly inhibited germination of *Leymus chinensis*（*Trin.*）*Tzvel*[J].（Poaceae）Journal of Arid Environments，2008，72(4)：573-578.

[60]易津，李青丰，田瑞华．赖草属牧草种子休眠与植物激素调控[J]．草地学报，1997(2)：93-100.

[61]Jixiang，Lin，Shuai，et al. Lemmas induce dormancy but help the seed ofLeymus chinensisto resist drought and salinity conditions in Northeast China[J]. PeerJ，2016，4：1485.

[62]刘军，黄娟．羊草和苏丹草种子结构的比较研究[J]．内蒙古师范大学学报(自然科学汉文版)，2003(4)：394-396.

[63]蔺吉祥，李晓宇，张兆军，等．温度与盐碱胁迫交互作用对羊草种子萌发与幼苗生长的影响[J]．草地学报，2011，19(06)：1005-1009.

[64]齐冬梅，张卫东，刘公社．羊草种子生活力测定技术研究[J]．草业学报，2004(2)：89-93.

[65]黄立华，梁正伟，马红媛．不同盐分对羊草种子萌发和根芽生长的影响[J]．农业环境科学学报，2008(27)：1974-1979.

[66]黄晓辉，胡小文，徐宗海，等．羊草种子休眠和萌发的激素调控研究[J]．草业学报，2013(22)：183-189.

[67]Li X，Yang W，Jia J. Ectopic Expression of a Salt-Inducible Gene，*LcSAIN3*，from Sheepgrass Improves Seed Germination and Seedling Growth under Salt Stress in Arabidopsis[J]. Genes，2021，12.

羊草对盐碱胁迫的响应及适应机制

马红媛　赵丹丹　徐　璐　李　祎
（中国科学院东北地理与农业生态研究所）

摘　要：土壤盐碱化是一个全球性的资源问题和生态问题，是影响世界农业生产和生态环境的主要非生物逆境之一，也是全球草地退化的重要原因。近年来随着全球变化和人类活动的加剧，我国草原的盐碱化面积呈不断增加的趋势，导致全球和区域生物多样性减少、生态系统稳定性降低。羊草是欧亚草原的优势物种，为根茎型多年生禾本科牧草，具有抗旱、耐寒、耐盐碱、粗蛋白含量高、适口性好等优良性状，是改善我国北方草原生态环境和改良退化草原及盐碱化土地的优势草种，大力发展羊草人工种草，推动畜牧业健康发展，是实现我国盐碱化草地生产和生态功能全面提升的重要保障。在“大食物观”“饲草就是粮食”等观念深入人心的背景下，利用羊草进行盐碱地生态治理成为提升草地生态系统功能及发展畜牧业的重要措施。因此，需要加强羊草对盐碱胁迫的响应及适应机制等方面的深入研究。本章整体上介绍了我国盐碱地分布特征及主要类型以及对植物的影响，重点论述了盐碱胁迫对羊草生长的影响以及羊草对盐碱胁迫的适应机制，并介绍了利用羊草恢复盐碱地植被、提升草地生产力的应用案例。

关键词：盐碱胁迫；适应机制；pH 值；萌发；幼苗生长

1　盐碱地概况及盐碱对植物的影响概述

土壤盐碱化和次生盐碱化是全球农业可持续发展的一个重要制约因素。据联合国教科文组织和联合国粮农组织的不完全统计，全球盐碱地面积达 9.55 亿 hm^2，且每年以 100 万～150 万 hm^2 的速度增长。预计到 2050 年，将会有超过 50%的耕地逐步盐碱化[1]，我国盐碱地总面积约 9914 万 hm^2，分布广泛，类型多样，因盐分类型的不同，呈地域性分布在西南、西北、华北、东北地区及沿海地区[2-3]，占全国可利用土地面积的 5.01%[4-6]。盐碱土中所含的盐类，主要是由 4 种阴离子（Cl^-、SO_4^{2-}、CO_3^{2-}、HCO_3^-）和 3 种阳离子（Na^+、Ca^{2+}、Mg^{2+}）组合而成。阳离子与 Cl^-、SO_4^{2-} 所形成的盐为中性盐，阳离子与 CO_3^{2-}、HCO_3^- 所形成的盐为碱性盐，其中对植物危害的盐类主要为 Na 盐和 Ca 盐，且以 Na 盐的危害最为普遍。盐碱土对植被生长和土壤理化性质都会造成不利影响，导致农业资源的浪费和生态环境脆弱，并造成经济损失和次生危害[7]。盐碱地的综合利用近年来得到广泛的关注，2022 年 9 月“盐碱地综合利用国际大会”在山东潍坊召开，2021 年 7 月“第一届国际土壤学联合会盐碱土改良会议”在吉林长春召开，这些引起国内外学者的广泛关注。本节主要概述盐碱地的分类、盐碱胁迫对植物生长的影响及植物对盐碱胁迫的适应机制。

1.1　我国盐碱土的类型、分布及变化趋势

盐碱土是不同程度盐化或碱化土壤的总称，也称盐渍土。当土壤含盐量超过 0.6%以上时称为盐土；当土壤表层的含盐量低于 0.5%，并且含有一定量的苏打，其胶体的交换性 Na 占交换阳离子总量的 20%以上，且 pH 值≥9 的土壤被称为碱土[8]。我国盐碱地主要分布在东北平原、西北干旱半干旱地区、黄淮海平原及东部沿海地区。新疆、甘肃、内蒙古、河南、陕西、河南等西北、华北地区的干旱半干旱地区形成内陆盐渍区，该区多为地势低平的盆地或干旱的平原地区，盐碱土类型多为硫酸盐碱土[9]；辽东湾、渤海湾、莱州湾和江苏、浙江沿海等华北平原、东部沿海地区形成滨海盐碱区，盐碱土面积约为 211.4 万 hm^2，占盐碱土总面积的 7.03%，该区土壤大部分为含氯盐碱土，盐分主要来自海相地层沉积、不合理的农业灌溉及地面沉降产生的局部海水倒灌等；松辽平原、三江平原等东北半湿润、半干旱区为苏打碱化盐渍区，主要为碳酸盐土[10,11]。

1.2 我国盐碱土的种类及特点

按照盐碱土的主要盐分类型进行划分，我国盐碱土大致可分为三类：以硫酸钠为主要盐分的西北内陆盐渍土、以氯化钠为主要盐分的东部滨海盐渍土和以碳酸钠为主要盐分的东北平原盐碱土。

(1)以硫酸钠为主要盐分的西北内陆盐渍土分布区

我国西北内陆地处欧亚大陆腹地，是我国最为干旱，土壤盐碱化分布面积最广，盐碱化类型最多，土壤积盐最重的地区。西部比东部降雨少、蒸发强烈、气候干、温差大，都是盐渍土易于形成的外部因素，因此我国西部盐渍化严重程度由西向东逐渐减弱[9]。西部内陆盐渍土主要分布在新疆、甘肃、宁夏和内蒙古等地，都具有盐渍化和荒漠化并存、积盐和表聚性较强烈以及土壤盐成分复杂等特点[12]。

(2)以氯化钠为主要盐分的东部滨海盐渍土

滨海盐碱土的盐分组成与海水的基本一致，主要以氯化钠盐分为主，Cl^-含量占阴离子总量的70%~90%，其次为SO_4^{2-}。在阳离子组成中Na^+含量为多。滨海盐碱土在陆地向海洋延伸倾斜的区域分布较广，距海越远的地方，脱离潮汐影响的时间越长的土壤盐分含量越低[13]。因受海水倒灌、频繁的旱涝气候变化等不同驱动力的影响，滨海地区地下水位较浅，矿化度较高，地下水盐分易集聚地表[14]，致使滨海地区盐渍土面积大且分布广泛，土壤理化性质差、养分有效性低和土壤生产力低等现象普遍存在。此外，由于滨海地区本身土壤中盐分的组成离子含量相对较高，不同区域的盐渍化程度不同，均使滨海盐渍土的改良难度增加[15]。

(3)以碳酸纳为主要盐分的东北平原盐碱土

东北地区的苏打盐渍土以其较高的碱性特征而著称，主要是苏打盐碱土，占总体面积的95%以上。其盐分组成主要为碳酸钠和碳酸氢钠，是弱酸强碱盐类，具有较高的碱化度和pH值。苏打盐碱土成土母质为河湖相沉积物，质地为多沙质黏土至黏土，黏粒含量15%~30%，较黏重，而且土壤胶体高度分散、透水性极差[16]。马驰[17]对东北地区松辽平原进行土壤盐碱化动态监测研究，结果发现松辽平原盐碱化土地的面积总体呈增加趋势，土地轻度盐碱化呈先增加后减少的趋势，中度盐碱化、重度盐碱化均有增加的趋势，其中重度盐碱化增加的速度较快。

1.3 盐碱胁迫对植物生长的影响

土壤中可溶性盐分过多对植物的伤害称为盐害。盐害对植物的伤害主要包括渗透胁迫、离子毒害、活性氧胁迫等，可造成植物代谢紊乱，加速衰老甚至死亡。其中，渗透胁迫是由于土壤盐分过多降低了土壤溶液的水势，使植物吸水困难，甚至会导致植物组织中的水分会外渗，造成生理干旱，从而影响植物种子萌发、幼苗生长、植物光合等诸多生长发育过程。其次，离子毒害主要是土壤溶液中少数离子含量过高，导致特殊的离子毒害作用。例如，离子的竞争性抑制作用导致植物营养缺乏，植物吸收过多的Na^+、Cl^-、Mg^{2+}、SO_4^{2-}等就会抑制对K^+、Ca^{2+}、NO_3^-的吸收，导致这些营养元素的缺乏，从而影响植物生长发育，极度缺乏时会导致植物死亡。离子毒害还包括离子对细胞膜和酶活性的伤害。高浓度的Na^+置换质膜和细胞内膜系统所结合的Ca^{2+}，使膜结构的完整性和膜功能改变，促进细胞内的K^+、PO_4^{3-}和有机质外渗；Cl^-还能使PO_4^{3-}吸收受到限制，抑制了液泡膜上H^+-ATP酶活性和胞质中H^+跨液泡膜运输。活性氧(Reactive Oxygen Species，ROS)胁迫是指盐胁迫下植物光能利用和CO_2的同化受到抑制，使叶绿体电子传递中电子传递给O_2的概率增加，促进了活性氧的生成，引起脂膜过氧化，对蛋白质和核酸等造成损伤，最终导致植物生长发育和生产力下降。

1.4 植物对盐碱胁迫的适应机制

植物对盐碱胁迫的适应能力称为抗盐性。根据植物的抗盐性可以将植物分为盐生植物和碱土植物。植物对盐渍环境的适应或抵抗主要有避盐和耐盐两种方式，通常情况下，每种植物都不同程度地存在两种抗盐机制。避盐机理是指有些植物虽然生长在盐碱环境下，但是体内的盐分含量并不高，避免了盐分过多对植物的伤害，包括三类植物：拒盐植物、泌盐植物和稀盐植物。泌盐盐生植物是能够将自身叶、茎的盐离子分泌出体外的植物，这种独特的泌盐结构称为盐腺或盐囊泡，也是泌盐盐生植物最显著的特征之一。根据其泌盐方式可分为向外泌盐盐生植物和向内泌盐盐生植物。向外泌盐盐生植物通过盐腺将盐离子直接分泌到体外，向内泌盐盐生植物先将盐分贮存在盐囊泡中，直至盐囊泡膨胀破裂后再将盐分排出体外[18]。真盐生植物是能够将盐分积累在肉质化叶片、茎当中的植物，叶片肉质化是真盐生植物在盐生境能够生存的重要机制。如碱蓬等植物，主要通过植物吸盐和改善土壤结构提高淋洗效率两种方式降低土壤盐分含量[19]。

植物在盐分胁迫下，通过自身的生理或代谢变化来适应或抵抗进入细胞的盐分的危害，植物主要通过细胞的渗透调节作用降低细胞的渗透势、选择性吸收离子、有毒离子的区室化、光合和能量代谢的调节、抗氧化酶的积累、激素调节、相关基因表达的增强等[20]。植物通过两种途径实现渗透调节：一是通过增加对无机离子的吸收；二是通过在细胞中合成脯氨酸、可溶性糖、甜菜碱和有机酸等物质来维持细胞的保水力。离子的吸收转运调节主要表现为植物根系对 Na^+的限制性吸收，并且选择性降低地下部向地上部尤其是向叶片和籽粒的运输，而选择性地增加对 K^+的运输，从而维持叶片中较低的 Na^+浓度；盐生植物，如碱蓬等，通过最大程度将 Na^+转移并集中于液泡中，形成离子的区室化，缓解盐碱胁迫。为了维持 ROS 平衡，缓解盐碱胁迫的损害，植物体内进化出两种活性氧清除系统：一类是酶类清除系统，如过氧化物酶、超氧化物歧化酶、过氧化氢酶、谷胱甘肽过氧化物酶等；一类是谷胱甘肽、抗坏血酸、类胡萝卜素、维生素 E 等抗过氧化还原物质组成的非酶类系统。盐碱胁迫下植物通过多个胁迫响应的基因协同作用。参与植物响应非生物胁迫的蛋白主要分为两类：一类是能够直接发挥作用的功能蛋白；另一类是通过感受或传递胁迫信号参与逆境胁迫的调节蛋白(图 11-1)[21]。

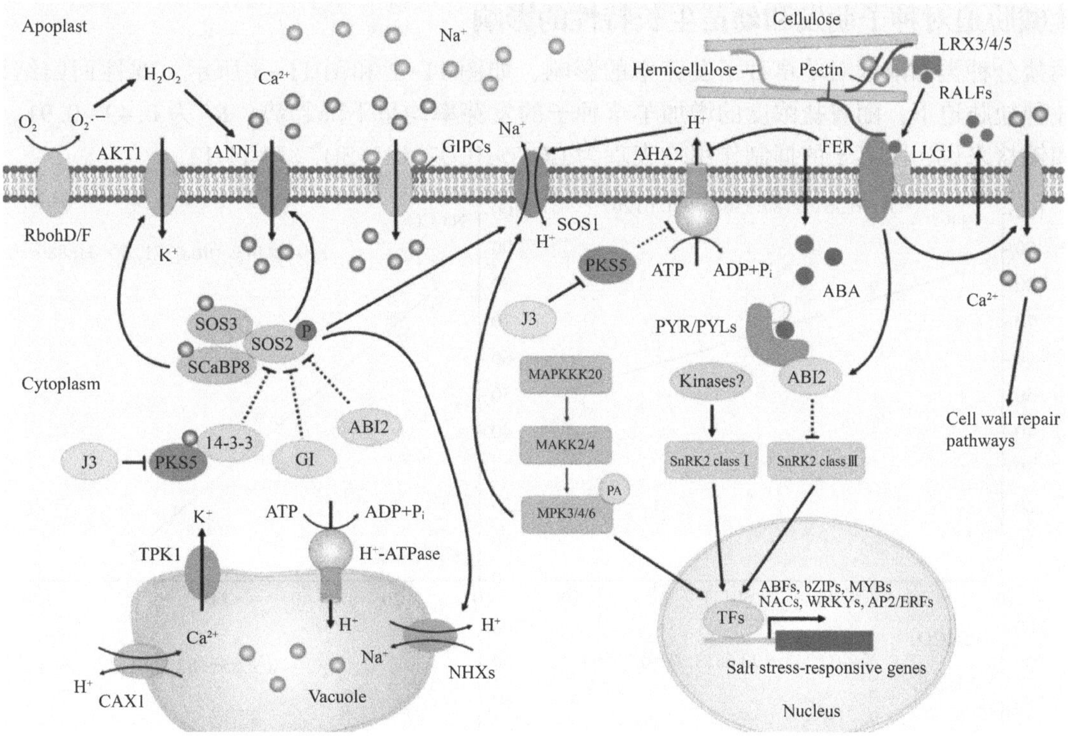

图 11-1　盐胁迫信号途径[22]

SOS 信号路径包括 SOS3/SOS3 类钙结合蛋白 8(SCaBP8)、SOS2 和 SOS1，对感知盐诱导的 Ca^{2+}信号及通过排除细胞中过量的 Na^+来调节离子平衡起着重要的作用。14-3-3GI 和 ABI2 对 SOS2 激酶活性有抑制作用。Ca^{2+}PKS5 和 14-3-3 蛋白通过 Ca^{2+}介导结合能够抑制 SOS2 的释放。GIPCs 作为假定的盐胁迫传感器，直接与 Na^+结合，并通过未知的 Ca^{2+}通道触发 Ca^{2+}流入。激活 SOS 信号路径需要 GIPCs 调节的 Ca^{2+}流。RbohD/F 参与质膜上 ROS 的产生，ROS 可以激活 ANN1 介导的 Ca^{2+}信号通路。受 SCaBP8 调控的 AKT1，在盐胁迫下介导 K^+流入胞浆中。MAP 激酶模块包括 MAPKKK20、MKK2、

MKK4、MPK3、MPK4 和 MPK6 等参与盐胁迫信号的传递。盐胁迫诱导的 ABA 积累通过 PYR/PYLs-PP2Cs 介导的调节模块激活亚类 III SNF1 相关蛋白激酶 2s(SnRK2s)。在渗透胁迫下，亚类 I SnRK2s 通过 ABA 独立途径被激活。被激活的 MPKs 和 SnRK2s 将信号转导至细胞核内的下游转录因子，包括 ABFs、zips、MYBs、NACs、WRKYs 和 AP2/ERFs，以诱导胁迫响应的基因的表达。在质外体中，细胞壁定位富含亮氨酸的重复伸展蛋白 LRX3、LRX4 和 LRX5，以及分泌肽 RALF22/23 和受体样激酶 FER，作为一个模块来感知盐胁迫诱导的细胞壁变化。FER、RALFs 和 LLG1 在质膜上形成复合物，触发 Ca^{2+} 信号传导，从而激活细胞壁修复途径。FER 还抑制 AHA2 的活性以调节质外体 pH 值。在液泡中，NHXs、CAX1、TPK1 和 H^+-ATPase 参与调节高盐度下的离子稳态。虚线表明，在盐胁迫下，负调控作用被释放[22]。

2 盐碱胁迫对羊草生长的影响

盐碱胁迫对植物的生长影响主要体现在抑制羊草种子的萌发和幼苗的生长，从而影响羊草的整个生长发育的进程，包括羊草的分蘖、抽穗、结实，进而影响植株的生产力。种子萌发和幼苗生长是盐生植物主要的生活史阶段，种子与植物群落的组成、结构和更新演替等联系紧密。早期的生活事件，如萌发和幼苗的定植与生长速率、胁迫耐性等被认为是决定种群和群落特征的重要因子[23,24]。盐碱生境下的种子萌发，除受温度、土壤水分、光照等影响，盐分是种子萌发的决定性因子[25-27]，随着土壤盐度增加，种子萌发数量减少，许多种子由于高盐及其低水势而进入休眠状态，甚至死亡。

2.1 盐碱胁迫对种子萌发和幼苗生长特性的影响

不同盐分种类和浓度对羊草种子发芽率的影响，如图 11-2 和图 11-3 所示。线性回归结果表明，所有的 8 种盐胁迫下，随着盐浓度的增加羊草种子的发芽率均呈下降趋势，R^2 为 0.49～0.91。对所有的钾盐和钠盐来说，阴离子的抑制作用均表现为 CO_3^{2-}>HCO_3^->Cl^->SO_4^{2-}(表 11-1)。

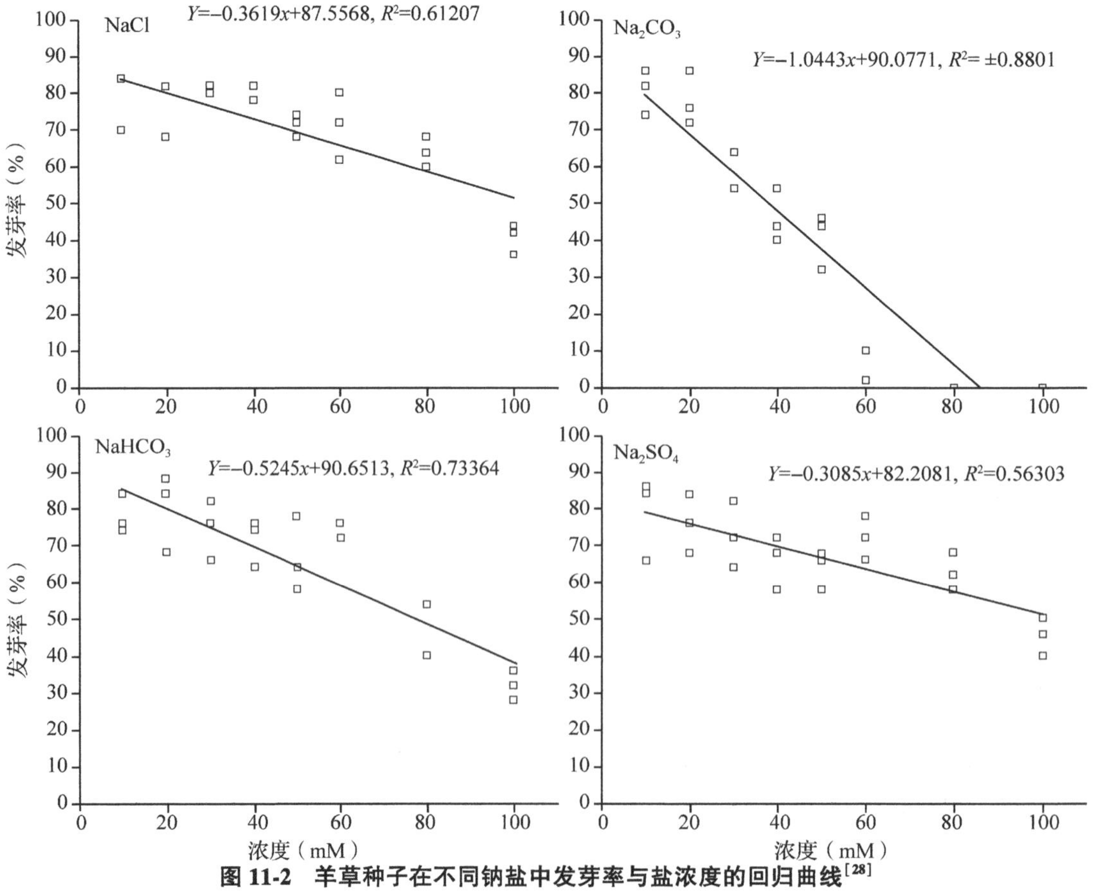

图 11-2 羊草种子在不同钠盐中发芽率与盐浓度的回归曲线[28]

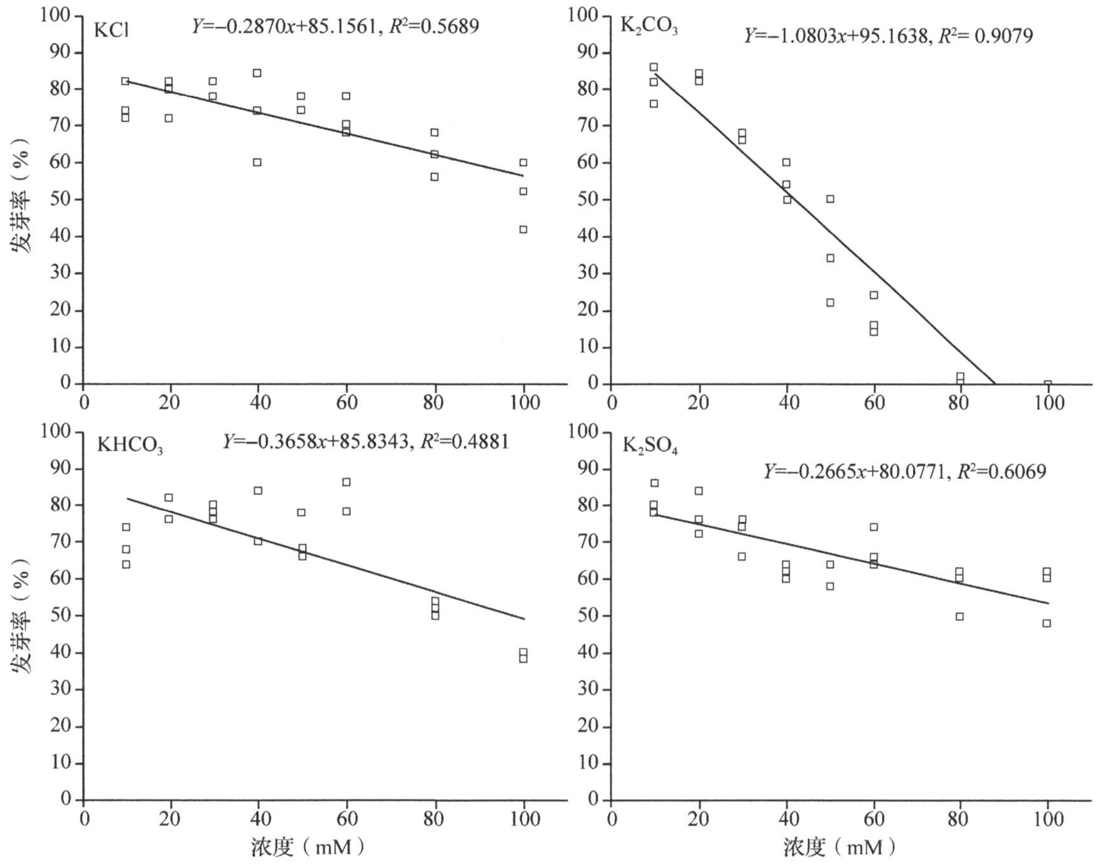

图 11-3 羊草种子在不同钾盐中发芽率与盐浓度的回归曲线[28]

表 11-1 不同盐分离子种类、浓度及其互作对羊草种子发芽率影响的三因子方差分析[28]

变异来源	*df*	*SS*	*MS*	*F* 值	*P* 值
阳离子	1	146.69	146.69	3.88	0.051
阴离子	3	24136.20	8045.40	212.97	0.000
浓度	8	54449.00	6806.13	180.16	0.000
阳离子×阴离子	3	79.32	26.44	0.70	0.554
阳离子×浓度	8	337.82	42.23	1.12	0.355
阴离子×浓度	24	25593.96	1066.42	28.23	0.000
阳离子×阴离子×浓度	24	944.85	39.37	1.042	0.418

羊草种子发芽率随着 NaCl 和 Na_2CO_3 的浓度升高而下降，在 NaCl≥200mm 和 Na_2CO_3≥100mm 时，发芽率均低于 5%，且只有胚根露出，而无胚根继续伸长和胚芽露出。但 NaCl 和 Na_2CO_3 胁迫解除后，羊草种子萌发恢复率随着原盐浓度的增加而显著升高，表明羊草种子是盐碱敏感型，对超高盐环境没有耐性，但大部分羊草种子在盐碱生境中能够保持活力，胁迫解除后能够迅速萌发，这是其适应盐碱生境的一个重要的策略。高盐使得羊草种子进入强迫性休眠状态来阻止其萌发，随着雨季的到来，土壤表面盐分得到稀释，外界环境如温度、水分等条件适宜的情况下才开始萌发，这是羊草种子适应松

嫩平原退化生态环境的一种特性。

马红媛等[29]研究了不同温度和不同 NaCl 浓度下羊草种子的萌发特性，研究表明温度和盐分互作对羊草种子的发芽率具有极显著的影响($P<0.001$)，说明其萌发对盐分的响应依赖于温度的变化。抑制作用表现为：16/28℃>5/28℃，5/35℃>5/28℃，盐碱胁迫对羊草种子抑制作用在高温下更严重。根据种子萌发的耐盐度标准可以看出，羊草种子的耐盐适宜范围(发芽率为对照的 75%)、半致死浓度(发芽率为对照的 50%)、极限浓度(发芽率为对照的 10%)以及致死浓度(种子萌发完全被抑制)均以 5/28℃最高，其次是 16/28℃，在 5/35℃下耐盐性最差(表 11-2)。

表 11-2　不同温度下羊草种子耐盐度[29]

(单位：mM)

温度	耐盐度			
	耐盐适宜范围	半致死浓度	极限浓度	完全致死浓度
16/28℃	<45	45	214	295
5/28℃	58	127	291	375
5/35℃	<45	<50	132	184

申忠宝等[30]研究发现混合盐碱浓度在 20mmol/L 以下时，羊草种子发芽率高于对照，混合盐碱浓度高于 60mmol/L 时，种子发芽率低于对照；混合盐碱浓度大于 20mmol/L 时，幼苗根长和苗长均不同程度降低。马红媛等[31-32]发现 NaCl 浓度低于 50mmol/L 时对羊草种子有促进萌发的效果，种子发芽率随着 NaCl 和 Na_2CO_3 浓度的升高而下降，在 NaCl 浓度≥200mmol/L 和 Na_2CO_3 浓度≥100mmol/L 时，羊草种子发芽率均低于 5%。随着 NaCl 浓度的增加，羊草幼苗的根、冠比呈上升趋势，表明盐对地下部分的抑制较小，而对地上部分生长影响较大。NaCl 浓度上升到 600mmol/L 时，羊草幼苗全部死亡；而 Na_2CO_3 处理羊草幼苗的致死浓度是 175mmol/L。羊草幼苗的生长在轻度盐碱胁迫下有所增加，重度盐碱胁迫下，地上部分及地下部分干鲜重呈下降趋势[33]。

2.2 盐碱胁迫对羊草生长特性的影响

土壤盐碱化严重影响植物生长和农业生产。不同盐碱胁迫对羊草叶片数、分蘖数和株高相对生长速率的影响，如图 11-4 所示。其中株高的相对生长速率是指在两次调查时间内，羊草的株高增量与原株高的比值。在生长初期，pH 值为 8.19~9.14 的盐碱土均促进了羊草叶片数量的增加，但移栽约 70 天(9 月 17 日)之后，pH 值为 8.19~9.14 的盐碱土中幼苗的叶片数增加缓慢，而 pH 值为 7.49 的盐碱土中羊草叶片数仍呈现上升的趋势，移栽 86 天时(10 月 3 日)达到 11.7 片/株，比其他 3 种 pH 值处理多 0.9~1.4 片/株。适度的盐碱胁迫在生长前期促进了植株的分蘖，但生长后期非盐碱土中分蘖逐渐升高，移栽 54 天时(9 月 1 日)开始高于盐碱胁迫下的幼苗分蘖数，移栽 86 天时(10 月 3 日)pH 值为 7.49 和 8.19 的盐碱土中的羊草分蘖数分别为 4.2 和 4.3 个/株，而 pH 值为 8.62 和 9.14 的盐碱土中羊草分蘖数则分别为 3.1 和 3.6 个/株。此外，对照的株高相对生长速率在移栽 49 天(8 月 17 日)之前呈上升趋势，之后呈下降趋势，而盐碱胁迫下的均呈下降趋势。pH 值为 8.19 土壤中的幼苗在移栽 37~44 天(8 月 5~12 日)的株高相对生长率最高为 40.1%，移栽 59 天(8 月 27 日)之后生长率小于 10%，直至羊草叶片出现枯黄，最后停止增长。

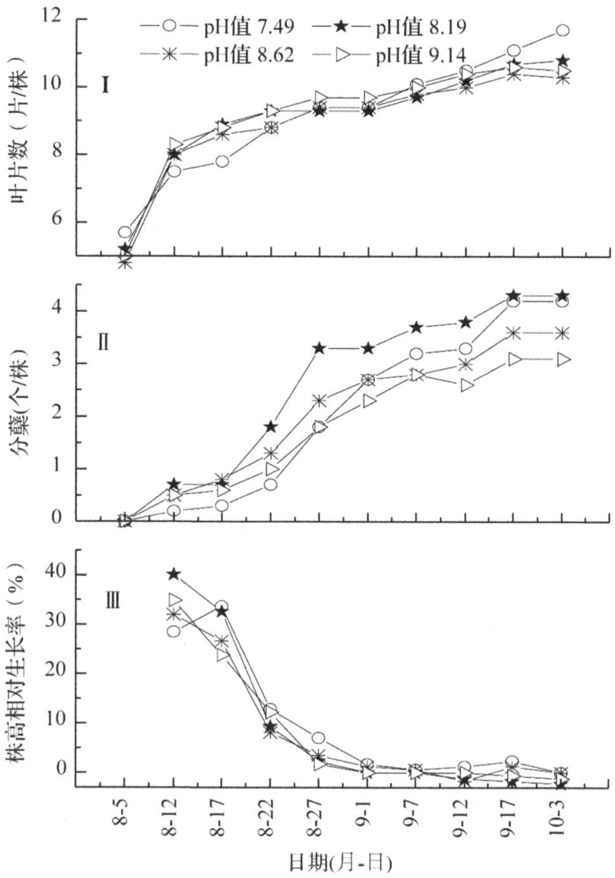

图 11-4　不同盐碱胁迫下移栽羊草的生长指标动态变化[33]

随着土壤 pH 值的升高，羊草的地上部和地下部生物量均逐渐降低(图 11-5)。pH 值为 7.49 的盐碱土中的羊草地上部和地下部的干重和鲜重均显著高于 pH 值为 8.62~9.14 的处理，但与轻度盐碱(pH 值 8.19)的相比，除了地下部鲜重之外均不存在显著性的差异(P>0.05)。

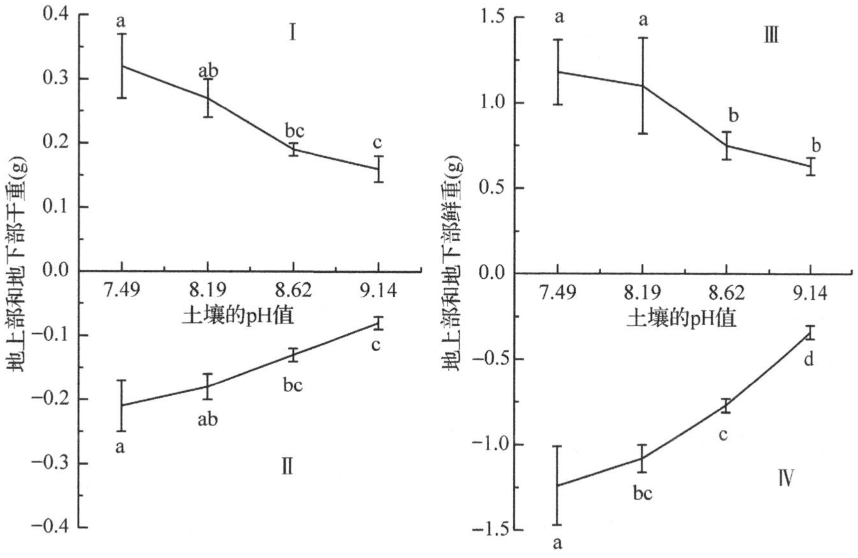

图 11-5　不同盐碱土壤移栽的羊草地下部和地上部的单株重量[33]

注：纵坐标负号仅代表地下部。

轻度盐碱胁迫能够促进移栽羊草幼苗的生长和分蘖数量的增加，在 pH 值为 7.49~10.24 范围内的盐碱土中，羊草地上部和地下部干鲜重随 pH 值增加呈不同程度的下降趋势。表明一定的盐碱胁迫能够促进移栽羊草的分蘖和叶片生长，可能是由于高 pH 值抑制了羊草幼苗的顶端生长优势，从而促进了分蘖芽的发育，这与黄立华等对长穗冰草的研究结果相似，表明具有一定叶龄的移栽羊草较直播实生苗具有更强的盐碱适应能力[34]。曹明[35]研究表明羊草对不同胁迫处理、相同处理不同浓度具有不同的响应。随着盐处理浓度的增大，羊草叶生物量和地下部生物量呈下降趋势，但茎生物量与株高却有增大趋势；碱胁迫处理下，羊草个体各项指标均有不同程度的减少。Liu 等[36]研究表明盐碱胁迫下，根茎生物量、叶片生物量和根冠比先下降后上升，而根生物量变化趋势相反。

2.3 盐碱胁迫对羊草繁殖特性的影响

土壤是制约羊草子株产生的关键因子，能够直接影响子株和芽的数量及比例。郑宇[37]研究发现风沙土中分蘖芽、根茎芽的数量高于盐碱土，各类型子株总数量高于盐碱土，而盐碱土中分蘖芽子株在子株总体中的比例更高；风沙土中子株抽穗率高于盐碱土，子株的穗部性状要优于同一时间盐碱土中羊草子株的穗部性状；分蘖芽子株在成穗子株中占据主体地位，对成穗的贡献远高于根茎芽子株，相比风沙土，盐碱土中分蘖芽子株的贡献率更大。李晓宇[38]研究表明盐碱胁迫显著降低羊草的无性繁殖能力，与对照相比，200mm 碱胁迫下分蘖节芽数和根茎总芽数分别降低了 50%和 75%，而盐胁迫相对降低了 33.5%和 42.5%，碱胁迫对羊草无性繁殖能力的抑制作用高于盐胁迫。盐碱胁迫下管理方式不同，羊草的生长及有性繁殖能力也存在显著差异，在苏打盐碱化草场，羊草的抽穗率为 20%~30%，而人工草地羊草的抽穗率为 50%以上，天然草地羊草结实率低于 21%，人工草地羊草结实率为 50%以上[39]（表 11-3）。

表 11-3 松嫩苏打盐碱化草地不同管理方式下的草地中羊草的生长和结实特性[39]

	割草草地	围栏封育	羊草移栽	自然群落
羊草高度(cm)	29.8±5.0c	25.6±1.5c	74.2±7.4a	53.9±3.0b
种子结实率(%)	—	20.5±3.2b	53.7±3.6a	6.9±1.7c
每个小穗种子数	—	46.2±2.9b	51.1±4.6b	87.7±5.8a
小穗长度(cm)	—	8.4±0.4b	12.7±0.5a	11.4±0.6ab

注 不同字母表示在统计学上存在显著差异，相同字母表示无差异。

3 羊草适应盐碱胁迫的机制

羊草种子萌发和幼苗生长期耐盐碱能力弱，但成苗具有较强的耐盐碱能力。在长期适应盐碱生境的过程中，羊草在形态结构、离子响应、渗透调节物质以及耐盐碱基因调控等方面发展了相应的盐碱适应机制。

3.1 羊草适应盐碱胁迫的形态结构及生长特征

植物生态环境对植物的长期作用，影响了植物形态的建成，使植物形成了适应环境的形态结构。陆静梅等[40]对盐碱土生境下的羊草的根、茎和叶等形态结构与黑土生境下进行了对比，发现盐碱地生长的羊草的结构适应主要体现在以下 5 个方面：①羊草根粗；②羊草根外皮层栓质化程度高；③羊草根通气组织较黑土地羊草根通气组织发达；④羊草茎维管束无规则排列 2~3 圈，髓大、髓腔小，基本组织薄壁型；黑土地羊草茎维管束有规则地排成 2 圈，髓腔大，基本组织很多厚壁型；⑤羊草叶片厚，上表皮的表皮毛长，叶脉维管束鞘两层细胞的细胞壁厚度相等，外层细胞含叶绿体，表现出了 C_3-C_4 结构的中间类型，而黑土地羊草叶子薄，上表皮的表皮毛短圆锥形，叶脉维管束鞘两层细胞，内层细胞的壁极端增厚，表现出典型的 C_3 植物特征。

盐碱条件下，单位面积上羊草分株的数量减少，但相应的每株生物量与对照相比是增加的，单株生物量的增加补偿了密度降低的不足，是植株分蘖的大小和密度补偿生长机制[41]。这也说明根茎型羊草在应对盐碱胁迫下可能选择牺牲一部分分蘖株来换取其他植株的正常生长，甚至补偿生长。这些分蘖株之间可能存在竞争效应，一些弱小的植株被生命力强的植株竞争淘汰。牺牲的弱小植株不仅降低了物质和能量的消耗，同时也能带走一部分盐离子，从而降低整个种群的盐离子浓度。

3.2 盐碱胁迫下羊草无机离子调节

盐碱胁迫下，植物依靠外界吸收积累无机盐离子作为渗透调节剂，进行渗透调节，增加细胞质浓度，降低渗透势，避免细胞脱水，减少盐害[42]。马红媛等[43]研究了不同盐碱程度的土壤(pH值7.49~9.14)生长的羊草离子变化动态。随着土壤pH值的增加，羊草地上部和地下部Na^+增加，K^+减少，地上部Ca^{2+}下降，而地下部Ca^{2+}则呈先上升后下降趋势。地上部Na^+、K^+、Ca^{2+}均显著高于地下部(图11-6)。在pH值为7.49的非盐碱胁迫下，羊草地上部和地下部的Na^+含量较低，分别为1.62和1.05mg/g干重。当土壤pH达8.19时，地上部和地下部Na^+均迅速增大，且地上部显著高于地下部。在非盐碱环境中地上部K^+含量均较高，达到18.41mg/g干重，极显著高于地下部(4.75 mg/g干重)。在pH值7.49~8.19，羊草幼苗地上部和地下部的K^+含量变化不显著，在pH值8.19~8.62地上部K^+含量显著下降，pH值8.62~9.14时K^+含量下降幅度较小。非盐碱胁迫下，羊草地上部和地下部Ca^{2+}含量分为4.40和3.29 mg/g干重；pH值7.49~8.19时，地上部Ca^{2+}降低了0.14mg/g干重，而地下部则增加了0.37 mg/g干重($P<0.05$)；pH值为9.14时，羊草地上部和地下部Ca^{2+}含量分别比非胁迫下降低了16.9%和25.8%。

植物具有K^+、Na^+吸收选择性[44]，K^+/Na^+和Ca^{2+}/Na^+比值大小是评价不同植物耐盐性的重要标准[45-47]。高盐胁迫能破坏植物中的离子稳态，从而使细胞质中Na^+大量积累导致离子毒害。其机理目前认为是高浓度的Na^+置换质膜和细胞内膜系统所结合的Ca^{2+}，其膜结合的离子中Ca^{2+}/Na^+减小，膜结构破坏及功能改变，增加了质膜的透性，致使细胞内K^+外渗。羊草地下部Na^+含量显著低于地上部，且当pH值>8.19时，羊草地下部的Na^+含量增加幅度也小于地上部。因此可以推测，羊草根系能够在Na^+含量较高的土壤环境下保持较低的Na^+浓度，而使根系维持相对正常的生长状态，可能是羊草耐盐碱的重要生理适应机制。其原理一方面可能由于根系拒绝吸收较多Na^+；另一方面可能是地上部吸收了较多Na^+的缘故，羊草根系将吸收的大量Na^+主要向顶运输，用于维持根系的正常生理活动，这一点有必要进一步研究与探讨。正常细胞质中比值在1左右[48]，在pH值7.49~9.14，羊草地上和地下部的K^+/Na^+均大于1(图11-6)，且地上部高于地下部，说明羊草地上部维持较高的K^+水平也是羊草耐盐碱的重要原因之一。

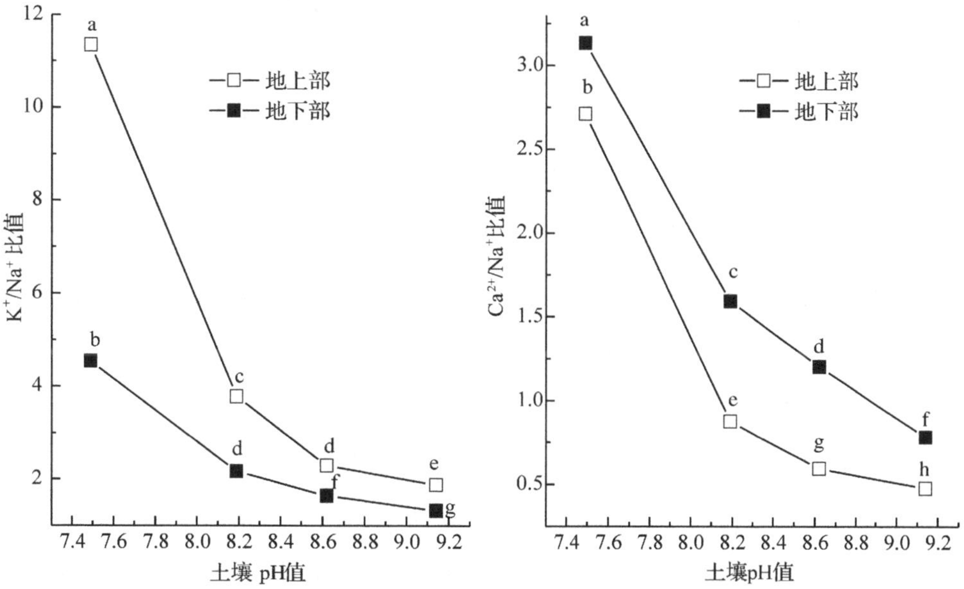

图11-6 不同pH条件下羊草地上部和地下部K^+/Na^+和Ca^{2+}/Na^+比值[33]

3.3 盐碱胁迫下羊草有机渗调物质

植物在盐碱胁迫下植物合成的有机物可以分为氨基酸类、可溶性碳水化合物类、有机酸类以及糖醇类。其中，脯氨酸是一种重要的有机渗透调节物质，能够保护细胞中生物聚合物结构，使之不被盐分破坏，并维持完整的水合范围[42]。但关于脯氨酸在提高不同物种耐盐碱特性中的作用还没有统一的结论[49,50]。闫超[51]对松嫩平原不同盐碱程度的土壤 pH 值和 EC 与羊草叶片的脯氨酸进行了相关分析，结果表明，随着土壤盐碱程度增加，羊草叶片脯氨酸含量呈显著上升趋势，与 pH 值($r=0.352$，$P<0.01$，$n=204$)和 EC($r=0.294$，$P<0.01$，$n=204$)均呈极显著正相关关系(图 11-7)，这与崔喜艳等[52]的室内模式实验结论一致。低盐和低碱条件下，脯氨酸的积累主要由盐浓度决定，当碱浓度(Na_2CO_3)增大时，脯氨酸迅速大量积累。因此，对羊草而言，脯氨酸除了作为渗透调节物质和保护物质以外，还有与羊草对盐碱胁迫适应调节机制有关的其他作用[53]。

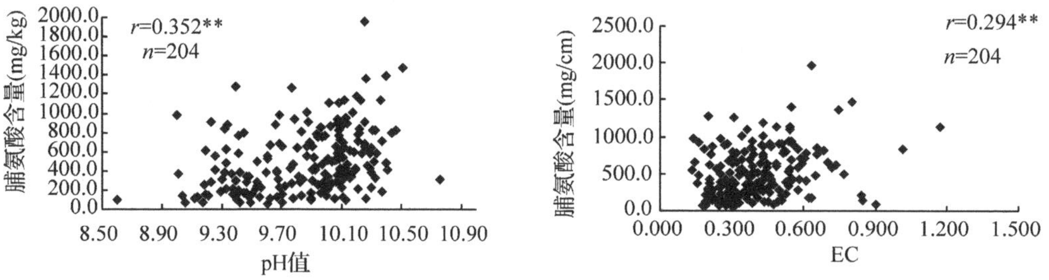

图 11-7 土壤 pH 值和 EC 与羊草叶片脯氨酸含量的关系[51]

可溶性碳水化合物也是植物对盐碱生境适应过程中的适应性产物，其含量增加对增加细胞质浓度、降低水势及提高植物的吸水能力十分有利[42]。可溶性糖是非盐生植物在抵抗盐碱胁迫时产生的一种渗透调节物质，随着土壤 pH 值和 EC 的增加，羊草叶片可溶性糖含量显著增加，均呈极显著正相关(图 11-8)。中性盐(NaCl)和碱性盐(Na_2CO_3)胁迫下，羊草地上和地下部分的可溶性糖也呈增加趋势，特别是碱性盐胁迫下，可溶性糖迅速积累[54]。

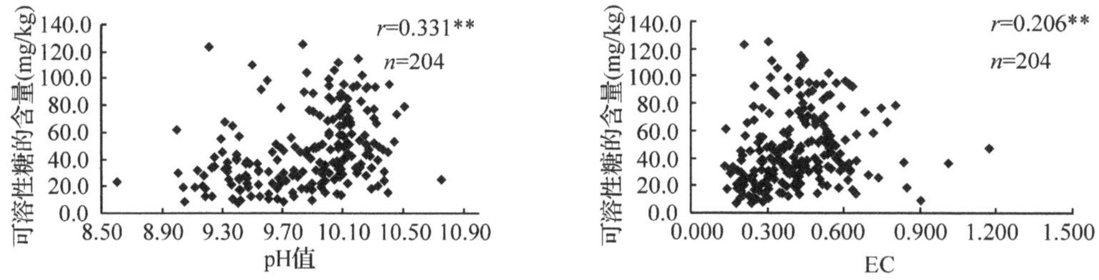

图 11-8 土壤 pH 值和 EC 与羊草叶片可溶性糖含量的关系[51]

有机酸能够调节植物体内的代谢，在不同物种植物适应盐碱生境中有着积极作用[55,56]。盐碱胁迫下，植物吸收的 K^+、Na^+、Ca^{2+}和 Mg^{2+}等，一部分被吸收来的阴离子平衡，另一部分则被内部合成的有机阴离子平衡。阴离子平衡无机阳离子对降低阳离子毒害有重要作用[42]。盐碱胁迫下，羊草体内积累的有机酸主要以柠檬酸为主，一方面可以调节体内 pH 值，另一方面，有机酸与液泡中无机离子相结合，可以降低其细胞水平上的毒害作用[54,57]。

3.4 盐碱胁迫下羊草抗氧化酶系统

植物细胞通过多种途径产生 O^{2-}等自由基，同时体内也存在着清除这些自由基的多种途径和还原型物质，如超氧化物歧化酶(SOD)、过氧化氢酶(CAT)、过氧化物酶(POC)及谷胱甘肽还原酶(GR)等。盐碱胁迫激发了羊草体内抗氧化酶系统的防御，但当胁迫加重到一定程度会抑制酶活，并对植物造成一定的损伤。随着盐碱胁迫的增加，羊草叶片中的 SOD 和 POD 活性先升高后降低，MDA 和 CAT 活性逐渐升高[58]。对羊草叶片中SOD活性统计分析发现，土壤pH值和EC是影响SOD活性的主要因子，二者呈显著的正相关($r_{pH}=0.4679$，$P<0.01$；$r_{EC}=0.3616$，$P<0.05$)，随着盐碱程度的加重，SOD活性增强[52,59]。但当盐碱胁迫继续增加，SOD酶环境受到破坏，酶活性降低，此时，CAT酶活性大，说明在盐碱胁迫条件下CAT对羊草抗氧化作用最强，降低活性氧自由基对质膜的伤害和膜脂过氧化作用水平，维持细胞质膜的稳定性和完整性作用最大[60,61]。SOD等抗氧化酶对于降低盐碱胁迫的危害，提高羊草抗盐碱能力等方面有重要作用，也是羊草耐盐碱的重要机制。

3.5 羊草耐盐碱的分子机制

为研究羊草耐盐碱的分子机制，Jin等[62,63]构建了羊草在Na_2CO_3胁迫下叶片和根的cDNA文库并分别找到39个和31个可能与胁迫相关的基因，发现响应Na_2CO_3的基因多于NaCl，上调基因少于下调，叶片中37个基因和根中6个基因对胁迫呈现相同表达模式。Sun等[64]构建了羊草盐碱胁迫和对照组的两个cDNA文库，得到36497个上调基因和18218个下调基因。上述研究为羊草的耐盐碱研究提供了基因信息。为了进一步分析基因功能，Ma和Liu[65]从羊草中获得*LcPIP*1基因，该基因过表达会促进水分吸收。Cheng等[66]从羊草中获得*LcMYB*1基因，转基因拟南芥中*P5CS*1基因的表达增强，脯氨酸和可溶性糖的含量增高。Li等[67]从羊草中获得*LcSAIN*1基因，其转基因植物性状均好于野生型。此外，*LcSAIN*2提高了转基因植株体内脯氨酸和可溶性糖的含量。Liu等[68]发现*LcSAP*可增强转基因酵母的耐盐性。上述发现的基因可能是通过参与渗透压调节机制来提高羊草的耐盐碱性。羊草还可以通过参与消除离子胁迫机制来提高耐盐碱性。比如羊草*LVAP*1基因是液泡H^+-ATPase C亚基基因，它通过离子通道蛋白和逆向转运蛋白来消除离子胁迫[69]。王超等[70]从羊草中获得*Lc*14-3-3基因，并分析了羊草在Na_2CO_3胁迫下*Lc*14-3-3基因表达模式，14-3-3蛋白主要通过与H^+-ATP酶结合参与盐胁迫应答，从而调控质子泵活性。赵英等[71]对羊草*14-3-3*基因进行进一步分析，发现该基因与羊草耐盐性相关。除此之外，董园园等[72]研究了羊草在逆境胁迫下38个家族的243个转录因子表达差异模式，揭示羊草主要通过WRKY、C3HL、NAC转录因子家族的差异表达来调控对盐碱胁迫的适应性。Sun等[73]从羊草中分离出*LceIF*1，其与LEA胚胎蛋白(发育晚期丰富蛋白)有关，盐碱胁迫诱导该基因超表达，增加了盐胁迫的耐受性。Peng等[74]从羊草中获得*LcDREB*2基因，其调控*LcSAMDC*2基因的表达，DREB参与ABA依赖性信号通路调控*SAMDC*基因表达。上述研究进一步丰富了羊草耐盐碱基因功能研究，进一步丰富了羊草耐盐碱机制。

4 盐碱地羊草补播和移栽技术与植被恢复

快速恢复退化草场和大面积重度盐碱化草地的原有优势物种羊草，是推进盐碱地治理和生态建设的当务之急。羊草存在发芽率低、结实率低等特性，是羊草植被恢复的重要瓶颈，为提高田间出苗率，需要对羊草进行品种耐盐碱筛选及打破休眠等处理。此外，在利用羊草播种无法出苗或幼苗无法正常生长的中重度盐碱地，可以利用羊草移栽技术进行恢复，主要是通过羊草根茎具有的强大无性克隆繁殖能力以及发掘羊草自身的耐盐碱潜力。

4.1 盐碱地羊草补播技术

补播简单易行、见效快，能够增加物种多样性、改善群落结构、提高生态系统的稳定性和多功能性，同时提高土壤质量[75,76]，使用时应注意选择适合的补播品种，采取优良的补播技术。尤其是免耕补播技术可以在不破坏或者少破坏原生植被的前提下快速提高草地的生产力和牧草的品质[77,78]。郭继勋等[79]采用翻耙、松土补播羊草、施用枯草等技术，4年后羊草占群落的45%以上，产量比是对照的9倍；重度盐碱化土壤中，枯草层厚度为1.5~2.0kg/m^{2}时，羊草生长最佳。郑慧莹和李建东[80]研究表明，施枯草后的盐碱土壤的理化性质都得到了改善，土壤pH值从改良前的10.05降低到8.53，含盐量从0.56%降低至0.25%，碱化度从64.59%下降至35.76%。此外，羊草一旦在中重度盐碱地定植，由于羊草的根系发达，生物量较大，有利于土壤有机质的积累，而且在其腐烂过程中能够释放有机酸中和碱性盐，对土壤的理化性质的改善有较好的作用[81]。在重度盐碱地，采用振动深松+土壤改良剂+羊草播种相结合，在第三年羊草占群落60%以上，碱斑基本消失[82]。郭美琪等[77]对内蒙古锡林郭勒典型草原进行免耕补播，发现在以针茅为优势种的轻中度退化草地适宜补播羊草，但补播时要考虑土壤 pH 值及土壤氮磷等养分。笔者在吉林西部中重度退化的盐碱化草地上实施“羊草免耕秋播”创新种植技术实施 5 年后羊草覆盖度达 80%以上，株高平均为 85 cm，地上部鲜草重量为 7.0 t/hm^2，干重为 3.4 t/hm^2，羊草密度为 1222 个/m^2，抽穗个数为 387 个/m^2，生产和生态功能均得到了显著提升。在呼伦贝尔草甸草原进行春季补播羊草能够提高 10%~15%的禾本科比例，降低了 5%~10%其他科物种的比例[83]。

4.2 盐碱地羊草移栽技术

利用羊草具有的强大无性繁殖能力，以羊草苗人工移栽方式代替传统直播方式的大面积建植人工羊草种群的实用栽培方法和相关技术，为松嫩平原苏打盐碱地生态恢复与羊草群落人工快速重建提供了新途径新方法，并获得了国家发明专利。通过 3 年多的实验证明，本方法简便易行，可操作性强，成本低、见效快，是解决吉林省西部苏打盐碱地或退化草地羊草植被人工快速恢复与重建的有效新方法，具有广阔的应用前景和显著的社会与经济效益[84]。

羊草移栽主要是依靠其强大的根茎来进行繁殖，羊草地下部分生物量在整株羊草中所占比例的大小就成为羊草移栽能否成功的关键，对于不同日期羊草的移栽，在每年 5 月 8 日到 6 月 19 日这段时间内，随着移栽日期的推迟，羊草地下、地上生物量逐渐降低，羊草成活率、株高、分蘖和生物量显著也降低，其中 6 月 5 日各项指标达到最低，往后虽略有上升，但是总体趋势仍是下降的。5 月 29 日至 6 月 12 日是羊草抽穗时期，这段时期羊草抵御外界环境的能力最弱，所以移栽成活率较低。对于不同苗龄羊草的移栽，随着羊草苗龄的增加，羊草幼苗抵抗外界环境压力的能力越来越大，羊草幼苗在 5 叶龄时已经完全适合移栽，这时羊草株高约为 23cm，4~5 片叶，1.3 条根茎，成活率能达到 83.0%。羊草移栽有效地避开了盐碱胁迫对种子发芽、出苗的抑制作用，使羊草种植 pH 值上限由 9.0 提高到 10.0 以上，可以通过移栽技术一次性恢复羊草植被。重度苏打盐碱地羊草移栽的关键是苗期的水分供应。在中国科学院大安碱地生态试验站的长期定位实验小区研究结果表明，在 pH 值为 9.8~10.3 的重度苏打盐碱地进行羊草移栽，并结合一定的灌溉措施，移栽第二年羊草的鲜草产量高达 11t/hm^2[85]。在中重度苏打盐碱地进行羊草移栽，不仅能够快速恢复草地，而且可以提高牧草质量，同时改善土壤结构[86]。人工移栽已经获得成功，但相对耗时耗力，需要开展针对耐盐碱能力强的成苗羊草的机械化移栽技术研究，为盐碱化草地的生态治理提供技术支撑。

参考文献

[1]张建锋，张旭东，周金星，等．世界盐碱地资源及其改良利用的基本措施[J]．水土保持研究，2005，12，4.

[2]王遵亲．中国盐渍土[M]．北京：科学出版社，1993.

[3]俞仁培，陈德明．我国盐渍土资源及其开发利用[J]．土壤通报，1999，15-16+34.

[4]杨劲松．中国盐渍土研究的发展历程与展望[J]．土壤学报，2008，837-845.

[5]杨真，王宝山．中国盐渍土资源现状及改良利用对策[J]．山东农业科学，2015，125-130.

[6]杨劲松，姚荣江，王相平，等．中国盐渍土研究：历程、现状与展望[J]．土壤学报，2022，59：10-27

[7]李建国，濮励杰，朱明，等．土壤盐渍化研究现状及未来研究热点[J]．地理学报，2012，1233-1245.

[8]张丙乾．新疆土壤盐碱化及其防治[J]．干旱区研究，1993，55-61.

[9]赵天宇．内陆寒旱区硫酸盐渍土盐胀特性试验研究[D]．兰州：兰州大学，2012.

[10]魏博娴．中国盐碱土的分布与成因分析[J]．水土保持应用技术，2012，27-28.

[11]路晓筠，项卫东，郑光耀，等．盐碱地改良措施研究进展[J]．江苏农业科学，2015，43：5-8.

[12]邵华伟，孙九胜，胡伟，等．新疆盐碱地分布特点和成因及改良利用技术研究进展[J]．黑龙江农业科学，2014，11：160-164.

[13]张展羽，詹红丽，郭相平．滨海平原农田土壤含盐量空间变异分析[J]．海河大学学报(自然科学版)，2002，4：61-65.

[14]吕真真，杨劲松，刘广明，等．黄河三角洲土壤盐渍化与地下水特征关系研究[J]．土壤学报，2017，54：1377-1385.

[15]张济世，于波涛，张金凤，等．不同改良剂对滨海盐渍土土壤理化性质和小麦生长的影响[J]．植物营养与肥料学报，2017，23：704-711.

[16]刘兴土．松嫩平原退化土地整治与农业发展[M]．北京：科学出版社，2001.

[17]马驰．松辽平原土地盐碱化动态监测与遥感分析[J]．江苏农业科学，2016，44：495-498.

[18]吴欣欣，白天惠，张乐，等．泌盐盐生植物的泌盐机理研究进展[J]．植物生理学报，2020，56：2526-2532.

[19]贾林，刘璐瑶，王鹏山，等．盐地碱蓬的耐盐机理及改良土壤机理研究进展[J]．中国农学通报，2021，37：73-80.

[20]Isayenkov S V，Maathuis F J M. Plant salinity stress：many unanswered questions remain[J]. Frontiers in plant science，2019，10：80.

[21]魏嘉，蔡勤安，李源，等．植物对盐碱胁迫响应机制的研究进展[J]．山东农业科学，2022，54(4)：156-164.

[22]Zhao C Z，Zhang H，Song C P，et al. Mechanisms of plant responses and adaptation to soil salinity[J]. The innovation，2020，1(1)：100017.

[23]Wilczek A M，Burghardt L T，Cobb A R，et al. Genetic and physiological bases for phenological responses to current and predicted climates[J]. Philosophical Transactions of the Royal Society B，2010，365：3129-3147.

[24]Burghardt L T，Metcalf C J E，Wilczek A M，et al. Modeling the influence of genetic and environmental variation on the expression of plant life cycles across landscapes[J]. American Naturalist，2015，185：212-227.

[25]Jie Song，Hai Fan，Yuanyuan Zhao，et al. Effect of salinity on germination，seedling emergence，seedling growth and ion accumulation of a euhalophyte*Suaeda salsa* in an intertidal zone and on saline inland[J]. Aquatic botany，2008，88：331-337.

[26]Easton L C，Kleindorfer S. Effects of salinity levels and seed mass on germination in Australian species of Frankenia L. (Frankeniaceae)[J]. Environmental and experimental botany，2009，65：345-352.

[27]Erfanzadeh R，Hendrickx F，Maelfait J P，et al. The effect of successional stage and salinity on the vertical distribution of seeds in salt marsh soils[J]. Flora，2010，25(7)：442-448.

[28]Ma H Y，Yang H Y，Lü X T，et al. Does high pH give a reliable assessment of the effect of alkaline soil on seed germination? A case study with *Leymus chinensis* (Poaceae)[J]. Plant and soil，2015，394(1)：35-43.

[29]马红媛，梁正伟，孔祥军，等．盐分、温度及其互作对羊草种子发芽率和幼苗生长的影响[J]．生态学报，2008，28(10)：4710-4717.

[30]申忠宝，潘多锋，王建丽，等．混合盐碱胁迫对5种禾草种子萌发及幼苗生长的影响[J]．草地学报，2012，20(5)：914-920.

[31]马红缓，梁正伟，孔祥军，等．盐分、温度及其互作对羊草种子发芽率和幼苗生长的影响[J]．生态学报，2008，28(10)：4711-4715.

[32]马红媛，吕丙盛，杨昊谕，等．松嫩平原退化草地羊草种子萌发对环境因子的响应[J]．植物生态学报，2012，36(8)：812-818.

[33]马红媛，梁正伟，孔祥军，等．苏打盐碱胁迫下羊草的生长特性与适应机制[J]．土壤学报，2008，45(6)：1203-1207.

[34]黄立华，梁正伟，王志春，等．苏打盐碱胁迫对长穗冰草幼苗生长和K^+、Na^+含量的影响[J]．中国草地学报，2006，28，60-64.

[35]曹明．盐碱胁迫对羊草个体生长及克隆繁殖性状的影响[D]．长春：东北师范大学，2017.

[36]Binshuo Liu，Chunli Kang，Xin Wang，et al. Physiological and morphological responses of *Leymus chinensis* to saline-alkali stress[J]. Grassland science，2015，61(4)：217-226.

[37]郑宇．土壤、施氮和刈割对羊草子株生育及翌年成穗的影响[J]．长春：东北师范大学，2016.

[38]李晓宇．盐碱胁迫及外源植物激素对小麦和羊草生长发育的影响[D]．长春：东北师范大学，2010.

[39]Ma H Y，Yang H Y，Liang Z W，et al. Effects of 10-year management regimes on the soil seed bank in saline-alkaline grassland[J]. Plos one，2015，10(4)：e0122319.

[40]陆静梅，张常钟，张洪芹，等．单子叶植物耐盐碱的形态解剖特征与生理适应的相关性研究[J]．东北师大学报(自然科学版)，1994，(2)：79-82.

[41]王艳华．羊草对盐碱和刈牧的响应[D]．长春：东北师范大学，2011.

[42]赵可夫，李法曾．中国盐生植物[M]．北京：科学出版社，1999.

[43]马红媛，梁正伟．不同 pH 值土壤及其浸提液对羊草种子萌发和幼苗生长的影响[J]．植物学通报，2007，24(2)：181-188.

[44]Mahmood K. Effects of salinity，external K^+/Na^+ ratio and soil moisture on growth and ion content of *Sesbania rostrata*[J]. Biologia plantarum，1998，41：297-302.

[45]刘春卿，杨劲松，陈德明，等．不同耐盐性作物对盐胁迫的响应研究[J]．土壤学报，2005，42(6)：993-998.

[46]Ashraf M. Some important physiological selection criteria for salt tolerance in plants[J]. Flora，2004，199，361-376.

[47]白文波，李品芳．盐胁迫对马蔺生长及 K^+、Na^+吸收与运输的影响[J]．土壤，2005，37：415-420.

[48]高永生，王锁民，张承烈．植物盐适应性调节机制的研究进展[J]．草业学报，2003，12：1-6.

[49]Wang G，Zhang J S，Wang G F，et al. Proline responding1 plays a critical role in regulating general protein synthesis and the cell cycle in maize[J]. Plant Cell，2014，26：2582-2600.

[50]LüB S，Ma H Y，Li X W，et al. Proline accumulation is not correlated with saline-alkaline stress tolerance in rice seedlings[J]. Agronomy Journal，2015，107：51-60.

[51]闫超．重度苏打盐碱地羊草(*Leymus chinensis*)移栽的生物生态学效应[D]．长春：中国科学院东北地理与农业生态研究所，2008.

[52]崔喜艳，刘忠野，胡勇军，等．不同盐碱草地羊草叶片渗透调节物质含量和抗氧化酶活性的比较[J]．中国草地学报，2012，34：40-46.

[53]石德成，赵可夫．盐碱混合生态条件的人工模拟及其对羊草胁迫作用因素分析[J]．生态学报，2002，22：1323-1332.

[54]颜宏，石德成，尹尚军，等．盐、碱胁迫对羊草体内 N 及几种有机代谢产物积累的影响[J]．东北师大学报(自然科学)，2000，32：47-52.

[55]Chen W，Feng C，Guo W，et al. Comparative effects of osmotic-，salt- and alkali stress on growth，photosynthesis，and osmotic adjustment of cotton plants[J]. Photosynthetica，2011，49(3)：417-425.

[56]Hu G F，Liu Y L，Zhang X Z，et al. Physiological evaluation of alkali-salt tolerance of thirty Switchgrass (*Panicum virgatum*) lines[J]. Plos One，2015，10(7)：e0125305.

[57]Yanlin Sun，Hong S K. Effects of citric acid as an important component of the responses to saline and alkaline stress in the halophyte*Leymus chinensis* (Trin.)[J]. Plant Growth Regulation，2011，64(2)：129-139.

[58]王鑫，朱悦，刘滨硕，等．盐碱胁迫下羊草抗氧化酶活性的变化[J]．江苏农业科学，2015，43(5)：209-211.

[59]刘滨硕，钟春玲．盐碱胁迫对羊草形态性状及抗氧化酶活性的影响[J]．科学技术与工程，2016，16(34)：158-161.

[60]张昌楠，郭瑞，石连旋．松嫩盐碱化羊草草甸草原羊草生长及保护酶活性研究[J]．长春师范学院学报(自然科学版)，2008，(2)：67-72.

[61]刘滨硕，康春莉，王鑫，等．羊草对盐碱胁迫的生理生化响应特征[J]．农业工程学报，2014，30(23)：166-173.

[62]Jin H，Kim H R，Plaha P，et al. Expression profiling of the genes induced by Na_2CO_3 and NaCl stresses in leaves and roots of *Leymus chinensis*[J]. Plant Science，2008，175(6)：784-792.

[63]Jin H，Plaha P，Park J Y，et al. Comparative EST profiles of leaf and root of*Leymus chinensis*，a xerophilous grass adapted to high pH sodic soil[J]. Plant Science，2006，170(6)：1081-1086.

[64]Sun Y P，Wang F W，Wang N，et al. Transcriptome exploration in*Leymus chinensis* under saline-alkaline treatment using 454 pyrosequencing[J]. Plos One，2013，8(1)：e53632.

[65]Ma P D，Liu J Y. Isolation and characterization of a novel plasmamembrane intrinsic protein gene，*LcPIPl*，in *Leymus chinensis* that enhances salt stress tolerance in Saccharomyces cerevisiae[J]. Applied Biochemistry & Biotechnology，2012，166(2)：479-485.

[66]Cheng L Q，Li X X，Huang X，et al. Overexpression of sheepgrass Rl-MYB transcription factor LcMYBl，confers salt tolerance in transgenic *Arabidopsis*[J]. Plant Physiology &Biochemistry Ppb，2013，70 (1)：252-260.

[67]Li X X，Hou S L，Gao Q，et al. *LcSAIN*1，a novel salt-induced gene from sheepgrass，confers salt stress tolerance in-

transgenic Arabidopsis and rice[J]. Plant & Cell Physiology, 2013, 54(7): 1172-1185.

[68]Liu J Y, Yang X N, Yang X Z, et al. Isolation and characterization of *LeSAP*, a *Leymus chinensis* gene which enhances the salinity tolerance of Saccharomyces cerevisiae[J]. Molecular Biology Reports, 2017, 44(1): 1-5.

[69]于莹. 利用羊草 EST 文库克隆耐盐碱相关基因[D]. 长春: 吉林大学, 2011.

[70]王超, 张旸, 解莉楠. 羊草 14-3-3 蛋白基因的克隆及其在 Na_2CO_3 胁迫下的表达分析[J]. 分子植物育种, 2017, 15(5): 1616-1622.

[71]赵英, 刘晶莹, 杨梦丹, 等. 羊草 14-3-3 基因的克隆及序列分析[J]. 西北农业学报, 2018. 27(2): 269-274.

[72]董园园, 李晓薇, 姚娜, 等. 盐碱胁迫下羊草转录因子的转录组分析[J]. 北方园艺, 2017, (7): 115-120.

[73]Sun Y L, Hong S K. Sensitivity of translation initiation factor elFl, as a molecular target of salt toxicity to sodic-Alkaline stress in the halophytic grass *Leymus chinensis*[J]. Biochemical Genetics, 2013, 51(1-2): 101-118.

[74]Peng X J, Zhang L X, Zhang L X, et al. The transcriptional factor LcDREB2, cooperates with LcSAMDC2, to contribute to salt tolerance in *Leymus chinensis*[J]. Plant Cell Tissue & Organ Culture, 2013, 113(2): 245 -256.

[75]Wu G L, Liu Z H, Zhang L, et al. Effects of artificial grassland establishment on soil nutrients and carbon properties in a black-soil-type degraded grassland[J]. *Plant and Soil*, 2010, 333: 469-479.

[76]Wang C T, Wang G X, Liu W, et al. Effects of establishing an artificial grassland on vegetation characteristics and soil quality in a degraded meadow[J]. Israel Journal of Ecology and Evolution, 2013, 59: 141-153.

[77]郭美琪, 刘琳, 荆晶莹, 等. 基于植物-土壤反馈原理的退化草原免耕补播修复物种选择研究[J]. 草业学报, 2023, 32(12): 14-23.

[78]Castelli F, Ceotto E, Borrelli L, et al. No-till permanent meadow promotes soil carbon sequestration and nitrogen use efficiency at the expense of productivity[J]. Agronomy for sustainable development, 2017, 37(6): 55.

[79]郭继勋, 姜世成. 松嫩平原盐碱化草地治理方法的比较研究[J]. 应用生态学报, 1998, 9(4): 425-428.

[80]郑慧宝, 李建东. 松嫩平原盐碱植物群落形成过程的探讨[J]. 植物生态学报, 1995, 19(1): 1-12.

[81]李建东, 郑慧莹. 松嫩平原盐碱化草地改良治理的研究[J]. 东北师大学报: 自然科学版, 1995, (1): 110-115.

[82]李艳波, 李凤芹. 松嫩盐碱草地羊草群落的产量动态[J]. 黑龙江大学自然科学学报, 1998, 15(2): 103-106.

[83]刘玉玲, 王德平, 张泓博, 等. 补播时间和补播草种对退化草甸草原植物群落的影响[J]. 草地学报, 2022, 30(11): 3098-3105.

[84]梁正伟, 王明明, 齐春艳, 等. 利用耐逆植物改良松嫩平原高 pH 盐碱土研究进展[J]. 吉林农业大学学报, 2008, 30(4): 517-528.

[85]马红媛. 羊草种子生态学与盐碱地植被恢复[M]. 北京: 科学出版社, 2018.

[86]王德利, 郭继勋. 松嫩盐碱化草地的恢复理论与技术[M]. 北京: 科学出版社, 2019.

应用篇

羊草用于草原生态修复的多种模式

刘　辉　董晓兵　李晓霞　齐冬梅　陈双燕　程丽琴　陈满军　田志鹏　苑庆飞　杜永滨
王　岩　程　利　赵　强　姚　戎　安志军　陈　博　王永辉　董春林　刘公社
（中国科学院植物研究所中科羊草技术团队）

摘　要：近年来中科系列羊草品种现已在内蒙古、新疆、甘肃、宁夏、陕西、河北、山东、河南、黑龙江、吉林、西藏及北京等地得到推广应用，已形成可推广、可复制、可应用的生态修复技术模式。通过对科尔沁沙地、天山北坡荒漠化草原、河西走廊沙化盐渍化草地、青藏高原退化草地、黄土高原水土流失区以及长刺蒺藜草防除等成熟生态修复模式的技术要点进行梳理总结，为今后我国生态修复工程提供科学指导。

关键词：羊草；生态修复；沙地治理；盐碱地治理；退化草地改良

1　引　言

目前，我国草原生态系统整体仍较脆弱，保护修复力度不够、利用管理水平不高、科技支撑能力不足、草原资源底数不清等问题依然突出，草原生态形势依然严峻。2021 年 3 月 30 日，国务院办公厅印发《关于加强草原保护修复的若干意见》，明确指出，到 2025 年，草原保护修复制度体系基本建立，草畜矛盾明显缓解，草原退化趋势得到根本遏制，草原综合植被盖度稳定在 57%左右，草原生态状况持续改善。到 2035 年，草原保护修复制度体系更加完善，基本实现草畜平衡，退化草原得到有效治理和修复，草原综合植被盖度稳定在 60%左右，草原生态功能和生产功能显著提升，在美丽中国建设中的作用彰显。实施草原生态修复治理，加快退化草原植被和土壤恢复，提升草原生态功能和生产功能，这意味着我国草原进入加强保护修复的新阶段。

羊草是赖草属多年生根茎型牧草，广泛分布于欧亚草原区东部，具有耐寒、耐旱、耐瘠薄等优良特性，是兼具饲用和生态价值的多年生乡土草种。羊草根茎的穿透侵占能力极强，横走根茎与须根交错可形成强大密集的根网结构，能够盘结固持土壤，是一种很好的水土保持植物，因此羊草可用于退化草地补播，从而恢复与提高草场的生产能力，提高草场品质。研究表明，羊草在我国的适生区主要分布于内蒙古、新疆北部、黑龙江、青海、甘肃、西藏、吉林、河北、陕西、山西、辽宁、山东、河南北部、四川西北部、宁夏、北京、天津等地，零星分布于江苏北部、湖北、云南北部、安徽北部等地，我国羊草适生面积占全球适生区面积的 38. 34%，占全国陆地面积的 54. 73%。

近年来，中科羊草品种已经开始在新疆、甘肃、宁夏、内蒙古、河北、河南、黑龙江及北京等地得到繁殖和应用，并通过多年的示范推广，形成了沙地生态修复、荒漠化土地治理、盐碱地改良、退化草地改良、水土流失区生态修复、长刺蒺藜草防除等多种利用模式。下文将以中科羊草近年来的示范推广情况，总结不同羊草生态修复模式的成熟技术要点及适应推广范围，并对今后羊草产业化模式提出展望，为今后我国生态修复工程提供科学指导，保障草原生态安全。

2　科尔沁沙地中科羊草生态修复模式

示范修复区域为通辽市科尔沁沙地，位于内蒙古自治区开鲁县，属于退化沙地，土壤 pH 值 8. 01，有机质 8. 4 g/kg，速效氮 69. 05 mg/kg，速效磷 8. 4 mg/kg，速效钾 242. 9 mg/kg。整体而言，土壤属于低氮、低磷、中钾、贫有机质的碱性土。针对该区域制定高效节水的中科系列羊草品种栽培种植方案，表明羊草春季返青早，根茎繁殖快，逐渐扩大形成了优势群体。在节水灌溉条件下，中科羊草种植第二年即可收获种子和干草。羊草种植成功后，对其治沙效果研究发现，羊草种植第三年可以减少土壤风蚀90%左右，有效地固着土壤，减轻沙尘危害。

具体技术要点及适应推广范围如下。

2.1 草 种

羊草在开鲁县有大面积分布，因人们的不合理利用造成草地沙化、退化现象。草种选择多年生乡土草‘中科1号’羊草品种。

2.2 种草技术

该技术来源于“羊草对沙化退化草地修复与人工草地高产栽培技术”项目，结合中科羊草赤峰市阿鲁科尔沁旗的沙地治理经验，针对通辽市科尔沁沙地制定高效节水的种植方案。

土壤性质为沙土，草地退化后出现大量长刺蒺藜草；种植前翻耕土地，翻耕深度20~30cm，将蒺藜草及种子翻到地下，减轻毒害草对羊草的影响。翻耕晾晒2~4天，对土壤进行旋耕作业，旋耕深度15~20cm，增加土壤平整度。沙质土壤保水保肥能力差，播种前进行镇压作业，促使沙土形成较好的毛管孔隙，达到保水作用。采用牧草专用播种机，播种深度2~3cm，播种行距20~30cm，播种量2~2.5kg/亩，播种时配施10~15kg/亩的氮磷钾复合肥。

2.3 田间管理

沙土比热容小升温快，水分不易保持，羊草种子播种深度浅，播种后立刻灌水，采用喷管方式实现水资源的节约；每次灌水量10~15m^3/亩，使表层5cm左右的土壤达到田间持水量的70%~80%，促进种子萌发。羊草幼苗5叶期根系开始分蘖和窜根，调整灌水量，单次灌水量增加到20~25m^3/亩，使表层10cm左右的土壤达到田间持水量的70%~80%，促进根系生长。霜冻前11月上旬进行冬灌，提高羊草越冬率。羊草种植第一年灌水6~8次，累计灌水量150cm^3/亩左右。羊草5叶期增施5kg/亩的尿素促进窜根和叶片生长。羊草种植第二年返青期施肥灌水，肥料施用12~15kg/亩的氮磷复合肥，根据土壤湿度合理安排灌溉。羊草盖度从拔节期开始达到40%以上，地表裸露区域减少，地表蒸发水分减少。第一茬羊草收获后施肥偏重氮肥，尿素施肥量为8~10kg/亩。

2.4 适宜推广范围

目前，中科羊草已在鄂托克前旗(毛乌素沙地)、通辽及赤峰(科尔沁沙地)、海拉尔及新巴尔虎旗(呼伦贝尔沙地)大面积推广种植。羊草在沙地的适应性和表现良好，不仅实现节水、优质高产，而且修复生态的速度快、效果好。今后中科羊草在沙地治理的区域可辐射我国北方四大沙地(科尔沁沙地、毛乌素沙地、呼伦贝尔沙地、浑善达克沙地)及其周边区域。

3 天山北坡荒漠化草原中科羊草修复模式

示范修复区域位于天山北坡，新疆昌吉州呼图壁县雀尔沟镇，属于荒漠化草原，针对该区域的地理位置及土壤性质，为了不破坏荒漠化草原原有植被和土壤结构，开展免耕播种试验，设计4种播种类型：穴播单播、穴播混播、条播单播、条播混播，混播材料选用燕麦，羊草：燕麦播种比例为1：2。在中科羊草种植第二年4月中旬统计羊草长势，表明：穴播单播>条播混播>穴播混播>条播单播。而6月中旬统计羊草长势：穴播单播>条播单播>条播混播>穴播混播，条播单播的区域经过两个月的生长，长势已经超过条播混播。6月下旬羊草长势较好的区域株高达到100cm，叶高70 cm，抽穗率60%以上。穴播单播盖度最大，基本完全覆盖地表。条播单播后期羊草单株长势较好，株高和叶高优于穴播单播，但根茎分蘖明显弱于穴播单播。因此，建议在荒漠化草地修复过程中应当采用羊草单播的方法，免耕方式不破坏原始草地土壤结构。

具体技术要点及适应推广范围如下。

3.1 草　种

选用多年生优质禾本科乡土草‘中科1号’羊草。‘中科1号’羊草是2014年农业农村部审定品种。

3.2 种草技术

播种量3kg/亩，播种深度2cm。穴播时有效的局部疏松土壤，浇水或自然降雨时容易将水分保存在种子附近。穴播单播的羊草芽率高，保持在50%以上，穴播混播处理每穴(2cm×2cm)燕麦种子2~3粒，羊草种子6~8粒；燕麦幼苗和羊草幼苗竞争水肥，后期不利于羊草生长。条播时成行的土壤松动，灌水时因地势不平容易造成土壤冲蚀，种子流失；混播的燕麦幼苗可有效减缓土壤冲蚀，能在前期保住一定的水分；条播幼苗分散，水分和养分可以较均匀地吸收，利于幼苗生长，但需要保证土壤平整度。播种第一年穴播单播优势明显，条播混播和穴播混播羊草植株细弱，条播单播区域虽然受地表径流影响幼苗较少，但幼苗长势好。

3.3 田间管理

播种后采用喷灌方式进行灌溉，单次灌水量20m^3/亩，根据土壤干旱程度适时灌水，种植第一年累计灌水8次。羊草5叶期施肥，施用5kg/亩的尿素。

种植第二年4月上旬羊草开始返青，施用氮磷复合肥10kg/亩。羊草返青期、拔节期、抽穗期需水较多，根据土壤湿度适时灌溉。开花期保持适度干旱，有利于羊草开花授粉。种子成熟期尽早收割，防止落粒；种子收割后割草，留茬5cm。第一茬草收获后施肥灌水，施肥侧重氮肥，施用8~10kg/亩的尿素，施肥后立刻灌水，促进二茬草生长。

3.4 适宜推广范围

荒漠化土地不仅容易造成水土流失，而且造成降水量适宜的大面积可利用草地的浪费。天山北坡因放牧退化的荒漠化草地面积较大，气候干旱，地势多为缓坡、山地。雨季来临前采取免耕播种的方式，有利于羊草出苗、存活；羊草根茎繁殖速度快，网状根系可以固着土壤、保持水分，天山北坡自然降雨情况下可以发芽并生长，发挥生态效益。同时，荒漠化草原治理后盖度明显增加，地形复杂的山坡生产的优质饲草可以通过放牧的形式利用，地势平坦的区域可以建设打草场，增加当地农牧民收入。

4 河西走廊沙化盐渍化草地中科羊草生态修复

示范修复区域位于河西走廊东端，甘肃省中部景泰县，属于沙化盐渍化草地，盐碱土质，土壤严重干旱板结，地形不规则且呈缓坡。为了实现节水效果，该区域中科羊草种植技术上采用覆膜穴播漫灌方式。中科羊草种植第二年抽穗结实，种子于7月中旬成熟。平均株高106cm，叶片高度58cm，羊草盖度70%以上，营养枝叶片数6~7片，基本无杂草。种子产量18kg/亩，第一茬干草产量426kg/亩。

具体技术要点及适应推广范围如下。

4.1 草　种

选用多年生优质禾本科乡土草‘中科3号’羊草，‘中科3号’羊草是2012年内蒙古审定品种。种子产量较对照提高了39.3%，干草产量较对照提高了41.4%。

4.2 种草技术

项目区土壤严重干旱板结，地形不规则且呈缓坡，平整土地采用梯田方式，相邻田块之间落差50~80cm，作业顺序为：翻耕—旋耕—激光平地—镇压。翻耕深度25cm，旋耕深度15cm，镇压作业有利于提高土壤平整度、易于控制播种深度和保持水分。

中科羊草团队成员与当地穴播机生产商联合改进播种机，保证羊草每穴播种6~8粒，设计播种量

1.96kg/亩，播种深度 2cm，增加挡板避免下种仓堵塞，下种均匀。

4.3 田间管理

根据项目区地形地貌和灌溉条件，灌水方式采用漫灌。为了实现节水效果，在中科羊草种植技术上采用覆膜穴播漫灌方式；该技术一次灌水可保持羊草幼苗根系附近土壤湿度 40 天左右。盐碱地灌溉后容易板结，穴播覆膜技术很好地避免了土壤板结情况，有利于羊草种子萌发和生长。膜中间未播种的区域因地膜覆盖，杂草难以生长，地膜与地膜之间为播种裸露区域，水分蒸发快、土壤干旱，杂草长势弱。播种后灌溉一次，用水量 $80m^3$/亩左右，因地膜有增温作用，灌水后 6 天羊草开始萌发，出苗均匀，长势较好。第二次灌水时间间隔 40 天，羊草株高 20cm 以上，且多数开始分蘖，并生出横走根茎；第二次灌水量减少，灌水量 $40\sim50m^3$/亩。冬灌用水量 $40\sim50m^3$/亩，全年累计灌水 $170m^3$/亩左右。

第二次灌水时增施水溶肥，施肥量 8kg/亩，采用水肥一体化作业，大大节约成本和时间。播种第二年 4 月下旬，多数地膜完好，且仍发挥一定的保水作用，羊草生长良好。羊草拔节期机械拉膜，清除田间地膜交付厂家循环利用，避免土壤污染。地膜清除后，5 月上旬采用水肥一体化的方式施肥灌水。

4.4 适宜推广范围

河西走廊干旱少雨，光热资源充足，适宜羊草制种基地建设和“三化”草地生态修复，羊草种子成熟期降雨少，降低了羊草倒伏风险，增加收益。近年来由于不合理的开发利用及放牧影响，河西走廊地区大面积草地和质量差的已开垦土地逐渐沙化、盐渍化，不仅造成生态环境的破坏，而且草地无法得到可持续利用，浪费资源。羊草作为耐寒、耐旱、耐盐碱、节水的优质乡土草，适宜此类地区大面积推广种植。

5 黄土高原水土流失区中科羊草生态修复模式

示范修复区域位于陕西榆林佳县，属于黄土高原水土流失区，土壤 pH 值 8.08，有机质 6.42g/kg，碱解氮 38.43mg/kg，速效钾 135.00mg/kg，速效磷 13.23mg/kg，属于低有机质、低氮、中磷、中钾的碱性土壤[1]。地形复杂，多为坡地，大型机械作业难度大。根据当地地形情况，当地居民早年开发了梯田和缓坡地，无灌溉条件。因此，采用小型机械旋耕土地，雨季来临前撒播羊草、镇压，借助自然降雨促进羊草出苗生长。结果表明，中科羊草在佳县可安全越冬，抵御倒春寒，顺利完成返青、拔节、抽穗、乳熟和成熟等重要发育时期，未观察到病虫危害，可以作为生态修复草种和优质饲草在佳县及同类地区推广种植。

具体技术要点及适应推广范围如下。

5.1 草　种

草种选择‘中科 1 号’羊草品种。

5.2 种草技术

黄土高原地形复杂，多为坡地，大型机械作业难度大。根据当地地形情况，当地居民早年开发了梯田和缓坡地，无灌溉条件。近年来随着人工成本的增加，种植农作物的收益降低，造成土地荒废，雨季水土流失严重。采用小型机械旋耕土地，雨季来临前撒播羊草、镇压，借助自然降雨促进羊草出苗生长。

5.3 田间管理

项目区雨季 7 月来临，羊草生长至 5 叶期，雨前施入 5kg/亩的尿素，提高羊草生长速度，促进分蘖、窜根，提高生物量。种植第一年 9 月上旬收割一茬饲草，增施 5kg/亩的尿素。第二年春季降雨前施入10kg/亩的氮磷复合肥，分别于7月上旬和9月上旬收割饲草，促进根系生长。第三年开始收获羊草种子，7月中旬羊草种子收获后收割第一茬羊草。

5.4 适宜推广范围

黄河流域黄土高原地区总面积63.5万km^2，其中水土流失面积45.4万km^2(水蚀面积33.7平km^2、风蚀面积11.7万km^2)，年均输入黄河泥沙16亿t，是我国乃至世界上水土流失最严重、生态环境最脆弱的地区。由于缺乏植被保护，加上夏雨集中，且多暴雨，在长期流水侵蚀下，地面被分割破碎，形成沟壑交错其间的塬、墚、峁。在农牧交错带降水量适宜的自然条件下种植中科羊草，实现生态效益和经济效益双丰收。

6 青藏高原退化草地中科羊草修复模式

示范修复区域位于西藏自治区拉萨市林周县，属于青藏高原退化草地。在西藏自治区林业和草原局支持下，开展了中科羊草引种试验，羊草品种选用‘中科5号’，该品种产草量与地下生物量高，且具有较强的修复效率(修复效率指从种植到覆盖度达到75%所需要的天数)。表明2021年6月上旬羊草进入抽穗期，无灌水施肥的情况下株高40cm，叶片高度25cm，叶片长度10cm，穗长12cm，部分羊草抽穗率达到15%~20%。剥离种子颖壳可见花药，正常情况下可开花授粉，完成从种子到种子的有性生活史。

具体技术要点及适应推广范围如下。

6.1 草　种

选用多年生乡土草，品种选择‘中科5号’羊草。‘中科5号’羊草是2020年国家林业和草原局审定品种。产草量与地下生物量高，且具有较强的修复效率(修复效率指从种植到覆盖度达到75%所需要的天数)。地上干草产量较对照提高9.6%，地下生物量较对照提高19.2%，修复效率较对照提早20天。草产量、地下生物量、修复效率与对照的差异在统计上均达到极显著水平。

6.2 中科羊草种植背景

根据西藏自治区相关领导对《区政府驻北京办事处关于应用“中科羊草”重大科技成果推动西藏生态草牧业创新发展的建议》批示精神，自治区林业和草原局开展了“中科羊草”引种试验，探索羊草在当地适生区的环境适应性和产量潜力，以期为草原生态修复、促进西藏生态草牧业发展提供新的技术选择。

6.3 引种试验实施情况

中科羊草引种地点为林周县强嘎乡连布村，2020年7月上旬试种，出苗正常。区林草局开展了不同试验方式(小区试验、大田试验)、不同播种量(2、3、4、6 kg/亩)、不同播种方式(撒播、条播)的探索，积极开展各项准备工作。条播深度1~2cm，行距30cm。引种试验旨在探明羊草在高海拔地区的适应性，为大面积退化草地修复积累科学数据，播种时未施肥；为了充分利用自然降雨，播种后对土壤进行镇压操作，利于种子出苗。

6.4 适宜推广范围

中科羊草高海拔地区试种成功，为青藏高原退化草地生态修复提供科学依据。青海、西藏、新疆等高海拔地区退化草地的生态修复，需要尊重科学因地制宜，可根据灌溉、非灌溉条件设计不同种植模式，开展生态修复的同时，重点解决当地优质饲草紧缺的难题，提升畜牧业发展水平。

7 中科羊草防除长刺蒺藜草模式

长刺蒺藜草原产于北美洲，20 世纪 80 年代侵入科尔沁草原并在全国多地快速蔓延，成为科尔沁沙地的一大草害。通过羊草播种、刈割试验，旨在探索高效、经济控制长刺蒺藜草的技术。结果表明：播种 30kg/hm^2 的‘中科 1 号’羊草第一年对长刺蒺藜草密度抑制率为 26.96%；第二年两时期株高抑制率为 25.00%、41.27%，第三年两时期株高抑制率为 53.28%、90.91%，逐年提升；第二年两时期盖度抑制率为 70.15%、78.01%，第三年两时期盖度抑制率为 99.18%、100.00%，逐年提升；第二年对生物量抑制率达到 87.79%。针对长刺蒺藜草，‘中科 1 号’羊草播种量为 30kg/hm^2 时已经可以在第三年完全控制长刺蒺藜草，无须增大播种量。本研究为大面积利用羊草防除长刺蒺藜草提供了科学依据，对保障草原生态安全具有重要意义[2]。

具体技术要点及适应推广范围如下。

7.1 草　种

试验品种选用‘中科 1 号’羊草。

7.2 种草技术

全程机械化作业，流程为：翻耕—旋耕—镇压—播种—镇压，翻耕深度 20cm，旋耕深度 15cm，播种深度 2cm，播种行距 20cm，播种时配施 225kg/hm^2 的氮磷钾复合肥（N：P_2O_5：K2O＝15：15：15）作为底肥。

7.3 田间管理

制定高效节水种植方案，灌溉采用喷灌的方式，适时灌溉，每次灌水量 150～225m^3/hm^2，使表层 5cm 左右的土壤达到田间持水量的 70%～80%，促进种子萌发。羊草幼苗 5 叶期单次灌水量增加到 300～375m^3/hm^2，使表层 10 cm 左右的土壤达到田间持水量的 70%～80%，后期管理同大田。

7.4 适宜推广范围

‘中科 1 号’羊草治理长刺蒺藜草的同时，生产的优质乡土草种子和饲草可增加收益，有利于草牧业发展和乡村振兴。截至 2021 年 6 月，小街基镇 1670hm^2 地块种植前存在不同程度的长刺蒺藜草危害，种植羊草后第三年彻底清除。总之，在长刺蒺藜草入侵区域人工种植多年生优质牧草羊草，可以有效防除长刺蒺藜草，对改善生态环境和草牧业发展具有重要意义。

8 展　望

近年来，中科系列羊草品种现已在内蒙古、新疆、甘肃、宁夏及北京等地得到推广应用，累计种植面积超过 50 万亩，形成了盐碱地改良、荒漠化土地治理、退化草地修复、毒害草治理、戈壁滩建植等多种开发利用模式，具备了大面积推广应用的基础，为我国草原生态保护修复和畜牧业高质量发展提供科技支撑。同时，总结相关地区羊草产业和企业发展的经验，对今后我国羊草种业发展提出展望，以期形成可复制、可推广的典型羊草种业发展模式，指导草种产业加快向集约化、规模化、标准化和现代化方向发展，打破我国草牧业和生态建设草种供给的“卡脖子”问题。

根据羊草产业发展现状，以下几个种植基地的工作还处于积累之中，具有较大发展潜力，在此给予展望。

8.1 “羊草小镇”模式

为了深入贯彻生态文明思想，充分利用闲置的退耕地资源，同时解决我国草种业“卡脖子”难题。

内蒙古通辽市开鲁县小街基镇按照开鲁县加强草原保护建设、改善草原生态环境、加快转变草原畜牧业生产方式、促进牧草产业可持续发展的要求，坚持“生态优先、绿色发展”的理念，立足当地实际，“基兴农业发展有限公司”与“中国科学院植物研究所”签订技术服务协议，将上游科技成果在一个区域集成示范和推广，着力打造“中科羊草种子繁育基地”，带动乡村振兴和社会全面发展。

2019年开展工作以来，镇政府多次考察中科羊草在全国各地的示范基地，努力改善自身营商环境，引导10多家企业进驻小镇，逐步形成了“羊草种业引领，乡村全面发展”的独具特色的“羊草小镇草种业发展模式”，该模式以草种业为主，形成草种业、草业、草牧业、旅游业、餐饮业等衍生产业，为小镇经济和社会全面发展不断提供着新动能；草种业与小镇社会事业融为一体快速发展，成为各级政府乡村振兴的示范区；羊草小镇生态环境得到改善、精神和物质生活水平得到提高，为乡村振兴和共同富裕探索出新路子；形成的羊草种子繁育技术、技术培训、投资模式具有一定的可复制性；羊草小镇有力推动了草种业、草牧业及社会服务业等多方位发展，实现了较好的生态效益、经济效益和社会效益，在我国草种业领域异军突起，引起学术界和地方政府的高度重视，得到产业主管部门的关注和支持。但羊草小镇模式涉及政府、农牧民、草种企业、饲草产业、养殖业、加工业以及乡村振兴等内容，目前各项事业还处于发展过程之中，有待于继续扎实推进，将来可以总结为国家林业和草原局支持的“羊草小镇”模式。

8.2 国有牧场模式

内蒙古东蒙鑫农牧业有限责任公司(后更名为内蒙古额仑生态集团有限责任公司)，为霍林河煤业集团下属单位。始建于1963年，是内蒙古自治区农牧业产业化龙头企业。2021年围绕国家和内蒙古自治区对优质乡土草种子及其产业链开发的紧迫需求，“内蒙古东蒙鑫农牧业有限责任公司”与“中国科学院植物研究所”签订技术服务协议，在霍林郭勒市，开展中科羊草的引种示范技术指导，包括机械播种技术、杂草防控技术、水肥高效利用技术。通过合作开展引种示范技术，2021年建立中科羊草良种繁育基地3000亩，2022年建立良种繁育基地17000亩，合计2万亩，长势均较好，为大规模种子繁殖基地建设奠定基础。这是国家林业和草原局草原管理司支持的一种探索。虽然工作开展两年，进展顺利，但国有牧场种植中科羊草，不仅是为了生态效益，也要经济效益，根据羊草多年生习性，种植3年以上，经济效益就会发挥出来，这一点还需要时间。2023年，公司新增3.2万亩羊草种植面积。我们将继续做好技术服务，并随时总结这个国有企业的生态建设和草牧业发展经验。

8.3 三江集团产学研育繁推一体化模式

三江集团作为省属唯一一家国有大型农牧企业，青海省三江集团有限责任公司积极响应国家号召，按照省委省政府安排部署，牢牢把握“三个最大”省情定位，立足青藏高原独特资源，与省科研院校紧密合作，承担完成省部级项目30多项，培育并通过审定的优良草种11个，占全省总量的91%，为建设三江源生态沃土播撒下越来越多希望的种子。近年来，三江集团建成20010hm^2(30余万亩)牧草良种繁育基地，年产适应青藏高原寒冷干旱气候环境的草种近1000万kg，占全省总产量的90%以上，形成了集“育繁+储推”为一体的牧草良种产业体系，不仅保障了全省草地生态建设草种需求，还成为西藏、四川、内蒙古、甘肃等周边数个省份生态建设用种的供种基地。

我国高度重视青藏高原生态环境治理，青海也将生态治理作为各项工作的出发点和落脚点。中国科学院植物研究所中科羊草研发创新团队开始与三江集团开展全方位合作，为该公司发展成为国家一流草种企业全面提供科技支撑。具体将开展羊草和老芒麦等种质资源收集、鉴定评价、种质创制、选育适宜青藏高原等地区推广种植的乡土草种，建立原种繁育基地；采用当地优势品种老芒麦、披碱草与中科羊草品种种子，研发新的“种子包”，用于北方草原生态保护和青藏高原保护等场景，有效提高生态环境治理的成效。鉴于这项工作刚刚起步，但意义重大，我们将在国家发展改革委和国家林业和草原局指导下，踔厉奋进，继续扎实工作。

参考文献

[1]董晓兵，齐冬梅，徐辉，等.‘中科1号’羊草在陕西佳县引种试验成功[J]. 草学，2019(4)：49-56.
[2]刘辉，董晓兵，齐冬梅，等. 羊草控制少花蒺藜草危害的技术研究[J]. 草原与草业，2022，34(1)：56-62.

羊草草原群落特征及羊草在草地恢复中的应用

王　璟　潘庆民
（中国科学院植物研究所）

摘　要：羊草草原是欧亚大陆草原区东部的特有群系，也是我国草原带分布面积广、经济价值高的草原类型之一。本文介绍了羊草草原的地理分布格局、群落特征及其动态变化，综述了羊草的生物学特性及其在退化草地恢复中的作用，介绍了退化羊草草原快速恢复技术的原理及其实施效果，并就退化羊草草原恢复中存在的问题进行了探讨，以期为羊草资源的高效利用和退化草原的恢复提供依据。

关键词：羊草草原；草地恢复；羊草基本特性；补播；混播

1　羊草草原群落特征

1.1　羊草草原的生态地理分布

羊草草原是欧亚大陆草原区东部的特有群系。羊草草原的分布区是一个连续完整的区域，位于亚洲中、东部的温带半湿润和半干旱地区内，最北端伸达62°N，南界大约到36°N，东西跨于92°~132°N，根据一些中小比例尺植被图进行粗略的估算，羊草草原在亚洲中、东部分布的总面积大约有42万 km^2，其中在我国境内的分布面积约占22万 km^2。它是我国草原带分布面积很广的草原群系之一，并且是经济利用价值最高的草原类型[1,2]。在内蒙古高原及其东、南外围地区的草原地带，羊草草原主要是集中分布在呼伦贝尔、锡林郭勒和大兴安岭两麓的丘陵地区，此外在松嫩平原地区、西辽河平原地区和阴山山脉以南的平原与丘陵地区均有分布。

羊草草原所分布的自然地带也比较广泛，在森林草原带，它是占面积最大的草原类型；在典型草原带，其面积仅次于针茅草原；在荒漠草原带，也能存在于某些特殊的低地环境中。羊草草原的生境类型多样，其地形条件大多是开阔的平原或高平原以及丘陵坡地等排水良好的地形地貌。但是在某些河谷阶地、滩地、谷地等低湿地上也有羊草草原发育的特殊类型。羊草草原的土壤主要是黑钙土、暗栗钙土、栗钙土、草甸化栗钙土等。其土壤质地多为轻质壤上，土壤通气状况一般良好。

1.2　羊草草原的群落类型

羊草是一种生态适应性很广的草原植物，所以羊草草原的群落类型存在十分明显的分化。在内蒙古草原区，羊草草原是群落特异类型最多最复杂的一个草原群系。按照群落基本层片的性质不同，可将羊草草原群系划分为以下四个不同的亚群系：羊草-旱生草类草原；羊草-中生草类草原；羊草-盐生草类草原；羊草–旱生半灌木草原[2,3]。这四个亚群系反映了羊草草原对干湿条件、盐分状况和基质特性等因素的生态适应类型。第一个亚群系的群落类型分化的最多，分布也最广泛，群落的主要层片是由旱生的多年生草本植物所组成，是地带性特征最强的一类羊草草原。第二个亚群系是在湿润度较高的条件下形成草甸化羊草草原。第三个亚群系的羊草草原是盐化与碱化的群落类型，发育在土壤盐分较重的低湿生境中。属于第四个亚群系的羊草草原群落，多与土壤强烈剥蚀的条件有密切联系。

1.3　羊草草原的物种组成和生物量

羊草草原的结构、功能及其利用与保护，是我国草原生态研究的重要问题。针对这一问题，1979年，中国科学院植物研究所最先在锡林郭勒草原建立了内蒙古草原生态系统定位研究站的羊草样地，该样地位于锡林河南岸、白音锡勒牧场六分场以东、葛根萨拉以南、益和都贵北面的低丘宽谷地带

(43°33′11.6″N、116°40′34.2″E)。该样地海拔高度1200~1250m，丘陵相对高度20~30m，顶部浑圆，向东的缓坡漫长，坡度小于5°。坡麓下是平坦的谷地。样地土壤属于暗栗钙土，土层厚度一般深达1 m以上，在70 cm以下经常遇到钙积层[4]。

1979年，姜恕等[5]对羊草样地的物种组成和生产结构进行了第一次测定。根据6个$1m^2$的样方统计，羊草样地约有86个植物种，分属28科67属。其中，广旱生根茎禾草羊草占显著优势，占群落生物量的33.5%，其次为大针茅、溚草和冰草等旱生密丛禾草。禾草的干重占到群落总重量的60%以上。羊草样地的草层高度50~60cm，盖度为30%~40%。羊草群落的总生物量为758.1g/m^2，其中，地上生物量为142.0g/m^2，地下生物量为616.1g/m^2，地下生物量与地上生物量之比为4.34[5]。

2011年，潘庆民等[4]对该样地的物种组成进行了测定。根据3条500m×5 m的样带统计，该样地目前有植物种105个，分属30科75属。根据10个$1m^2$的样方统计，根茎禾草羊草的优势度显著下降，仅为8.9%，密丛禾草大针茅和西伯利亚羽茅的优势度显著增加，分别为38.4%和26.0%，禾草的比重显著升高到84.1%。优势种草层高度为55.3cm，草丛盖度为42%。羊草群落的总生物量为1601.0g/m^2，其中，地上生物量为317.8g/m^2，地下生物量为1283.2g/m^2，地下生物量与地上生物量之比为4.04。

1.4 羊草草原生物量年际动态

根据中国科学院内蒙古草原生态系统定位研究站的监测资料，羊草草原地上生物量(1981—2010年)因气候变化而呈现出明显的波动[4]。30年平均地上生物量为186.3g/m^2。最大地上生物量出现在2002年，为286.1g/m^2，最小地上生物量出现在2009年，为104.3g/m^2，前者是后者的2.7倍。在一年中，羊草草原群落水平的最高生物量出现的月份因气候变化而存在明显的波动，最早和最晚出现的时间可以相差1.5个月。在1981—2010年的30年期间，群落最高生物量出现在7月底(最早出现时间)的有9年，出现在8月中旬的有10年(最多出现时间)，出现在8月底有4年，出现在9月上旬(最晚出现时间)的有7年。羊草草原地下生物量(1981—2010年)也因气候变化而呈现出明显的波动。根据陈佐忠等[6]和李博等[7]的研究，羊草草原0~30cm土层范围内的地下生物量12年的平均值为1294.6g/m^2，最高值为1974.56g/m^2，出现在1982年，最低值为936.0g/m^2，出现在1990年。最大值是最小值的2.1倍[4]。

1.5 羊草草原生物量季节动态

在内蒙古典型草原，牧草一般在4月中、下旬开始返青，地上生物量一般自5月中旬开始测定。羊草草原的地上生物量的季节变化动态一般表现为单峰曲线。峰值大多出现在8月中旬到9月中旬。9月中旬后生物量开始下降。由于受年际间气候变化的影响，峰值出现的时间不尽相同。例如，1991年出现在8月底，1993年和1997年出现在8月中旬，1995年出现在9月中旬；但是，1999年7月底就出现了高峰，这可能与后期的持续干旱有关。该年度7月降水量107mm，8月仅有41mm，9月不足30mm。不同年际之间羊草草原的地上生物量的变化趋势及其最大生物量的高低存在很大差异。根据陈佐忠等[6]的研究，羊草草原地上生物量的这种变化与环境条件高度相关，特别是与降水的变化最为密切。水分是该区域初级生产力最主要的限制因素，制约着群落生物量的消长。降水比较丰沛的年份，羊草草原的生物量就高，反之，生物量就低。降水的季节分配格局对生物量的季节动态也有显著影响[4]。

生物量的相对增长速率反映了单位时间内单位干物质所生产的新的生物量，一般以每天每克干物质的生长量来计算。羊草草原地上生物量的相对增长速率表现为逐渐降低的趋势，5月上旬相对增长速率最高，可达0.12g/天。此时的草原植物开始返青，借助于较好的土壤湿度和适宜的气温，植物地下器官贮存的营养物质向地上部转移，因此地上部器官迅速生长。在6月下旬，由于降水量少，气温较高，土壤表面蒸发量大，由于水分匮缺，不能满足植物快速生长的需要，羊草群落的相对增长速率呈现出一个低谷。之后随着草原植物进入快速生长期，在7月上旬，出现一个峰值。然后，随着植物营养生长的变缓，羊草草原的相对增长速率平缓降低。进入9月以后，随着秋季的到来，一方面地上生物量向地下转移，另一方面部分枯枝落叶离开植物体，导致地上生物量的相对增长速率表现为负增长。李博等[7]的研究表明，羊草草原群落生物量的差异源于不同草原植物种对水分响应的不同。在偏干旱的年份，旱生性强的植物，如大针茅、蕓草等占优势；在偏湿润的年份，中生性强的植物，如羊草、柔毛蒿等显示出优势[4]。

根据陈佐忠和黄德华[8]的研究，羊草草原地下生物量的变化呈现出鲜明的季节特征。羊草草原地下生物量随季节的变化呈现出双峰曲线的特征。从0~30cm土层总的地下生物量看，4月牧草返青后，随着草原植物的快速增长，羊草草原的地下生物量在5月达到第1个峰值，在6月，由于此阶段经常有持续的干旱，影响了草原植物的生长，因此羊草草原地下生物量呈现出1个明显的降低。之后的7月，随着牧草进入快速生长期和雨季的来临，草原植物进入快速生长期，羊草草原地下生物量迅速增加，之后增速放缓，在9月逐渐达到最大生物量。羊草草原的地下生物量还表现出明显的层次性。不同土层之间比较，0~5cm土层的地下生物量最高，5~10cm土层和10~20cm土层的地下生物量居中，且二者差异不显著；20~30cm的地下生物量显著减少。各层土壤中的地下生物量变化趋势与总地下生物量的变化趋势一致[8]。

导致羊草草原地下生物量双峰特征的原因，陈佐忠等[9]认为与土壤水分的阶段性和土壤微生物数量的季节变化有密切关系。羊草草原的水分变化可以分为四个不同的时期。①土壤返润期：4月开始，随着土壤解冻和雪水的融化，羊草草原的土壤水分状况较好，随着气温的回升，植物很快返青和生长，这是导致第1峰值产生的重要原因。②土壤干旱期：5月下旬至6月初，由于降水稀少，而气温迅速回升，地面蒸发显著增加，导致土壤水分迅速减少，影响了植物的生长发育，导致6月地下生物量出现1个谷值。③雨季水分改善期：进入7、8月，随着雨季的来临，大量降水补给土壤，植物生长迅速，地下生物量迅速增加。对于多年生植物而言，许多植物把养分贮藏在地下器官中，因此逐渐出现了第二个峰值。④土壤二次干旱期：进入9月，随着秋季的到来，一方面植物的生长基本停止，另一方雨季结束后，土壤水分逐渐降低，从而导致了地下生物量的第二次降低。羊草草原土壤微生物的变化也具有明显的季节性，5月和9月分别出现两个峰值，这与地下生物量的变化趋势一致[10]。

1.6 羊草草原的群落光合速率及光合作用特征

关于群落水平草原植物的光合作用，内蒙草古原站在20世纪80年代开展了较多研究，发现群落组成、冠层高度、群落结构和发育阶段均对群落水平的光合作用有显著影响。根据戚秋慧等[11]的研究，羊草草原的群落光合作用具有明显的季节变化和日变化。从季节变化看，羊草群落的光合作用表现为明显的单峰曲线。自6月中旬测定开始，羊草群落的光合速率为12.49gCO_2/(m^2·天)。之后羊草草原的群落光合速率迅速提高，到7月上旬达到最大值，为31.68gCO_2/(m^2·天)。随后开始下降，到8月中旬降至7.51gCO_2/(m^2·天)。在9月上旬稍有回升，为10.80gCO_2/(m^2·天)。在9月下旬逐渐降至最低。

从日变化看，羊草草原群落光合速率表现为明显的双峰曲线。上午出现一个峰值，下午出现一个峰值，中午存在明显的光合午休现象。一般而言，清晨5时，随着太阳的升起，群落光合速率开始升高，到8点左右达到最大值，之后随着气温的进一步升高，空气相对湿度进一步降低，群落光合速率显著降低，到14点，随着气温升到最大值，羊草群落光合速率降至最低值。之后随着气温的回落，空气相对湿度升高，羊草群落光合速率又逐步回升，在16点左右达到下午的峰值；之后，随着光照强度的降低，羊草群落光合速率逐渐降低。一般上午的峰值大于下午的峰值，在下雨天可能表现出相反的趋势，即下午的可能更高[4]。

羊草是内蒙古典型草原最重要的优势植物种之一。根据杜占池和杨宗贵[12]的研究，生长在良好水分条件下的羊草的光-光合曲线为近似双曲线，光合作用光饱和点一般在920μmolm/(m^2·秒)。对应的光合速率为31mgCO_2/(m^2·小时)。光合作用光补偿点为10~18μmol/(m^2·秒)。温度-光合曲线为抛物线，光合作用最适温度为26~29℃。CO_2-光合响应为直线关系，CO_2 补偿点为55μL/L。羊草光合作用的季节特征表现为单峰曲线。自6月上旬测定开始，羊草的光合速率随季节的进展，逐步升高，在7月下旬达到最大值，之后逐渐降低[13]。羊草光合作用的日进程特征表现为双峰曲线。日出后，随着光强的增强，羊草的光合速率迅速升高，到8时，羊草的光合速率达到第一个峰值，之后，随着气温的升高，光合速率逐渐降低，到14时，出现光合速率的谷值，之后，随着气温的降低，光合速率再次升高，在16时，达到第二个光合速率峰值[12]。羊草的光合速率因器官、叶位、生态型和生态条件的不同而存在显著差异。其营养枝功能叶片的光合速率最大值为51.2mgCO_2/(g·小时)，最小值为18.7mgCO_2/(g·小时)，平均值为34.1mgCO_2/(g·小时)[13]。

2 羊草基本特性及其在草地恢复中的应用

长期以来，由于过度放牧等不合理的利用，天然羊草草原退化程度严重。为改良退化草地，特别是恢复羊草草原，补播羊草成为一项重要的草地恢复措施。为了发挥羊草在草地恢复中的作用，前人就羊草的生长特性、生态适应性和繁殖特性等进行了研究，通过补播羊草进行退化草地改良进行了有益探索。

2.1 羊草的生长特性

羊草是长日照植物，在东北的松嫩平原南部，4月上旬返青，5月下旬抽穗，6月上旬开花，7月中至下旬种子成熟；在内蒙古呼伦贝尔市达吉木草原站，4月下旬开始返青，6月上旬抽穗，6月下旬开花，7月中下旬种子成熟。由于早春气温低，羊草返青后生长缓慢，进入拔节期生长加快。羊草生殖枝在抽穗期生长速度达到最高，开花以后生长减缓，黄熟期以后停止生长。羊草营养枝进入雨季后生长加快，整个生长季均处于生长状态，进入秋季以后，随着降水量减少和气温降低，生长速度减缓，直到气温降至不适宜生长的秋末停止生长[14]。

2.2 羊草的生态适应性

羊草对生态环境条件具有广泛的适应性，不仅可以形成单一优势种羊草群落，而且可以作为亚优势种和伴生种组成不同的群落类型，分布在不同的生境中。羊草是典型的无性系禾草，营养繁殖力强，在天然草地，作为优势种和亚优势种群落，主要以营养繁殖补充更新。在其他群落，羊草实生苗的定居十分重要，定居后通过营养繁殖和扩展，不断改变在群落中的地位和作用，引起群落向以羊草为优势种或亚优势种的方向演替。在我国森林草原带和草原带的东部，羊草的生长主要依靠大气降水，在地带性生境上可与针茅共建或单独构成群落，也能侵入山地草原和草甸；在草原带的西部，主要发育在季节性汇水洼地或河岸阶地上。生长在不同生境的羊草，其形态结构、生理特性、营养价值以及适口性等均有明显的不同[14]。

羊草是中旱生草原植物，喜湿润的沙壤或轻黏壤质土壤。羊草适应性强，耐旱、耐寒、耐盐碱，能在排水不良的轻度盐化土壤上旺盛生长，并且形成大面积单优势种的羊草草甸，也能在排水较差的黑土和碳酸盐黑钙土上正常生长[15]。羊草具有强的耐盐碱性，是非盐生植物中耐盐碱性最高的植物种之一，可生长在总盐量达0.1%~0.3%、pH值9~10的土壤中，具有广泛的适应性。

羊草是我国干旱或半干旱的草原或草甸的建群种建成物种，能够在相对干旱的地区生长发育，并且可以形成群落，这与羊草的水分利用效率及耐旱性密切相关。羊草在不同水分条件下，其株高、叶长、叶宽、根茎长等性状有明显区别。除此之外，气孔调节和渗透调节是羊草抵抗干旱的主要调节方式。干旱和半干旱地区的蒸发强烈、降水量小，很容易导致土壤表层盐分累积，如NaCl和Na_2CO_3等，形成盐碱土。在盐碱条件下，羊草可以通过调节其自身生理代谢以应对不良环境的胁迫，如调整光合作用、呼吸作用、物质代谢等，其中脱落酸的特异性产生与积累就是羊草适应盐碱环境的典型变化。此外，羊草还有完善的抗氧化防御系统，即抗氧化酶系统(超氧化歧化酶SOD和过氧化物酶POD)，使羊草对干旱或半干旱以及盐碱化地区具有一定的适应和抵抗能力[14]。

在适宜的生境中，羊草根茎发育旺盛，一昼夜可生长1~2cm。水分、温度、通气及养分条件越好，根茎芽的数量越多，生长越快。根茎的长短和节的数目与土壤的性质、结构和土壤厚度有密切关系：土壤疏松，土层深厚，根茎节间长，节数多；土壤板结，根茎位于土壤浅层，节间短而数量少。在土壤肥沃、水热条件适宜的生境中，羊草植株叶多叶大、分蘖多、生产力高，但抽穗少。在土壤瘠薄、板结的生境条件下，植株矮小，分蘖少，抽穗数增多。羊草有一定的耐盐碱性，喜在偏碱性土壤条件下生长，在沙壤质和轻黏壤质的黑钙土、栗钙土、碱化草甸土和柱状碱土生境中，均可成为建群种，或以优势种、亚优势种或伴生种出现[14]。

任文伟等[16]对内蒙古不同地区采集到的羊草种子进行栽培试验，研究结果表明，羊草虽然是一种非常耐旱的植物，但也十分喜水。不同种源羊草性状的稳定性不同，在内蒙古的羊草分布区域内，水分由西向东逐渐增加，在东西两个极端环境的羊草性状相对较为稳定，而中部区域羊草性状的稳定性稍差。羊草各性状的稳定性不同，一般来说，平均芽间距、总芽间距、分蘖数、总苗数等无性繁殖方面的性状比叶长、长宽比、株高、根茎长、株高根长比、根茎数、叶宽、叶数等器官方面的性状更稳定。不同水分条件下，羊草生长和无性系分化有着明显的差别[17]。水分过多或过少，都将抑制羊草生物量的积累和无性系分化、生长；水分过多，最先影响地下干重，其次是地上干重，而对无性系影响较弱，甚至在一定范围内，即使水分状况已明显影响羊草的生物量积累，仍能够明显促进无性系分化、生长[17]。

2.3 羊草的生殖特性

羊草有两种繁殖方式，有性繁殖和营养繁殖。有性繁殖的幼苗叫实生苗，营养繁殖的幼苗叫分蘖苗。实生苗纤细，生长缓慢。分蘖苗粗壮，最初由亲株供给养分，生长较快。在正常情况下，羊草在播种后10~15天幼苗出土，真叶纤细针状。在内蒙古锡林郭勒典型草原区的人工草地，播种约30天，羊草生长出第5片真叶，此时开始分蘖，并产生地下根茎。此时羊草的地上植株高8~10cm，叶长7.5cm，叶宽1.5mm，根深10~12cm。羊草的营养繁殖力强，一般地上地下同步扩展，拔节期的羊草地上可形成3~4个分蘖株，株高30cm，地下可形成2~3条根茎，根茎长20~30cm[14]。

羊草在播种当年，实生苗的生长发育主要有3种类型：一是基株发育为生殖株，并在分蘖节处产生3~4个分蘖株，但不产生根茎；二是基株既发育为生殖株，也在分蘖节处产生3~4个分蘖株，同时还产生根茎；三是基株始终营养生长，在分蘖节处产生7~8个分蘖株，地下产生4条以上根茎。

羊草的营养繁殖力较强，故无论是天然草地，还是人工草地，羊草种群主要依靠营养繁殖补充更新。羊草的营养繁殖基本符合种群密度制约的普遍规律，即基株营养繁殖的各项数量指标均为随着基株密度的增加呈下降趋势[18]。在生长季的前、中期(7月下旬以前)，不同密度羊草种群均以基株生长为主，营养繁殖力普遍较弱，8月以后进入果后营养期，尤其是9月以后，各密度的羊草实验种群数量均出现大幅度增长，9月底达最大值。

天然羊草种群主要以营养繁殖持续更新，具有成穗率低、结实率低等生物学特性[19]。羊草种群的抽穗数量与4~5月的光照时间和积温呈正相关，与降水量呈负相关，反映在高温、多光照和少雨水的春旱年份，羊草种群将为生殖生长投入更多比例的能量，而在春季多雨水的低温、少光照年份，羊草种群则为营养生长和营养繁殖投入较多比例的能量。这是由于种子要比营养芽、植株有更强的抵御不良环境的能力，相比之下，种子的生存力较强。当种群受到恶劣环境条件威胁时，种群将为物种的延续调节能量分配，即向生殖生长投入更多的能量，增加种子生产，以提高其生存力；当环境条件良好时，种群将为维持与发展调节能量分配，即向营养生长和营养繁殖投入更多的能量，以提高其竞争力。此即为羊草种群在其生存与发展上对气候波动所采取的不同繁殖策略[20]。

羊草个体约的开花期为10~16天，开花盛期为6~8天。但整个种群的开花期可长达40余天，甚至更长。花期的长短与气候等有关：干燥炎热的天气花期短，气候湿润花期长。在温度低于20℃，相对湿度低于40%或高于80%时，开花很少，甚至不开花。适宜的开花温度为25~30℃，适宜的大气湿度是 60%~70%。开花率与年度的气温、湿度、降水量等有关。羊草为风媒花，授粉受气候因子制约，微风干燥的天气有利于花粉的传播。羊草花药的发育，受年度气温、湿度影响较大：气温高，湿度小，花药发育不良，死亡增加；气温低，湿度高，花药的死亡减少。在一个花序上，离穗轴远的花，花药死亡率高；反之死亡率低[14]。

2.4 羊草在草地恢复中的应用

2.4.1 羊草与其他牧草的混播组合实验

羊草作为多年生草本牧草，叶量多、营养丰富、适口性好，生长周期长，能在理想的时期为牲畜提供优质青饲料，因此，羊草与其他物种混播成为改良退化草原、提高牧草产量的有效措施。目前已有的混播试验中，与羊草混播的饲草主要为豆科植物或者披碱草，混播比例、混播时间在不同区域也不尽相同，而混播种类与混播技术对群落的稳定性及产量等有着重要影响[21]。

羊草与豆科牧草混播不仅可以改善草地生态系统氮素营养平衡、提高单位面积的产草量、增加土壤中氮素和有机质含量。通过调整混播种类及混播比例等，还能增加草地的空间利用率、减轻相同牧草对土壤矿物质营养元素的竞争，使土壤中各种养分得以充分利用。例如，草木樨与羊草的混播能改良土壤，增加绿色植被，起到调节小区气候的作用[22]。除豆科植物外，羊草与禾本科牧草(如披碱草)的混播，不但可以提高饲草的产量、品质，还可以提高草原的稳定性[23]。

羊草混播实验常设置不同的混播比例。蔡进军等[24]在梯田上，采用条播的播种方式将羊草与紫花苜蓿进行混播，并设置单播、隔行混播 2 种播种方法，试验处理中紫花苜蓿与羊草隔行混播比例为 3：1、2：1 和 3：2。在羊草与草木樨的混播中，[22]采用拖拉机牵引四十八行播种机 15cm 单条播进行播种，草木樨与羊草混播比例为 1.5：2。在羊草与披碱草的混播处理上，王明泽等用双列圆盘耙斜向交叉耙地 2 次，拖平耙细后用牧草播种机播种，圆柱披碱草与羊草播种比例为 1：1[25]。

此外，羊草分布区域也决定着羊草混播种植的应用实践，羊草分布区为欧亚大陆草原东部，是欧亚草原主要建群种之一，其中我国占一半以上，且集中分布于东北平原和内蒙古高原东部。羊草栽培历史较短，20 世纪 50 年代末至 60 年代初在黑龙江大面积试种成功，现已成为我国北方地区建立永久性人工草地的主要草种，‘东北’羊草、吉生系列羊草在该区域应用较广[26]。20 世纪 70 年代以来，在东北三省和内蒙古羊草人工草地的种植面积就达 12.6 万 hm^2(1986 年)，至 2011 年，我国羊草种植面积为 66.4 万 hm^2。从 2001—2011 年羊草种植面积来看，内蒙古、吉林和黑龙江 3 省份的种植面积仍然居全国前 3 位[27,28]。

2.4.2 羊草改良草地的实施效果

实验证明，羊草与草木樨混播是一项能在短期内恢复草原植被、提高草原生产力并获得较高经济效益的有效措施。1987—1989 年混播改良 1478hm^2 草场，共产生牧草 9717.7t，经济效益 155.48 万元，增产牧草 8830t，增收 141.28 万元，经济效益相当可观[22]。羊草和披碱草混播，可以加强草地的稳定性，提高产量，由于羊草和披碱草的生长年限不同，在同一年不同季节的盛衰也存在差异，将这两种牧草进行混播种，可以充分地利用两者各自的优势，增强其对光能和肥力的利用和互补，从而达到提高产量的目的。同时，由于羊草与披碱草的营养成分不同，羊草的粗纤维含量较低，素有“牧草中的细粮”之称，干物质中粗蛋白质的含量为 13.5%~18.5%，无氮浸出物为 22.6%~44.5%，牛、羊均喜食。披碱草的粗纤维含量要比羊草高，并且其营养成分与羊草存在着一定的差异，将两者进行混播，可以使牧草的营养更为全面，从而提高饲草的品质。在 2005 年，按 3 年经济效益评估表明细毛羊剪毛每只 2.98kg 单价 20 元计算收入 59.60 元；繁殖成活率 100%每只母羊下羔 1 只，收入 100 元，合计 1 只羊 1 年收入 159.60 元。扣除草地改良保护费、围栏劳务费等支出计算，最终评估每 666.7m^2 草地每年净增收 80 元，经济效益显著[29]。

从生态效益看，披碱草与羊草混播，通过根茎吸收盐蒸发改良土壤，增加了绿色植被，起到了调节小区气候的作用。羊草和披碱草分布在不同的耕作层，将两者混播后，可以在土壤中遗留大量的残根，可以增加土壤的有机质含量，从而进一步形成腐殖质，增加了土壤的保水性和保肥能力。另外，披碱草原还具有抗风沙的作用，可以减少水土流失，因此，将羊草与披碱草进行混播，可以达到改善草地的目的，还有助于恢复羊草群落。在王明泽等的研究中，利用羊草与披碱草在生长期限和生长特性等方面的互补性，即羊草为多年生长，前两年为根系发育期，地上部长势弱，形成不了较密的群丛，需要依附其他生物生长，而披碱草为禾本科披碱草属短期多年生禾草，利用年限 2~3 年，前期产草量高，恰好弥补种植羊草的这种劣势，使草原产草量大幅度提高，植被覆盖度得以较快恢复[25]。

3 退化羊草草原快速恢复技术及其应用

中国科学院植物研究所在锡林郭勒野外站的研究表明，严重退化的羊草草原上羊草繁殖体严重下降是制约退化羊草草原难以恢复的最主要原因。与此同时，放牧场过度放牧、打草场连年打草，长此以往，导致草原土壤养分严重入不敷出。据研究，严重退化草原与毗邻的围封样地相比较，土壤有机质含量和总氮含量下降均超过了 50%[30]。据此，中国科学院植物研究所天然草地技术研究团队研发了以“生物促芽、养分增效和水肥同步”为核心内容的退化羊草草原快速恢复技术[31]。“生物促芽”就是通过生物调节促进羊草的蘖芽分化；“养分增效”是通过补充养分促进蘖芽成活和再分化；“水肥同步”是指修复处理在早春融雪期实施，充分利用融雪水，使水肥运筹与蘖芽分化高峰同步，以促进羊草等优质牧草种群的快速恢复。该项技术具有“三高一快”的技术特点。①生产力水平显著提高。在平常年份，牧草产量可提高 50%左右，在多雨年份能够增加 1~3 倍。②优质牧草比例显著提高。羊草在草原群落中的比例由 10%左右提高到 60%以上。③降水利用效率高。该技术不需灌溉，主要是充分利用自然降水，使降水利用效率提高 1~3 倍。④恢复速度快。能够在 1~2 年之内快速恢复到以羊草为优势种的原生群落结构，而传统围封等技术需要 20~25 年。该项技术已经在内蒙古自治区呼伦贝尔草原和锡林郭勒草原以及河北省坝上地区得到大面积推广，恢复效果显著。根据目前在不同地区的试验示范，该技术适用于我国北方典型草原和草甸草原区。降水量大于 300mm，原生群落优势种以禾草为主的草原群落，均具有良好的修复效果，其中以退化羊草草原的恢复效果最佳。适用区域包括内蒙古中东部、黑龙江、吉林和辽宁的西部以及河北、山西和陕西的北部草原区。在呼伦贝尔生态草牧业示范区，牧草产量由每公顷 870kg 提高到 2600kg，提高了近 2 倍，其中羊草比例由 17%提高到 81%，提高了 3 倍多[32]，这对中度以上退化草原的恢复具有启示意义。

4 羊草草原恢复中存在的问题

针对羊草草原退化问题，我国草原工作者开展了大量草原退化机理的研究工作。一般认为，草原退化主要是过度利用导致的生态系统退行性演替，既包括植被的退化，又包括土壤的退化[33-37]。但是，如何开展生态修复以恢复草原的生产和生态功能，相关研究非常薄弱。目前的恢复措施主要以减轻利用强度为主，包括围封禁牧、季节性休牧、划区轮牧、打草场轮刈和牧刈轮替等，这些措施对于轻度退化的草原是有效的，但是，对于中度和重度退化的草原，这些措施效果有限。据内蒙古大学李博院士指出，草原一旦遭到破坏，即使围封起来，也需要 25 年才能恢复[38]。因此，需要根据不同的草原类型和退化程度，研究制约退化草原难以恢复的限制因子、作用机制，研发相应的恢复技术。

根据笔者在内蒙古草原 20 多年的监测和研究，发现中度以上退化羊草草原之所以难以恢复是因为草原退化诱发了多重限制。一是生物限制。草原退化后，羊草种群的相对密度从 60%~80%下降到 10%左右，导致其分蘖繁殖能力(羊草种群繁殖主要依靠根茎上的分蘖)受到限制，在与其他植物种的竞争中处于劣势。二是养分限制。羊草适宜生长在土壤养分较好的地段，草原退化后土壤养分入不敷出，难以达到羊草生长所需要的养分水平，从生态位看，退化草原的土壤更适合细叶白头翁、星毛委陵菜等矮小植物生长的需求。三是水分限制。羊草一般喜欢水分较好的区域，草原退化后植被稀疏、地表裸露，而北方草原的潜在蒸散量可达 1500mm 以上，大约是降水量的 5 倍，一旦地表裸露，干旱就会加剧，这进一步限制了羊草种群的恢复。因此，针对多重限制的退化羊草草原，单一的措施难以使草原快速恢复，需要多措并举。一般认为，氮添加可以促进羊草草原生产力的提高，但存在“氮饱和”现象。由于大多数草原都是氮素限制的系统[39-41]，添加氮素具有提高草原生产力、改善牧草品质的作用[42-44]。但是，长期氮添加会导致生态系统出现“氮饱和”现象，即生态系统生产力不再随着氮素水平的提高而增加，还可能导致下降[41,45]。目前，许多畜牧业发达的国家把灌溉作为草地集约化管理的常规措施。在我国，天然草原大面积灌溉显然是不可行的，但是，可以充分利用冬春的积雪和夏季的降雨来加速草地的恢复和培育。陈佐忠等[46]的雨季施肥试验和我们的春季融雪期施肥实验[47]表明，可以充分利用自然降水，对草原进行培育[48]。这些工作大多是在多年围封样地中进行的，水氮添加对于退化群落的影响可能与之不同。因此，关于水分与养分对退化草原的效应，需要通过实验进行深入探索。综上所述，我国羊草草原的恢复技术还比较缺乏，特别是无性繁殖与有性繁殖相结合的草地恢复技术值得深入研究。当前，随着我国进入中国特色社会主义新时代，人与自然和谐共生的生态文明思想日益深入人心。因此，在政策方面，要坚持绿色发展、生态优先的原则，加大退化羊草草原恢复的支持力度，恢复羊草草原的生产和生态功能，再现风吹草低见牛羊的美丽景观。

参考文献

[1]杨柳．中国羊草(*Leymus chinensis*)草原植物群落特征及其地理分布[D]．呼和浩特：内蒙古大学，2018.

[2]要振宇．中国羊草(*Leymus chinensis*)群落的分布、类型及其地上生产力的研究[D]．呼和浩特：内蒙古大学，2021.

[3]李博．内蒙古地带性植被的基本类型及其生态地理规律[J]．内蒙古大学学报(自然科学版)，1962(2)，41-74.

[4]潘庆民，白永飞，田大栓，等．草地生产力及其稳定性维持机制[M]//韩兴国，李凌浩．内蒙古草地生态系统维持机制．北京：中国农业大学出版社，2012.

[5]姜恕，戚秋慧，孔德珍．羊草草原群落和大针茅草原群落生物量的初步比较[M]//中国科学院内蒙古草原生态系统定位站．草原生态系统研究(第1集)．北京：科学出版社，1985：12-22.

[6]陈佐忠，王诗平，等．中国典型草原生态系统[M]．北京：科学出版社，2000.

[7]李博，雍世鹏，李忠厚．锡林河流域植被及其利用[M]//中国科学院内蒙古草原生态系统定位站．草原生态系统研究(第3集)．北京：科学出版社，1988：84-183.

[8]陈佐忠，黄德华．内蒙古锡林河流域羊草草原与大针茅草原地下部分生产力与周转值的测定[M]//中国科学院内蒙古草原生态系统定位站．草原生态系统研究(第2集)．北京：科学出版社，1988：132-138.

[9]陈佐忠，黄德华，张鸿芳．内蒙古锡林河流域羊草草原与大针茅草原地下生物量与降水关系模型[M]//中国科学院内蒙古草原生态系统定位站．草原生态系统研究(第2集)：北京：科学出版社，1988：20-25.

[10]廖仰南，张桂芝．内蒙古草原土壤微生物生态学研究Ⅰ，锡林河流域土壤微生物量及其季节动态的研究[M]//中国科学院内蒙古草原生态系统定位站．草原生态系统研究(第1集)．北京：科学出版社，1985：166-180.

[11]戚秋慧，盛修武，姜恕，等．羊草和大针茅群落光合速率的比较研究[J]．植物生态学与地植物学学报，1989，13：332-340.

[12]杜占池，杨宗贵．三十烷醇对栽培羊草某些生物学特性的影响[J]．中国草地，1988，5：64-67.

[13]杜占池，杨宗贵．羊草光合能力的研究[M]//中国科学院内蒙古草原生态系统定位站．草原生态系统研究(第4集)．北京：科学出版社，1992：15-23.

[14]祝廷成．羊草生物生态学[M]．长春：吉林科学技术出版社，2004.

[15]于英杰．增温和施氮导致羊草生理生态与表观遗传变化[D]．长春：东北师范大学，2014.

[16]任文伟，钱吉，郑师章．不同种源羊草在不同水分条件下的性状比较[J]．应用生态学报，1997，2：157-160.

[17]杨理，杨持．水分梯度对羊草生长及无性系分化的影响[J]．内蒙古大学学报(自然科学版)，1996，4：577-584.

[18]朴顺姬，杨持，黄绍峰，宋明华．羊草种群密度与生长动态研究[J]．植物生态学报，1997，1：62-68.

[19]王昱生．羊草(*Leymus chinensis*)种群无性系种群动态的初步研究[J]．生态学报，1993，4：291-299.

[20]刘公社，刘杰，齐冬梅．羊草有性繁殖相关性状的变异和相关分析[J]．草业学报，2003(2)：20-24.

[21]祁亚淑，朱林，许兴．宁夏绿洲禾豆牧草混播组合及其比例效应[J]．草业科学，2015，32：1463-1472.

[22]王祥忠，马新华，刘喜顺，等．草木樨与羊草混播改良退化草场的试验报告[J]．中国草地，1992，6：41-43.
[23]焦德庆．羊草混播披碱草的好处及栽培技术[J]．现代畜牧科技，2021，7：67-68.
[24]蔡进军，党薇，董立国，等．宁南山区苜蓿与羊草混播技术效果研究[J]．作物杂志，2016，3：123-127.
[25]王明泽，周淑丽，任翠梅，等．披碱草与羊草混播改良草地技术研究[J]．黑龙江农业科学，2008，2：82-83.
[26]辛晓平，徐丽君，徐大伟．中国主要栽培牧草适宜性区划[M]．北京：科技出版社，2014.
[27]汪恩华．羊草繁殖生物学特性的研究[D]．北京：中国科学院研究生院，2002.
[28]徐丽君，徐大伟，辛晓平．中国羊草适宜性区划与种植现状分析[J]．中国农业资源与区划，2016，37(10)：174-180，205.
[29]洪绂曾，程渡，崔鲜一，等．不同放牧强度对根蘖型苜蓿+羊草混播草地和细毛羊生产性能研究(初报)[J]．内蒙古草业，2005，1：1-2.
[30]He N P，Yu Q，Wu L，et al. Carbon and nitrogen store and storage potential as affected by land-use in a*Leymus chinensis* grassland of northern China[J]. Soil Biology and Biochemistry，2008. 40，2952-2959.
[31]潘庆民，孙佳美，杨元合，等．我国草原恢复与保护的问题与对策[J]．中国科学院院刊，2021，36：666-674.
[32]方精云，潘庆民，高树琴，等．"以小保大"原理：用小面积人工草地建设换取大面积天然草地的保护与修复[J]．草业科学，2016，33：1913-1916.
[33]李永宏．内蒙古锡林河流域羊草草原和大针茅草原在放牧影响下的分异和趋同[J]．植物生态学报，1988，12：189-196.
[34]陈敏．改良退化草地与建立人工草地的研究[M]．呼和浩特：内蒙古人民出版社，1998.
[35]王炜，刘钟龄，梁存柱，等．羊草+大针茅草原退化演替机理的研究[J]．植物生态学报，2000，24：468-472.
[36]刘钟龄，王炜，郝敦元，等．内蒙古草原退化与恢复演替机理的探讨[J]．干旱区资源与环境，2002，16：84-91.
[37]李绍良，陈有君，关世英，等．土壤退化与草地退化关系的研究[J]．干旱区资源与环境，2002，16：92-95.
[38]李博，孙鸿良，曾泗弟，等．呼伦贝尔牧区草场植被资源及其利用方向的探讨[J]．资源科学，1980. 4：30-36.
[39]Vitousek P M，Howarth R W. Nitrogen limitation on land and in the sea：How can it occur[J]. Biogeochemistry，1991，13：87-115.
[40]Lebauer D S，Treseder K K. Nitrogen limitation of net primary productivity in terrestrial ecosystems is globally distributed[J]. Ecology. 2008，89：371-379.
[41]Niu S L，Aimée T C，Jeffrey S D，et al. Global patterns and substrate-based mechanisms of terrestrial nitrogencycle[J]. Ecology Letters，2016，19：697-709.
[42]James J E，Matthew E S B，Elsa E C，et al. Global analysis of nitrogen and phosphorus limitation of primary producers in freshwater，marine and terrestrial ecosystems[J]. Ecology Letters，2007，10：1135-1142.
[43]Xia J Y，Wan S Q. Global response patterns of terrestrial plant species to nitrogen addition[J]. New Phytologist，2008，179：428-439.
[44]Yang G J，Lü X T，Carly J S，et al. Mowing mitigates the negative impacts of N addition on plant species diversity[J]. Oecologia，2019，189：769-779.
[45]Bai W M，Guo D L，Tian Q Y，et al. Differential responses of grasses and forbs led to marked reduction in belowground productivity in temperate steppe following chronic N deposition[J]. Journal of Ecology，2015，103：1570-1579.
[46]陈佐忠，盛修武，杨宗贵，等．不同类型草原群落雨季施肥的生态效应[M]//中国科学院内蒙古草原生态系统定位站．草原生态系统研究(第1集)．北京：科学出版社，1985，225-231.
[47]吕亚香，戚智彦，刘伟，等．早春和夏季氮磷添加对内蒙古典型草原退化群落碳交换的影响[J]．植物生态学报，2021，45：334-344.
[48]张英俊，周冀琼．我国草原现状及生产力提升[J]．民主与科学，2018，3：26-28.

羊草治理长刺蒺藜草的经济学分析

董晓兵　刘　辉　刘公社
（中国科学院植物研究所）

摘　要：长刺蒺藜草20世纪80年代侵入科尔沁草原并成为一大草害，严重影响人们的生产和生活，制约当地经济发展。本文在充分了解长刺蒺藜草的危害、危害机理和现有治理措施的基础上，利用多年生优质牧草羊草替代长刺蒺藜草的方法进行生物学治理毒害草。主要探讨羊草治理长刺蒺藜草的种植管理方法、治理成本、时间周期、经济学价值和对生态环境改善的价值。目的是从经济学的角度分析利用羊草替代长刺蒺藜草的可行性和未来市场前景，为国家和地方政府治理此类毒害草提供新的思路和理论依据，治理毒害草的同时收获可观的经济效益，实现生态环境的改善和乡村振兴。通过在科尔沁沙地长刺蒺藜草危害严重的区域开展羊草播种、刈割试验，探明了针对长刺蒺藜草，‘中科1号’羊草播种量为30kg/hm^2 时能够在第三年完全控制长刺蒺藜草，取得良好的经济效益和生态效益。

关键词：科尔沁草地；害草清除；入侵物种；长刺蒺藜草；替代种植

1　长刺蒺藜草及其危害

1.1　长刺蒺藜草生物生态学特征

长刺蒺藜草是禾本科蒺藜草属一年生草本植物，须根系发达，茎圆柱形中空，半匍匐状，高可达1m，有明显的节和节间，分蘖力极强，节上可生不定根。叶片狭长，条状互生，叶鞘具脊，叶舌短，具纤毛。穗状花序顶生，穗轴粗糙，小穗簇生，其外围是由不孕小穗愈合而成的刺苞，每个刺苞含种子；刺苞呈球形，淡黄色至深黄色或紫色；小穗卵形，外稃质硬，前面平坦，先端尖，颖果，球形，黄褐色或黑褐色，顶端具残存的花柱。属于典型的外来入侵毒害草，被收录在《中华人民共和国进境植物检疫性有害生物名录》(第410种)。

繁殖方式为种子繁殖，在整个生育期内其种子随时可萌发。种子可全部萌发或1粒萌发形成植株，另1粒被抑制，休眠并保持生命力，若已萌发的植株受损死亡后，未萌发的种子立刻解除抑制而萌发[1]。其在任何土壤都能生长，耐贫瘠、耐干旱、耐修剪、抗沙埋，具有极强的适应性和竞争力，极少有病虫害发生。长刺蒺藜草特别耐干旱，出苗临界土壤含水量为1%-2.5%，生长临界含水量为2.5%~5.0%[2]；在沙土中埋深1~15cm均可出苗，且埋深1~9cm出苗率最高，而在壤土中埋深1~7cm出苗率最高[3]。

1.2　长刺蒺藜草传播途径

长刺蒺藜草原产于北美洲及热带沿海地区的沙质土壤上[4]，有关长刺蒺藜草入侵我国的记载有两种方式：其一是20世纪30年代通过引种牛羊从日本带入我国东北[5]；其二是1982年辽宁省彰武县陶瓷厂从苏联进口商品时挟带种子入境[6]。80年代侵入内蒙古通辽市科尔沁草原，并在科尔沁草原及周边地区快速蔓延；在科尔沁沙地不同生境下种群分布情况不一，其传播与人工干扰有着密切的关系[7]。目前主要分布于辽宁省西北部、内蒙古自治区东部和吉林省南部三省份交汇区，是恶性外来入侵物种之一。长刺蒺藜草的传播体是刺苞或种子，传播途径按照距离分为长距离传播和短距离传播。

1.2.1　长距离传播进入我国境内及蔓延的途径

(1)动物引种。刺苞藏在动物皮毛上或粪便中，未经严格检疫，进入我国[5]。

(2)植物引种或进口粮食。长刺蒺藜草刺苞或种子掺杂在引进的牧草种子或粮食中，进入我国[8]。

(3)进口物品挟带。进口物品的垫料、包装材料中混入刺苞或种子[6]。

（4）不同地区人员往来。长刺蒺藜草刺苞可通过附着在旅行人员的衣物、鞋底、车辆轮胎上或随轮船上的垃圾物品等倾倒，进入境内[8]。

（5）地表径流。通过地表径流冲刷，进入河湖中，在水体表面漂浮，进行长距离传播[9]。

（6）物资运输。随农具长距离调运、土壤远距离运输等人为活动进行远距离传播。

1.2.2 通过短距离传播实现入侵和扩散

（1）通过附着在动物的腿毛及腹毛上，随放牧活动传播。

（2）刺苞被动物取食，种子未经消化，随动物的粪便排出体外，进行传播。

（3）刺苞或种子混在农作物种子、秸秆中，通过运输或播种传播。

（4）通过降水产生的地表径流，进行短距离传播。

（5）刺苞被风吹，在地表滚动进行短距离传播，尤其在流动和半固定沙丘上较常见。

（6）随打草、农事活动、农具挟带、土壤搬运等实现短距离传播。

1.3 长刺蒺藜草对我国的危害情况

1.3.1 对草地的影响

长刺蒺藜草具有高抗逆性、高繁殖力、传播途径多样和高侵染力等特点，对草地产量、质量和生物多样性、畜牧业生产和人民生产生活造成严重影响。入侵草地后长刺蒺藜草生长快、盖度大，与其他牧草争光、争水肥，抑制当地植物的生长，使草场品质下降，优良牧草产量降低，危害草地的生态平衡，对生态系统造成严重破坏[10]。长刺蒺藜草具有化感作用，降低苜蓿和无芒雀麦种子的萌发速度[11]。

1.3.2 对牲畜的影响

结籽成熟期因果实有刺苞，草食家畜误食后其刺苞可卡在喉咙处致其停止取食，易造成草食家畜口腔溃疡；食入成熟的刺苞后，附着在肠胃等消化道的侧壁上，被黏膜包入形成结节，影响正常的消化吸收功能。造成畜体消瘦，严重时可造成肠胃穿孔引起死亡，降低牲畜生产力。也影响牲畜的哺乳、配种、放牧和健康，降低其生产性能[8]。放牧过程中，羊的腿毛和腹毛被大量挂掉，产毛量下降，且当刺苞混入羊毛，导致品质下降，造成经济损失[12]。

1.3.3 对人类生产生活的影响

长刺蒺藜草危害严重的区域，严重影响人们的生产生活。农田、草原、森林边缘随处可见，刺伤人后留在人身体皮肤内引起发炎，不易痊愈[6]；并且影响农田和牧场农牧民正常作业，影响风景区游人活动和出行[13]。

2 治理长刺蒺藜草方法

2.1 加强检疫

严把植物检疫关，不让长刺蒺藜草的种子传入无长刺蒺藜草地区，尤其在引种及种子调运时，严格检疫，抽样检查，杜绝长刺蒺藜草种子的传入。同时，进行疫情监测，重点调查铁路、车站、公路沿线、农田、草场、果园、林地等场所，根据该植物的形态特征进行鉴别，一经发现，随即封锁铲除，防止扩散蔓延。

2.2 化学防除

采用土壤封闭处理防除长刺蒺藜草的效果不显著，而采用茎叶处理防除长刺蒺藜草试验效果明显，目前的方法是在长刺蒺藜草 3~4 叶期，叶面均匀喷雾[14]。可选用的除草剂有精稳杀得、精禾草克、精喹禾灵、咪唑乙烟酸、精吡氟禾草灵、高效氟吡甲禾灵、烟嘧磺隆、禾草敌。研究者普遍认为，采用化学方法防除长刺蒺藜草的防治稳定性、防治效果及时间控制上都有优势，适合大面积采用[15]。

2.3 物理铲除

一是连根拔除，在长刺蒺藜草4~5叶期之前，根系尚浅，人工连根铲除或拔除，带出田间晒干烧毁，防止繁殖蔓延，防治效果达85%[16]。二是刈割，在长刺蒺藜草孕穗期采用人工或机械方法低位刈割，防治效果明显，可达85%~90%[17]。三是拔穗，在长刺蒺藜草抽穗期，种子成熟前拔穗处理，降低翌年种源基数[18]。四是放牧，在长刺蒺藜草抽茎分蘖期到扬花结实期，其刺苞尚未形成或刺苞处于软化状态时，进行放牧或打草利用，既增加了牛羊的饲草来源，又能有效地降低长刺蒺藜草的种子繁殖数量[5]。一方面在长刺蒺藜草的营养生长后期，刈割后经过短期营养生长后进入生殖生长，植株地上部分的形成减少，相应的结实数随之减少，大大降低了种群的个体繁殖数量；另一方面此时刈割颖果刺苞处于软化状态，对家畜不能形成危害，是上等的饲草，提高了利用效率。研究者普遍认为，采用人工拔除和刈割的方法不会对牧草及周边生态环境造成影响，但需要大量的人力、物力，对时间要求严格，因此适合面积较小的地块防治[16]。

2.4 生物防除

也称为替代防控，即种植替代性植物紫穗槐、紫花苜蓿、沙打旺、披碱草等，影响长刺蒺藜草对光照、养分、水分的利用，抑制长刺蒺藜草的生长及结实量，从而减少土壤种子库储量，对长刺蒺藜草起到很好控制作用[19]。

2.5 现有防除措施存在的问题

尽管广大科研、防疫和监测工作者在长刺蒺藜草的生物学、生态学特性、分布特点及传播途径方面做了大量工作，并提出了利用化学除草剂、人工拔除、刈割、替代防控、农艺措施防除和开发利用等手段，然而，上述措施并没有使长刺蒺藜草的入侵势头得到有效遏制，其扩散面积正逐年增加。当前，不同防除措施存在问题见表14-1[20]。

表14-1 长刺蒺藜草防除存在问题及评价

防除类型	防除方法	存在效果	存在问题	基本评价
化学防除	土壤处理	不显著	增加环境危害，无法彻底防除，有时效性	不是彻底防除长刺蒺藜草的有效手段
	茎叶处理	>85%		
物理防除	人工刈割	85%~90%	需要大量人力、物力，无法阻止土壤种子库增加趋势	
	人工铲除拔除	>85%		
生物防除	放牧打草	—	达不到防控目的	
	替代种植	>50%		

长刺蒺藜草萌发周期长，生长速度快且盖度较大，因此一般的物理防除和化学防除方法不能从根本上消灭，经济上也不可行。

生物防治过程中物种的选择极其重要。其一，多年生草本植物可以减少耕作次数，避免土壤中长刺蒺藜草的种子库启动萌发。其二，优质牧草的选择可以增加经济收入，提高种植管理者的积极性。其三，根系发达，耐性好，特别是耐旱和耐盐碱特性，能在恶劣的环境中与长刺蒺藜草竞争；网状根系的植物随着种植年限的增加，盖度迅速增大，替代效果相对更好。研究表明利用多年生优质牧草羊草替代长刺蒺藜草能够取得显著的效果，同时增加经济收入和生态环境收益[21]。

3 羊草治理长刺蒺藜草经济学研究

3.1 现有防除方法的经济损失

长刺蒺藜草的物理铲除方法费时费力，机械翻耕后防除效果逐年下降[5]，化学防除存在导致环境污染的不确定因素。关于生物防治的方法已有初步探索，赵艳等研究了紫花苜蓿不同播种行距的防除效果[11]，王坤芳等研究了彰武县草原监理站提供的羊草种子草原补播的防除效果[5]，均有一定的作用。

以通辽市农田长刺蒺藜草防治为例，长刺蒺藜草防治费用逐年增加，防治费用由2008年的262.0万元增加到2016年的511.0万元，增加95%[19]，防治费用约20元/(hm^2·年)；放牧过程中长刺蒺藜草对羊的经济损失约7.00元/(只·年)。

辽宁省阜新市彰武县耕地面积10万hm^2，受长刺蒺藜侵占的面积6.5万hm^2，达到了65%，人工防治费用人工90元/hm^2、药剂75元/hm^2，减产计120元/hm^2，其他误工计105元/hm^2(消耗评价法)，总计损失390元/hm^2，彰武县每年受长刺蒺藜危害损失就达2548万元[8]。

3.2 羊草防除长刺蒺藜草的效益分析

羊草防除长刺蒺藜草存在以下突出特点：羊草是长寿命多年生植物，耐寒、耐旱、耐盐碱、网状根系发达、产量高、优质，饲喂牛羊等草食家畜的适口性好。结合羊草沙地种植技术，在科尔沁沙地长刺蒺藜草危害严重的通辽市开鲁县小街基镇开展研究，通过机械翻耕、羊草种植、刈割抑制等措施相结合的方法，研究中科羊草防控长刺蒺藜草的效果及经济可行性，以期从根本上抑制长刺蒺藜草的传播和危害，为科尔沁沙地修复性建设及相关部门制定决策提供科学的理论依据。

3.2.1 材料与方法

(1)研究区自然概况。研究地点为内蒙古通辽市开鲁县小街基镇，位于科尔沁沙地北端，属大陆性温带干旱、半干旱季风气候，光照充足，气候温和，年均温5.7~6.4℃，年均降水量341.8mm，降雨集中在6~8月，雨热同期；年均无霜期143天。地带性植被主要呈现典型草原类型，当地乡土牧草有羊草、大针茅、克氏针茅、冷蒿等。受降水量小、气候干燥、风沙大以及土壤贫瘠等不利自然因素影响，试验区属于长刺蒺藜草重度危害地区，草原生产力水平极低，且地表遍布常年积累的长刺蒺藜草刺苞。

(2)品种及土壤材料。试验品种选用‘中科1号’羊草，供试土壤为多年废弃的风沙土，长刺蒺藜草最大盖度90%以上，无经济效益。土壤pH值8.01，有机质8.4g/kg，速效氮69.05mg/kg，速效磷8.4mg/kg，速效钾242.9mg/kg，属低氮、低磷、中钾、贫有机质的碱性土。

(3)研究方法。

①示范田建设流程。设计不同羊草播种量的对比试验，播种量分别为15、30、45kg/hm^2，试验代号分别为Z1、Z2、Z3，对照处理不种植(CK)，共4个处理，其他管理相同。小区面积30m×30m，3次重复，共计12个小区。在每个小区按照“Z”字形各选取5个样方，样方面积1m×1m，测定植株密度、株高、盖度和生物量。

全程机械化作业，流程为：翻耕—旋耕—镇压—播种—镇压，翻耕深度20cm，旋耕深度15cm，播种深度2cm，播种行距20cm，播种时配施225 kg/hm^2的氮磷钾复合肥($N:P_2O_5:K_2O=15:15:15$)作为底肥。制定高效节水种植方案，灌溉采用喷灌的方式，适时灌溉，每次灌水量150~225m^3/hm^2，使表层5cm左右的土壤达到田间持水量的70%~80%，促进种子萌发。羊草出苗后至5叶期单次灌水量增加到300~375m^3/hm^2，使表层10cm左右的土壤达到田间持水量的70%~80%。

②样品测量及分析。2019年6月下旬播种，8月中旬统计羊草和长刺蒺藜草植株密度，9月下旬刈割，留茬5cm。2020年和2021年羊草4月上旬返青，5月上旬抽穗，6月上旬开花，种子于7月上旬成熟；长刺蒺藜草5月下旬出苗，6~7月快速生长，7月下旬抽穗，8月下旬种子成熟。7月上旬羊草种子和饲草收获时分别测量羊草和长刺蒺藜草的株高、盖度，种子收获后割草，留茬5cm，两者分开晾晒3天后测定干草生物量。灌水、施肥后羊草第二茬草开始生长，此时长刺蒺藜草种子利用光热和水肥资源再次萌发生长，于8月下旬测定羊草和长刺蒺藜草的株高、盖度。羊草种植第二年开始每年7月上旬收割，收割时长刺蒺藜草尚未结实，因此未统计长刺蒺藜草的刺苞数。统计羊草种植成本及管理成本，产品销售收益情况，计算羊草治理长刺蒺藜草过程中的经济效益。

测量项目：密度，单位面积内植株个体数；株高，单株自地面量至最长枝条穗顶端的拉直距离；盖度，植物地上部分投影的面积占地面的比率；干草生物量，留茬 5cm，割草后晾晒 2~3 天，含水量低于 14%时称重。

③数据处理。数据分析采用 Microsoft Excel 2010、SPSS 17.0 进行显著性分析。

3.2.2 结果与分析

(1)羊草对长刺蒺藜草密度的影响。

①不同处理第一年对羊草密度的影响。2019 年 8 月 16 日统计羊草密度(图 14-1)，随着播种量的增大，羊草密度显著增加($P<0.05$)。密度最大为 115.2 株/m^2。

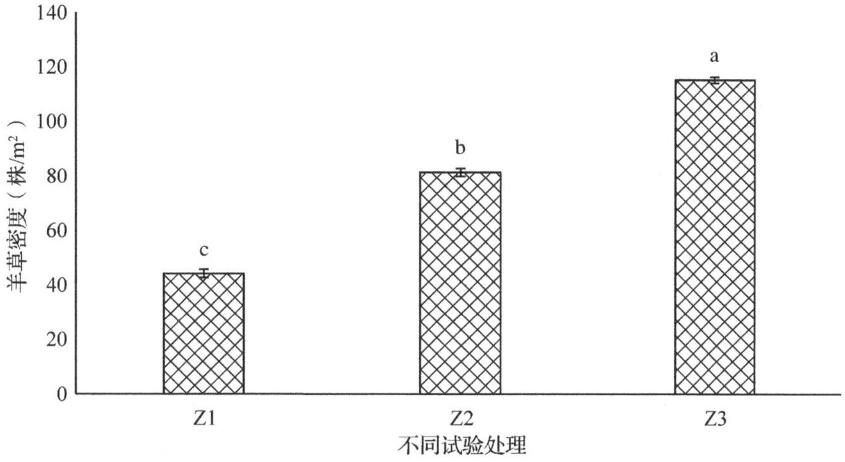

Z1、Z2、Z3—播种量分别为 15、30、45kg/hm^2，下同。

图 14-1 不同播种处理对羊草密度的影响。

注：图像上方不同字母表示差异达显著水平(P<0.05)，下同。

②不同处理第一年对长刺蒺藜草密度的影响。2019 年 8 月 16 日统计长刺蒺藜草密度(图 14-2)。未播种羊草的区域长刺蒺藜草密度达 306.4 株/m^2，随着羊草播种量的增大，长刺蒺藜草的密度降低，不同播种量之间差异显著。Z3 处理播种后 50 天左右对长刺蒺藜草密度的抑制率可达 34.92%。

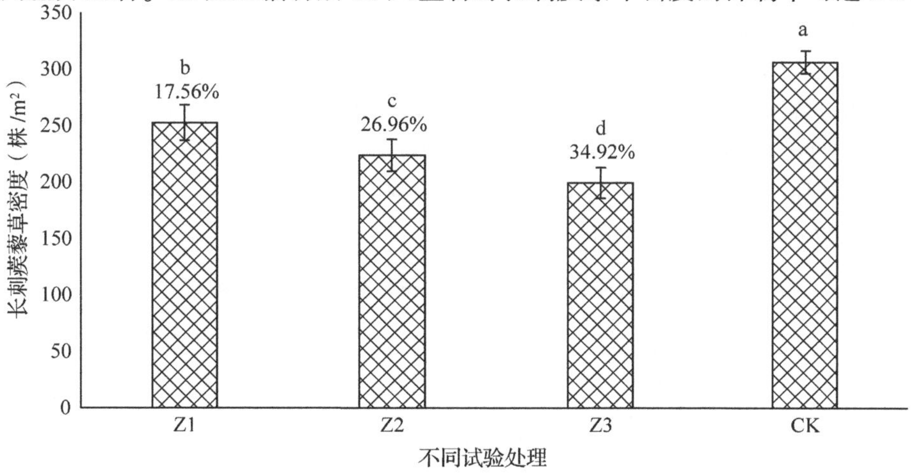

图 14-2 不同播种处理对长刺蒺藜草密度的影响

注：图形上方百分率数字代表密度抑制率，下同。

(2)羊草对长刺蒺藜草株高的影响。

①羊草播种后第二年对长刺蒺藜草株高的影响。2020 年分别于 7 月 6 日(羊草成熟期)和 8 月 23 日(第二茬草生长 45 天)两次统计羊草和长刺蒺藜草的株高(表 14-2)。不同播种量羊草株高无显著差异，

两次测量羊草平均株高分别为108. 1cm、53. 1cm。随着羊草播种量的增加，对长刺蒺藜草株高抑制率增强，Z3处理两个时期抑制率分别达到32. 39%、42. 86%。相同羊草处理8月23日抑制率高于7月6日，平均增强14个百分点。

表14-2 播种后第二年对羊草和长刺蒺藜草株高的影响

处理	羊草株高(cm)		长刺蒺藜草株高(cm)			
	7月6日	8月23日	7月6日	抑制率(%)	8月23日	抑制率(%)
Z1	109. 2±0. 8a	53. 4±1. 2a	54. 8±0. 7b	22. 16	15. 2±0. 8b	39. 68
Z2	107. 8±0. 9a	53. 2±1. 5a	52. 8±0. 9b	25. 00	14. 8±1. 1c	41. 27
Z3	107. 2±0. 8a	52. 6±1. 1a	47. 6±1. 1c	32. 39	14. 4±1. 3c	42. 86
CK	—	—	70. 4±1. 8a	—	25. 2±0. 8a	—

注：7月6日是羊草成熟期，第一茬草的高度；8月23日是第二茬草生长45天的高度。表中数值为平均数±标准差，同列不同字母表示差异达显著水平(P<0. 05)，下同。不同字母表示在统计学上存在显著差异，相同字母表示无差异。

②羊草播种后第三年对长刺蒺藜草株高的影响

2021年分别于7月4日和8月21日两次统计羊草和长刺蒺藜草的株高(表14-3)，结果显示，不同播种量羊草株高无显著差异(P<0. 05)；两次测量羊草平均株高分别为113. 3cm、52. 9cm。随着羊草播种量的增加，对长刺蒺藜草株高抑制率均增强，Z3处理两个时期抑制率分别达到54. 70%、91. 67%。相同羊草处理8月21日抑制率高于7月4日，平均增强27. 01个百分点。

表14-3 播种后第三年对羊草和长刺蒺藜草株高的影响

处理	羊草株高(cm)		长刺蒺藜草株高(cm)			
	7月4日	8月21日	7月4日	抑制率(%)	8月21日	抑制率(%)
Z1	113. 2±1. 3a	53. 4±0. 5a	44. 4±2. 8b	36. 75	11. 0±0. 7b	58. 33
Z2	113. 2±0. 8a	52. 4±0. 9a	32. 8±1. 6c	53. 28	2. 4±3. 3c	90. 91
Z3	113. 4±0. 9a	52. 8±0. 8a	31. 8±2. 9c	54. 70	2. 2±3. 0c	91. 67
CK	—	—	70. 2±2. 7a	—	26. 4±1. 1a	—

注：8月21日统计部分样方长刺蒺藜草已全部抑制，因此均值较小。

(3)羊草对长刺蒺藜草盖度的影响。

①羊草播种后第二年对长刺蒺藜草盖度的影响。不同播种量的羊草盖度两时期统计差异显著(P<0.05，表14-4)；2019年8月23日羊草盖度高于7月6日，平均高出12. 90个百分点。除8月23日Z2和Z3处理长刺蒺藜草盖度差异不显著外，各试验处理两时期差异均显著。随着羊草播种量的增加，对长刺蒺藜草盖度抑制率均增强，Z3处理两个时期盖度抑制率分别达到79. 08%、79. 22%。相同羊草处理8月23日盖度抑制率高于7月6日，平均增强8. 19个百分点。

表14-4 播种后第二年羊草和长刺蒺藜草盖度的变化

处理	羊草盖度(%)		长刺蒺藜草盖度(%)			
	7月6日	8月23日	7月6日	抑制率(%)	8月23日	抑制率(%)
Z1	40. 2±1. 8c	60. 2±1. 4c	39. 0±1. 6b	50. 26	25. 0±0. 7b	62. 35
Z2	55. 2±1. 7b	67. 8±0. 8b	23. 4±1. 5c	70. 15	14. 6±1. 1c	78. 01
Z3	62. 2±1. 3a	70. 4±1. 7a	16. 4±1. 1d	79. 08	13. 8±1. 3c	79. 22
CK	—	—	78. 4±1. 3a	—	66. 4±2. 5a	—

②羊草播种后第三年对长刺蒺藜草盖度的影响。Z2和Z3处理羊草两时期盖度差异不显著，但均显著高于Z1处理。Z2和Z3处理长刺蒺藜草盖度差异不显著，且基本无蒺藜草生长，其余处理蒺藜草盖度差异显著(表14-5)。随着羊草播种量的增加，对长刺蒺藜草盖度抑制率增强，Z2和Z3处理7月4日均达到99. 18%，8月21日达到100%，已完全抑制长刺蒺藜草生长。

表 14-5　播种后第三年羊草和长刺蒺藜草盖度的变化

处理	羊草盖度(%)		长刺蒺藜草盖度(%)			
	7月4日	8月21日	7月4日	抑制率(%)	8月21日	抑制率(%)
Z1	82.6±2.4b	75.4±1.7b	13.8±3.8b	85.89	9.6±1.5b	89.59
Z2	93.2±1.3a	88.6±1.1a	0.8±0.4c	99.18	0.0±0.0c	100.00
Z3	93.6±2.7a	89.4±2.7a	0.8±0.4c	99.18	0.0±0.0c	100.00
CK	—	—	97.8±1.3a	—	92.2±1.8a	—

(4)羊草对长刺蒺藜草生物量的影响。2020年7月12日(羊草收割晾晒完成)统计羊草和长刺蒺藜草的干草生物量(图14-3)，分析羊草对长刺蒺藜草生物量的抑制效果。播种量对羊草干草生物量的影响差异显著($P<0.05$)。随着羊草播种量的增加，长刺蒺藜草生物量显著降低，对长刺蒺藜草生物量抑制率增强，Z2和Z3处理抑制率达到87.79%和88.40%。

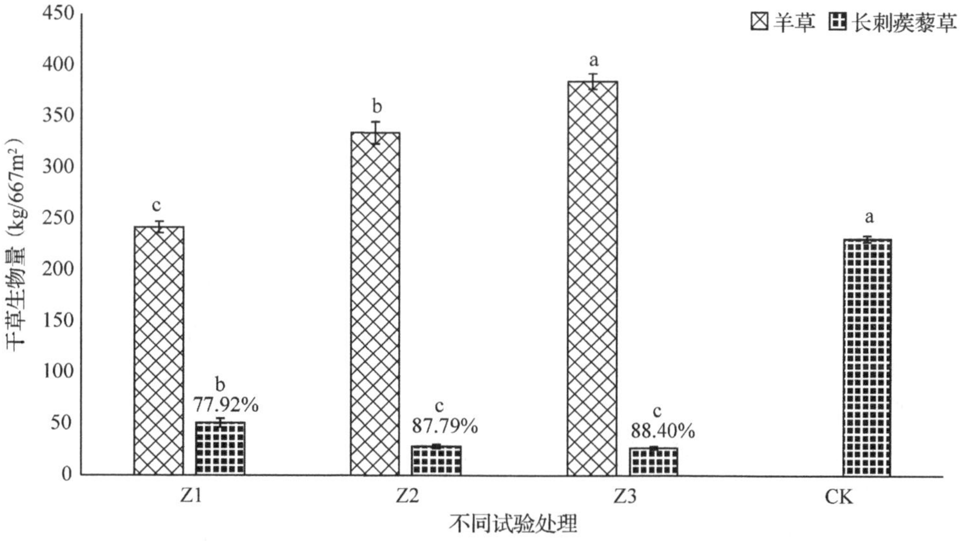

图 14-3 羊草不同播种量(Z1、Z2、Z3)对羊草和长刺蒺藜草生物量的影响

(5)羊草治理长刺蒺藜草的经济效益测算。根据上述统计结果，羊草播种量为30kg/hm^{2}时即可有效地治理长刺蒺藜草，以该播种量为例测算经济效益(表14-6)。结合示范田土地租金及大面积作业时的基地建设费用和销售情况，对2019—2021年种植的投资、收益情况进行测算。羊草是多年生牧草，种植第一年冬季可用于放牧；第二年和第三年直接经济价值分别达到15813元/hm^{2}和32481元/hm^2，第四年羊草开始进入高产稳产期，预计直接经济效益可达35100元/(hm^2·年)。

表 14-6　羊草治理长刺蒺藜草的直接经济价值测算

投资明细(元/hm^2)				
类别	第一年	第二年	第三年	稳产期
土地租金	750	750	750	750
机耕费	1500	0	0	0
收割费	0	1050	1050	1050
种子费	6000	0	0	0
灌溉设备	5250	0	0	0
基建费	300	0	0	0
水电费	1200	900	900	900
化肥	1050	750	750	750

（续）

投资明细(元/hm^2)				
人工	600	300	300	300
公杂费	300	150	150	150
合计	16950	3900	3900	3900
销售明细(元/hm^2)				
牧草产量(kg/亩)	—	5010	11370	12000
牧草收益	—	6513	14781	15600
种子产量(kg/亩)	—	210	345	375
种子收益	—	12600	20700	22500
冬季放牧	20	600	900	900
合计	20	19713	36381	39000
纯利润(元/hm^2)				
纯利润	-16930	15813	32481	35100

注：稳产期是指羊草种植第四年开始的10~20年。

3.2.3 讨 论

目前，针对长刺蒺藜草的危害主要采取物理清除和除草剂喷除这两种防控措施[22]，但化学农药会造成环境污染、植被退化等一系列不可预测的生态后果，经济和生态上不可行。本研究采取物理(翻耕、刈割)、生物(不同羊草材料、不同播种量)相结合的方法防除长刺蒺藜草，从根本上解决毒害草的问题，同时收获较好的经济效益和生态效益。羊草是科尔沁沙地的乡土草，因此我们利用羊草开展生物防控；因为野生羊草的发芽率较低，前人开展工作时需要很大的种子数量，不容易满足，我们采用发芽率较高的'中科1号'羊草品种开展研究，取得了显著效果。

(1)羊草对长刺蒺藜草密度的影响。赵艳等[11]发现利用行距为30cm的紫花苜蓿对长刺蒺藜草数量的抑制率达到92.3%。王坤芳[5]等人发现野生羊草显著抑制长刺蒺藜草结实数，但对其出苗影响不显著。本研究发现，不同播种量'的中科1号'羊草对长刺蒺藜草密度的抑制率可达34.92%。

(2)羊草对长刺蒺藜草株高的影响。吕林有[23]等人发现不同时期刈割对长刺蒺藜草的再生生长有明显抑制作用，本研究刈割增强长刺蒺藜草株高抑制率，第二年平均增强14.00个百分点，第三年平均增强27.01个百分点；株高抑制率逐年提升，与王坤芳[5]研究结果一致。随着羊草播种量的增加，第二、三年对长刺蒺藜草株高抑制率均显著增强，Z3处理两个时期抑制率第二年分别为32.39%、42.86%，而第三年分别达到54.70%、91.67%，随种植年份株高抑制率显著提升。

(3)羊草对长刺蒺藜草盖度的影响。随着羊草播种量的增加，对长刺蒺藜草盖度抑制率均显著增强，两个时期盖度抑制率第二年Z3处理为79.08%、79.22%，第三年达到了99.18%和100%，羊草基本完全替代了长刺蒺藜草。

刈割增强长刺蒺藜草盖度抑制率，第二年平均增强8.19个百分点，第三年平均增强5.16个百分点。对照处理(有长刺蒺藜草严重危害，但没有播种羊草)翻耕后第二年两个时期对照处理盖度分别为78.4%和66.4%，第三年分别为97.8%和92.2%，翻耕后长刺蒺藜草盖度逐年增加；王坤芳[5]等人也发现仅靠翻耕措施抑制效果逐年递减。羊草种植第二年8月下旬和第三年7月4日，两个测定时期均发现长刺蒺藜草被抑制99%，说明'中科1号'羊草播种量为30kg/hm^2第三年已达到很好的防除效果。

(4)羊草对长刺蒺藜草生物量的影响。随着播种量的增加，羊草对长刺蒺藜草生物量抑制率增强，第二年Z2和Z3处理抑制率达到87.79%和88.40%。第三年7月上旬Z2和Z3处理羊草盖度达到93.2%和93.6%，长刺蒺藜草盖度均为0.8%；且长刺蒺藜草的株高平均仅为羊草的28.5%，生物量可忽略不计，因此未统计第三年羊草对长刺蒺藜草生物量的影响。

(5)羊草治理长刺蒺藜草的经济效益测算。羊草播种量为30kg/hm^2时第三年直接经济价值为

32481 元/hm², 第四年开始预计直接经济效益 35100 元/(hm²·年)。羊草种植后生态服务价值凸显，储碳固碳能力强，可以产生巨大的生态价值，随着碳汇行业的发展，后期有望实现生态方面的价值转化。

3.2.4 结 论

(1)通过与长刺蒺藜草的竞争，‘中科 1 号’羊草抑制了长刺蒺藜草的密度、株高、盖度及生物量，种植第三年盖度达到 99%，彻底抑制了长刺蒺藜草的生长，成为试验区的单优势种群落，成为优质的人工草地。

(2)‘中科 1 号’羊草治理长刺蒺藜草的同时，生产的优质乡土草种子和饲草可增加收益，实现较好的经济效益和生态效益，有利于草牧业发展和乡村振兴。

4 展 望

利用羊草治理长刺蒺藜草，通过饲草和种子销售，从第二年开始即可收获一定的经济效益，多年生羊草一旦在退化草地重建成功，即可长期持续发挥效益，成为优势种。内蒙古西辽河平原的科尔沁沙地是长刺蒺藜草危害的重灾区，发生面积占全国总发生面积近 80%，并且呈现逐年递增的势头，个别区域危害等级达到 3 级(重度发生)[19]；截至 2015 年，长刺蒺藜草在内蒙古东部的通辽市入侵面积已经达到 94 万 hm²[24]。借助羊草治理长刺蒺藜草，仅通辽地区每年实现直接经济效益的潜力可达 330 亿元。羊草种植后生态服务价值增加，储碳固碳能力强，可以产生巨大的生态价值，随着碳汇行业的发展，后期有望实现生态方面的价值转化。

目前我国毒害草危害较为严重物种包括长刺蒺藜草、黄花刺茄、狼毒等。害草对草原和农田的危害，严重影响人们的生产和农牧民的生活。羊草治理长刺蒺藜草的经验，为大面积毒害草生物治理提供了可操作的经验，具有很高的经济效益和生态社会效益。

参考文献：

[1]韩成莲，杨新芳，王莹，等．疏花蒺藜草种子发芽习性差异的研究[J]．草业科学，2011，28(5)：793-796.

[2]Jiang Y, Cai T G, Tang F D. Effect of different drought stress on seedling growth and physiological characteristics of Cenchrus pauciflorus Benth. Open Access Library Journal, 2019, 6: 1-14.

[3]刘露萍，倪汉文，谢亚琼，等．少花蒺藜草种子萌发与出苗特性[J]．杂草科学，2014，(32)：8-11.

[4]杜广明，曹凤琴，刘文斌．辽宁省草场的少花蒺藜草及其危害[J]．中国草地，1995(3)：71-73.

[5]王坤芳，王文成，李佳，等．辽西北草甸草原少花蒺藜草的生态防控措施研究[J]．现代畜牧兽医，2017，(8)：6-10.

[6]齐凤林，孟英环．外来毒害物种少花蒺藜草的介绍[J]．内蒙古草业，2011，23(1)：63.

[7]张志新，田迅，刘勇，等. 通辽市少花蒺藜草群落多样性分析[J]．草业科学，2015，32(9)：1392-1398.

[8]王巍，韩志松．外来入侵生物：少花蒺藜草在辽宁地区的危害与分布[J]．草业科学，2005，22(7)：63-64.

[9]邱月，庄武，曲波，等．少花蒺藜草辽宁省分布现状、存在问题及防控建议[J]．农业环境与发展，2009，26(3)：56-57.

[10]李振宇，解焱．中国外来入侵生物[M]．北京：中国林业出版社，2002：134-135.

[11]赵艳，吕林有，王巍，等．苜蓿不同播种行距对防控少花蒺藜草的效果[J]．草业科学，2010，27(4)：78-81.

[12]高晓萍，杨旋．疏花蒺藜在阜新的分布、危害及防控措施[J]．植物检疫，2008，22(1)：64-65.

[13]李国英，王宇飞．辽西地区疏花蒺藜草特征特性及防治对策探讨[J]．园艺与种苗，2013(9)：6-7，25.

[14]王玉芝，青格乐．不同浓度下 2 种除草剂对少花蒺藜草防治效果的研究[J]．畜牧与饲料科学，2017，38(4)：35-37.

[15]霍艳哲，王博，赵文虹．彰武县少花蒺藜草防治试验研究[J]．新农业，2015(9)：48-51.

[16]彭爽，张成才．彰武县草原入侵少花蒺藜草综合防治试验效果观察[J]．畜牧兽医科技信息，2015(1)：33-34.

[17]张衍雷，张瑞海，付卫东，等．不同农作措施对少花蒺藜草(*Cenchrus pauciflorus Benth*)种子库及其繁殖能力的

影响[J]. 农业资源与环境学报，2015，32(3)：312-320.

[18]哈斯巴特尔，项锴峰，崔凯，等. 赤峰地区外来有毒有害植物的监测及防治方法研究[J]. 内蒙古草业，2012，24(2)：35-38.

[19]张福胜，姚影. 通辽地区外来入侵植物少花蒺藜草发生情况与防治措施[J]. 北方农业学报，2018，46(5)：98-101.

[20]周全来，王正文，齐凤林，等. 少花蒺藜草生物生态学特征与综合防除策略[J]. 生态学杂志，2021，40(8)：2593-2600.

[21]刘辉，董晓兵，齐冬梅，等. 羊草控制少花蒺藜草危害的技术研究[J]. 草原与草业，2022，34(1)：56-62.

[22]张英华，吕林有，赵燕. 少花蒺藜草入侵风险评估及防控策略[J]. 安徽农业科学，2011，39(8)：4580-4581.

[23]吕林有，赵艳，王海新，等. 刈割对入侵植物少花蒺藜草再生生长及繁殖特性的影响[J]. 草业科学，2011，28(1)：100-104.

[24]斯日古楞，李良臣，高丽娟，等. 入侵通辽市的少花蒺藜草特点及防控对策[J]. 中国农业信息，2015(21)：63-64.

羊草机械高效移栽技术

吴崇友　蒋　兰
（农业农村部南京农业机械化研究所）

摘　要：羊草是我国优质乡土草，在畜牧业发展和生态修复中发挥着重要作用。羊草育苗移栽具有提高羊草种子成苗率和苗期环境抗逆性的突出作用，在土壤盐碱化严重的地块，直接播种难以成苗，而育苗移栽能够快速实现建植成功，为恶劣土地环境规模化羊草发展提供了有效的新技术途径。本文借鉴油菜育苗移栽技术，报道羊草毯状苗育苗、机械高效移栽和栽后管理技术。依据羊草毯状苗培育目标，提出了羊草毯状苗育苗指标要求和技术要点；研制了满足羊草移栽农艺要求的全自动羊草毯状苗移栽机，对取-送-栽一体化栽植系统、栽深控制系统、覆土镇压装置等关键技术装备的结构和工作原理进行了介绍；对比分析了羊草直播和毯状苗移栽两种方式的经济效益，表明移栽方式初期可以产生效益1293元/亩，减少了投资，提早获得了经济收益；在内蒙古开鲁县开展了羊草毯状苗移栽试验，试验测定秧苗的成活率为77%，栽植质量能够满足羊草人工草地建植要求；同时开展了移栽后不同浇水次数和施肥次数对比试验，明确了栽后田间管理方式，结果表明栽后无须施肥，且浇一次水即能成活，浇水次数增加，羊草长势更强。羊草毯状苗移栽技术对羊草种子繁育基地建设、人工草场建设、草原生态修复和矿山生态修复等具有重要意义，推广应用前景广阔。

关键词：羊草种植；羊草毯状苗；育苗规范；移栽；毯状苗移栽机

1　羊草种植现状

羊草是一种根茎发达的多年生禾草，具有无性繁殖能力强和耐盐碱等特点，在盐碱草地的恢复中经常起到先锋植物的作用[1,2]。近年来，由于气候干旱等不利自然因素和过度放牧等人为因素的协同影响，松嫩平原西部的草地盐碱化现象日益严重，羊草草地出现了不同程度的退化[2,3]。过去，人们在解决退化羊草草地的恢复问题主要采用种子直播的方式，但由于羊草生育上存在着孕穗率低、结实率低和发芽率低的“三低”现象[4,5]，种子萌发的最适土壤 pH 值在 8.5 以下，最大萌发上限为土壤 pH 值 9.14[6]，而松嫩平原的苏打盐碱化土壤pH值多在9.5以上，重度盐碱化土壤pH值甚至高达10.5[7]，因此利用种子直播的方式解决由重度盐碱化造成的羊草草地退化存在诸多问题。2005年，梁正伟等[8]提出利用羊草无性繁殖能力强的特点以移栽代替直播方式扩大羊草种植地域，从而加快退化羊草草地恢复进程。黄立华等[9]也在羊草幼苗移栽到盐碱化土壤后的生长变化及生理响应方面开展了许多研究试验工作。

育苗移栽是提高羊草苗期抗逆性、扩大羊草种植地域、加快羊草在盐碱地繁育速度的有效种植方式。但人工育苗移栽用工量多，劳动强度大，生产成本高，在农村劳动力日趋紧张的情况下，已很难适应生产需求[10-12]。传统的旱地移栽装备，如钳夹式移栽机、带式栽植机、吊篮式移栽机、导苗管式移栽机及挠性圆盘移栽机等[13-15]大都在某些方面具有技术特色，但在移栽效率和性能上存在缺陷，因此尚没有一款移栽机在生产上得以大面积推广应用。

针对上述问题，由农业农村部南京农业机械化研究所吴崇友研究员和扬州大学冷锁虎教授团队在创新油菜毯状苗移栽取得成功的基础上，根据羊草的生物学特性和移栽要求，在世界上首次培育出了羊草毯状苗，在育苗基质、育苗密度、保温保湿、水肥管理等方面形成了一整套的技术，研发出全自动羊草毯状苗移栽机，满足羊草移栽农艺要求，2020—2021年在内蒙古、宁夏等多地进行试验示范取得良好效果。

2　羊草毯状苗育苗技术原理

羊草毯状苗育苗是将羊草培育成盘根成毯适合机器移栽的育苗过程。从切块栽插移栽机的栽植特点对羊草毯状苗的育苗提出具体要求为：一是便于运输和机械带土取苗；二是保证每穴栽插数量，防止漏苗；三是满足机械结构要求，防止伤苗，保证生育期，提高成活率，稳定产量。这些要求体现在苗片上就是“密度大、矮壮老健、盘根成片”[16]。羊草是典型的无性系植物，分蘖是羊草的重要特性之一，并且具有发达的横走根茎，其再生能力非常强，羊草具备较好的毯状苗培育条件，其生物特性也为毯状苗育苗成功和移栽成活奠定了基础[17]。针对羊草的生物学特性，提出促萌发、助成毯、提素质的毯状苗的培育原则，开展了床土配置、秧苗化控、移栽后早活棵技术等试验研究。培育出的羊草毯状苗形态，如图 15-1 所示；其育苗技术指标，见表 15-1。

图 15-1 羊草毯状苗

表 15-1 羊草毯状苗育苗技术指标要求

指标	参数要求
秧盘规格	长 580mm×宽 280mm
密度(标准规格秧盘单盘株数)	12000～15000 株/m^2(2000～2500 苗/盘)
苗高	10～15cm
苗龄	40～50 天
秧苗空穴率	≤10%
其他特征	苗片盘根好，双手托起时不应断裂

2.1 育苗场地准备

选取平整的水泥场或整平的田块作为育苗场地，周围无遮光物，供水方便，排水顺畅。

2.2 育苗设备和材料

育苗盘采用水稻硬质育秧盘，长、宽、高分别为 58cm、28cm 和 3cm，底部均匀分布排水孔。在育苗盘低部铺一张宽 27.5cm、长 57cm 左右的塑料薄膜，防止根外伸。

2.3 床土配制及装盘

床土采用水稻或蔬菜商品育苗基质进行羊草毯状苗培育，使用之前要进行小规模试验育苗，以检测商品基质对羊草秧苗是否存在不利影响。将 50%多菌灵配成 1000 倍液，按 100kg 营养土加 5～6g 多菌灵的用量喷洒，喷后将其拌匀，用膜密封 2～3 天，可杀死土壤中的多种病菌，防止有害病菌对秧苗产生伤害。

将配制好的床土装入秧盘，床土表面比盘口低约 3mm，刮平。床土装好后用细密且均匀水流将床土浇水至饱和，多余的水可从排水孔排出，保证床土能吸足水分。待床土表面无明积水后播种。

2.4 播种方法

人工进行撒种播种，也可使用毯状苗专用的播种器进行精量定位播种，播种密度为 2500～3500 粒/盘。

播种后用床土进行盖种，盖土厚 2~3mm，以不露种尽量浅为好，厚度均匀。盖种土首先要少量浇水，并搅拌均匀，使盖籽土的含水量达最大持水量的 40%~50%（手感湿润、手握成团、松开即散）。

2.5 育苗盘摆放

播种好的育苗盘可以按 1.2m 左右的高度叠放在一起，注意每摆四排需要留出过道，实际操作如图 15-2a 所示；摆好的育苗盘需要在最上面盖上一个空的育苗盘，目的是保护最上一层育苗盘不受影响；全部摆放好后，用一整块薄膜覆盖。播种好的育苗盘也可以直接摆放在地面。根据浇水条件，一般摆放的宽度不超过 2m，长度 50m 左右。摆好的育苗盘，需要用喷雾法补水，补水后及时用薄膜覆盖（注意四周要压实封闭好，防止苗盘失水）。

2.6 出苗后管理

如图 15-2b 所示，叠盘一段时间后要将秧盘及时摆出。摆出的时机对后期出苗至关重要。当看到秧盘内有 1/3 左右的籽粒出苗时即要将秧盘摆出到育苗场地。秧盘摆出后对缺水的地方进行补水，然后进行覆盖，覆盖材料为 30~50g/m^2 的白色无纺布。

如图 15-2c 所示，摆盘 2~3 天，可以观察到有部分子叶拱出覆盖层，当有 80%以上的子叶露出后，可揭去无纺布。此后适当控制水分供应，以边角部位不发生萎蔫为度，促进根系下扎。发生萎蔫时可少量补充水分。一般 1~2 周，需要施肥，结合浇水进行。配制 0.8%~1%的尿素水，用洒水壶均匀的浇在每一盘上。浇完肥水后，最好再用清水补浇一次，可以防止叶片被肥水伤害。根据羊草的长势追肥，一般整个苗床期需要追肥 2~3 次。

病虫害防治：在阴雨天较多或育苗盘过湿的时候，容易出现病害。一般在揭膜后结合喷雾补水加入防病害的药物，如果在管理过程中出现病害，及时对症防治。

控水促根，是羊草毯状苗盘好根系的关键措施之一。控水原则：阴天不浇水，苗不萎蔫不浇水，浇水则要浇透水。

a. 叠盘　　b. 摆盘　　c. 出苗后管理

图 15-2　2021 年 6 月在内蒙古开鲁县小街的育苗情况

3　羊草毯状苗移栽技术原理

3.1　全自动羊草毯状苗移栽机

羊草毯状苗移栽机是以乘坐式水稻高速插秧机为主体结构，主要由插秧机底盘、动力切缝圆盘、成型滚轮、栽植机构、仿形装置和覆土镇压机构等部件组成，移栽机如图 15-3 所示。

羊草毯状苗移栽机与插秧机采用相同的动力底盘，但针对羊草毯状苗移栽农艺要求，对插秧机底盘取秧进给系统进行改进，调整切块机构工作间隙、横向移箱机构参数及秧针宽度等。同时增设梳刷型挡秧杆，减少秧针取苗时对叶片的损伤。增设六行开沟器和覆土镇压轮，开沟器通过连接臂安装在机架上，置于栽植臂正前方，覆土镇压轮安装在覆土镇压支架上，每行2个镇压轮，呈"V"形布置。移栽机的作业顺序是切缝开沟—切块取苗—运移栽插—覆土镇压。工作时，经液压系统驱动波纹圆盘刀盘主轴转动进行松土、开沟。同时，栽植系统中供苗装置通过横、纵向送给连续往取苗位置处送苗，栽植机构连续切取苗块并携苗运移到底部，然后将苗块栽插入窄缝内，秧苗依靠土壤和苗沟壁保持直立，覆土镇压部件将窄缝两边的土壤挤向秧苗周围，再压实固苗。

图 15-3　全自动羊草毯状苗移栽机

该机可一次性完成开窄沟、取苗、栽插、覆土、镇压等作业，作业效率可达到 4~5 亩/小时，比人工移栽提高工效 50~60 倍，且能够适应不同土壤条件。移栽机的性能参数，见表 15-2。

表 15-2　羊草毯状苗移栽机及性能参数

		产品型号	2ZG-6
		作业速度(m/s)	0~0.8
外形尺寸		工作状态(长×宽×高)(mm)	3585×2390×2330
		结构质量(kg)	866
		最小离地间隙(mm)	425
栽植部	栽植器	型式	回转式
		宽度(mm)	20
		移栽株距(mm)	180、160、140、120
		覆土轮调节范围(mm)	55~75
		送苗方式	皮带纵输送
		移栽行数(行)	6
		移栽行距(mm)	300
		移栽深度(mm)	25~80(9 档)
		移栽株距(cm)	24、21、18、16、14、12
		横向移动量[mm/次数(回)]	17.6(16)、20/(14)、23/(12)(3 档)
		纵向取秧量(mm)	8~18(11 档)
		秧盘规格长×宽×厚(mm)	580×280×30
		备用秧苗装载数量	6
		作业小时生产率[hm^2/小时(亩/小时)]	0~0.338(0~5.0)

3.2　关键技术装置

根据羊草毯状苗的形态特征设计了取-送-栽一体化栽植系统、栽深控制系统、覆土镇压装置等，成毯的羊草苗通过栽植机构和纵、横向移送机构将苗毯切成苗块并直接栽插入土，再进行覆土镇压。

3.2.1　取-送-栽一体化栽植系统

3.2.1.1　取-送-栽一体化栽植系统结构与工作原理

栽植系统是羊草毯状苗移栽机的核心部件，担负着准确、高速、平稳可靠完成供苗、取苗、栽插动作的任务。根据羊草毯状苗的形态特征，提出了适用于羊草毯状苗移栽的取-送-栽一体化栽植技术以及栽植装备系统，该系统将切块取苗、携带运苗、栽插三个动作环节集成在一个机构上完成，苗块全程受控，同时通过横纵向自动供苗，创造了目前世界最高的旱地移栽栽植频率，栽植频率最高能够达到400次/(分·行)。

取-送-栽一体化栽植系统的结构设计，如图15-4所示，主要由非圆齿轮行星轮系栽植装置、纵送送苗装置、横向移箱装置、仿形装置组成。

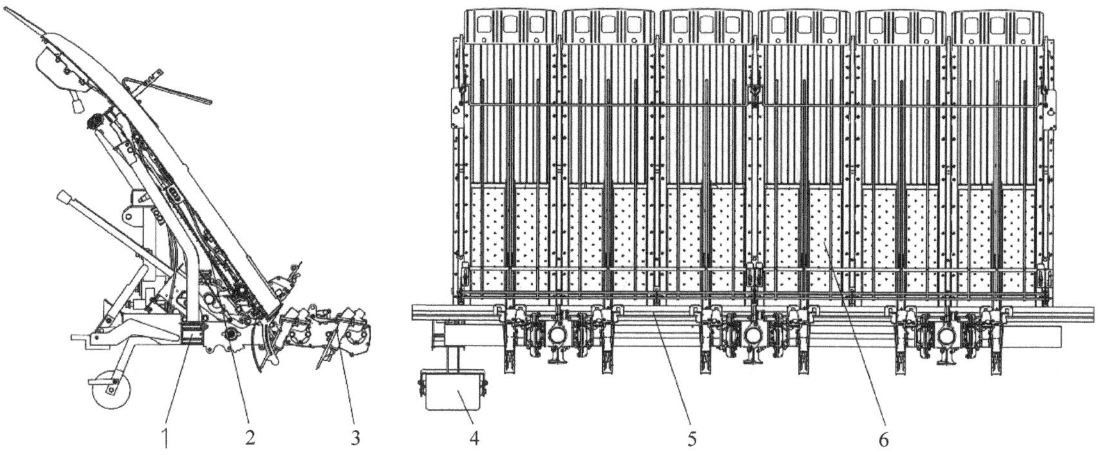

1—栽植机架；2—纵送送苗装置；3—非圆齿轮行星轮系栽植装置；4—仿形装置；5—横向移箱装置；6—秧箱

图15-4　取-送-栽一体化栽插系统结构示意图

取-送-栽一体化栽插系统的动力由移栽机的底盘提供，作业时，非圆齿轮行星轮系栽植装置的秧针按一定顺序、连续不间断地从秧箱内把秧门处的秧苗取走，同时横向移箱装置配合带动秧箱横向运动，按时定量地、均匀地将秧箱内的秧苗往秧门位置补充。当取完整排秧苗后，通过纵向送苗装置将秧箱内秧苗整体向下送秧，往秧门处补充新一排秧苗。秧针取苗后夹持羊草毯状苗块底部的苗片，并携带运送到推苗处，通过推苗杆将苗块整体栽插到事先开好的沟缝中。整个栽插系统通过平行四边形仿形杆与插秧机底盘连接，栽插系统中设置液压仿形机构，根据感应轮获取田间土壤高低平整变化，来实时控制栽植系统的高度升降，从而保证了移栽机的栽植深度。取-送-栽一体化栽插系统的取苗、运苗、栽苗动作过程，如图15-5所示。

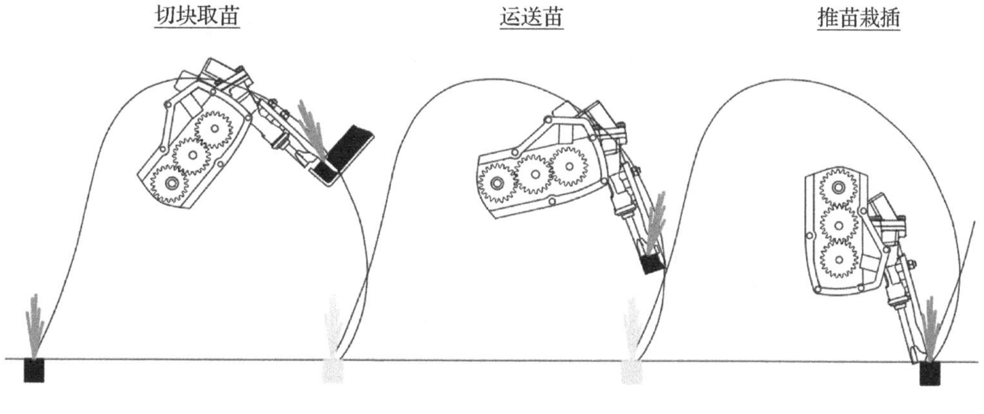

图15-5　取苗、运苗、栽苗动作示意图

3.2.1.2　栽植机构结构与工作原理

栽植机构是移栽机的核心工作部件，用来完成秧苗的栽插任务。栽植机构性能的好坏直接影响移栽机的栽植质量和作业效率。羊草毯状苗移栽机栽植机构的工作原理，如图15-6所示。作业时，行星架旋转，秧针到达取苗位置将苗块从苗盘中切取下来，然后携带苗块按照栽植轨迹运动，整个过程苗块都在秧针的携带下受控运动。在秧针到达推苗位置处，推苗装置中的弹簧配合凸轮转动瞬时将推苗杆弹出，将苗块与秧针分离并栽植入土。为了避免秧针回程时碰倒已插秧苗，推苗后的秧针快速回程，旋转至取苗点做下一次的栽植运动[21,22]。

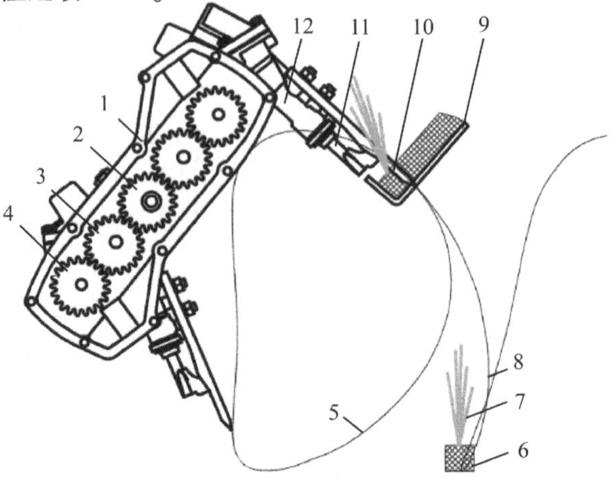

1—行星架；2—太阳轮；3—中间轮；4—行星轮；5—静态轨迹；6—苗片；7—秧苗；8—动态轨迹；9—秧箱；10—秧针；11—推苗杆；12—插植臂

图 15-6　栽植机构的工作原理

栽植机构采用非圆齿轮行星轮系传动方式，依靠行星架内的齿轮相互啮合使得秧针尖点形成所需要的栽植轨迹，具有高效栽插、振动小、传动比变化大等优点。目前齿轮行星轮系传动的栽植机构主要有偏心齿轮行星轮系、正齿行星轮系、椭圆齿轮行星轮系、傅里叶节曲线非圆齿轮系、差速旋转式和异形齿轮行星轮系几种类型[18-20]。羊草毯状苗移栽机栽植机构采用椭圆齿轮行星轮系传动，由 5 个椭圆齿轮(2 个中间轮、2 个行星轮与 1 个太阳轮)、1 个行星架和 2 个栽植臂组成，中间椭圆齿轮与机架固连，行星架顺时针转动带动从动齿轮非匀速转动实现栽植臂往复摆动，栽植臂上秧针尖的绝对运动由绕行星架的匀速转动和绕栽植臂行星轮轴心的不等速转动复合而成，从而形成适于羊草毯状苗移栽的“腰子形”栽植轨迹[23]。

3.2.2　栽深控制系统

通过液压仿形装置实现栽深控制，其组成与原理图如图 15-7 所示，主要包括机械系统、液压系统、地面高度感应系统。机械系统由栽植器、秧箱、平行四杆机构组成，液压系统由液压缸、换向阀、节流阀、溢流阀、卸荷阀、截止阀、油箱等组成，地面高度感应系统由感应轮、高度调节机构、拉线等组成。

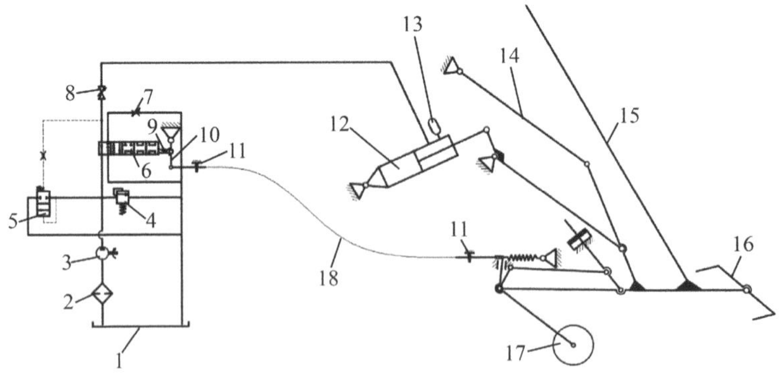

1—油箱；2—过滤器；3—液压泵；4—溢流阀(安全阀)；5—卸荷阀；6—换向阀；7—节流阀(调节仿形油缸下降速度)；8—截止阀；9—阀芯；10—阀芯操纵杆；11—闸管固定槽；12—提升油缸；13—蓄能器；14—平行四杆机构；15—秧箱；16—栽植器；17—仿形轮机构；18—拉线

图 15-7　液压仿形原理

移栽机在工作前，设置正常工作时仿形轮的高度值以及在正常工作时拉线长度使换向阀的阀芯处于中位的中立位置。准备工作的时候，移栽机秧箱放下，仿形轮触碰地面向上抬起，仿形轮机构带动拉线拉动阀芯操纵杆移动阀芯使换向阀处于中位，液压系统液压油直接回油箱。当遇到地面凸起的时候，仿形轮机构的仿形轮沿着地面向上抬起，此时带动拉线拉动阀芯操纵杆使换向阀处于左位，液压系统给提升油缸供油使提供油缸收缩拉动仿形四杆机构向上抬起，完成向上仿形。当遇到地面凹陷的时候，仿形轮机构的仿形轮沿着地面向下落，拉线收缩使阀芯移动到右位，秧箱在重力的作用下拉动提升油缸伸长，提升油缸中液压油经过换向阀直接流回油箱，完成向下仿形。

仿形轮装置和液压系统是栽植单元液压仿形系统的主要工作部件。在作业过程中，仿形轮装置用于检测地面起伏情况，通过拉线控制液压系统的液压流向做出提升油缸动作完成仿形，适应于地面起伏情况下的正常栽植作业[24]。

3.2.3 覆土镇压装置

在完成开沟、切块、取苗、栽插等工序后，需要将开出窄沟两边翻出的土壤覆盖到小苗的根部，压紧土壤，提高成活率。传统的覆土镇压轮采用覆土器和镇压轮组合使用，这种结构较为复杂，制造成本较高。羊草毯状苗移栽机的覆土镇压轮由支架、压缩弹簧和带倾角的轮盘组成，工作时由插秧机自重提供正压力，轮盘切面和内侧面形成切应力，起到镇压覆土功能。

覆土镇压部件结构，如图 15-8 所示，由 6 个镇压轮独立单元组成，之间的水平间距为 300mm，与开沟间距对应。每个独立单元由支架、弹簧销、预紧弹簧、轮盘、角度调节器和刮土装置组成，通过夹紧螺栓固定在固定架上，改变立柱上安装孔的位置来调节镇压轮位置高低，从而改变弹簧预紧力，实现镇压轮的镇压力调节，进一步提高了覆土镇压装置对土壤的适应性。镇压轮采用纵向偏转角度的“V”形对称布置，开角、夹角和间距无级可调，通过锐角轮缘进行切土、侧向推土，挤压栽植缝壅土立苗[25]。

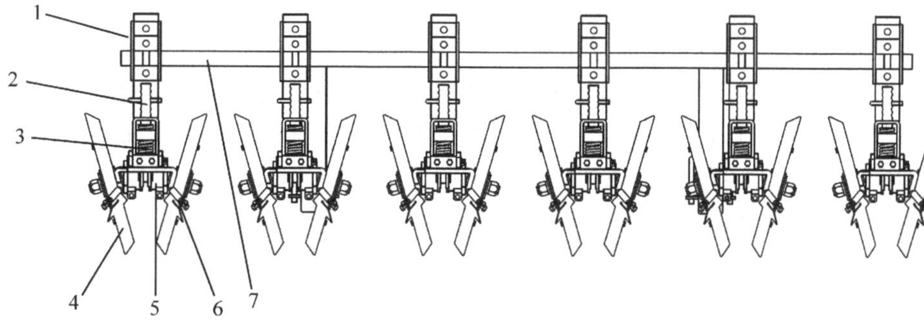

1—支架；2—弹簧销；3—预紧弹簧；4—轮盘；5—角度调节器；6—刮土装置；7—安装架

图 15-8 镇压部件结构

4 羊草毯状苗移栽试验研究

4.1 试验条件

2020—2021 年在内蒙古通辽市开鲁县小街基镇进行了多次羊草毯状苗育苗与移栽试验。测定了适于移栽的羊草毯状苗秧苗的基本参数；检验了移栽机性能及羊草毯状苗移栽效果；对比了栽后不同浇水与施肥次数下羊草的成活和长势情况，明确了栽后田间管理要求。

4.2 试验过程及结果分析

4.2.1 羊草毯状苗参数测定试验

2020 年 7 月 6 日对移栽试验所用的羊草毯状苗的基本参数进行测定，羊草毯状苗状态，如图 15-9 所示。育苗时间为 2020 年 6 月 1 日至 7 月 6 日，选取‘中科 1 号’羊草品种，采用 280mm×580mm 规格秧盘进行育苗，基质厚为 2cm，苗盘密度为 3500~4000 株/盘，总计培育 34 盘。随机选取其中 3 盘测定苗高和叶片数参数信息。具体试验结果，见表 15-3。

表 15-3　秧苗基本参数表

参数名称	1	2	3	平均值
苗高(cm)	16	23	13	17.3
根茎高(cm)	3.5	5	1.5	3.3
叶片数	4	4	3	3.7

图 15-9　用于移栽试验的羊草毯状苗

4.2.2　移栽试验

(1)2020 年 7 月 7 日进行移栽试验，试验地点为通辽市开鲁县小街基镇羊草基地东侧试验田，当日天气为晴 21~32℃。试验所用的羊草毯状苗于 2020 年 6 月在南京培育，2020 年 7 月 6 日将育苗羊草和移栽机由南京市发往内蒙古自治区通辽市开鲁县小街基镇，进行移栽试验。如图 15-10 所示，移栽前首先对移栽机进行调试，设定移栽参数为：行距 30cm，株距 15cm，株数 3 株/穴左右(调至最少)，深度 3cm。然后将羊草苗放置在秧箱上，并对秧苗进行浇水，防止基质苗片太干不易成块。

图 15-10　栽前准备与移栽机作业过程

以 1 个移栽幅宽、4m 的移栽距离为统计区间，统计秧苗移栽穴株数和秧苗成活率，试验结果见表 15-4。通过试验测定秧苗的成活率为 77%，移栽效果如图 15-11 所示，栽植质量完全满足羊草种植农艺要求。

表 15-4　移栽试验对应穴株数

	行号										
对应穴株数	1	2	3	4	5	6	7	8	9	10	11
第一穴	5	5	2	0	4	3	0	0	5	5	6
第二穴	4	3	4	4	7	6	0	0*	0	5	4
第三穴	5	8	0	6	4	4	3	0	6	0	0
第四穴	0	6	5	4	4	4	5	5	5	3	4
第五穴	4	3	0	0	0*	5	4	8	4	5	7
第六穴	3	4	5	4	0*	0*	0*	0*	0	0*	5
对应穴株数	12	13	14	15	16	17	18	19	20	21	22
第一穴	3	4	5	7	0	5	3	4	5	4	4
第二穴	9	3	3	4	6	0	4	7	4	6	5
第三穴	0	5	4	4	3	6	0	7	4	5	3
第四穴	3	5	0	0	4	5	5	4	6	4	5
第五穴	0	4	5	4	5	5	6	4	3	5	0
第六穴	6	4	6	5	5	4	4	0	4	5	4

a. 移栽效果

b. 后期长势

图 15-11　移栽效果及后期长势情况

（2）2021 年 10 月在内蒙古乌海高盐碱黄河滩涂进行第二次羊草移栽试验，试验所用羊草毯状苗于

2020年6月在当地培育，育苗地点为内蒙古开鲁县。图15-12展示了试验过程及栽后效果，第二年3月土地出现了反碱反盐现象，从图中能够看出，羊草依旧能够活棵且长势良好，证明毯状苗育苗移栽方式能够适用于高盐碱地区羊草种植，且羊草移栽能够在重度盐碱地上正常成长，说明移栽的羊草苗比种子具有更强的抵抗盐碱环境胁迫的能力，为大面积盐碱地恢复羊草植被及盐碱地治理改良提供了新的技术途径。

图15-12　2021年在内蒙古乌海高盐碱黄河滩涂进行羊草移栽试验

4.2.3　移栽后浇水与施肥对比试验

为了研究羊草移栽后的田间管理条件，开展了不同浇水次数和施肥情况的对比试验。分析了施肥情况和栽后浇一次水、栽后浇一次水然后隔天再浇水、栽后浇一次水然后隔2天再浇水3种栽后浇水方式对秧苗的成活及长势的影响。试验效果，如图15-13所示。通过试验效果分析得到：①羊草移栽后浇一次水即可成活，随着后续浇水次数增加，羊草的长势更佳；②移栽后的羊草无须进行施肥，施肥反而容易造成烧苗，影响秧苗成活，说明了羊草毯状苗移栽后的田间管理是十分便捷的。

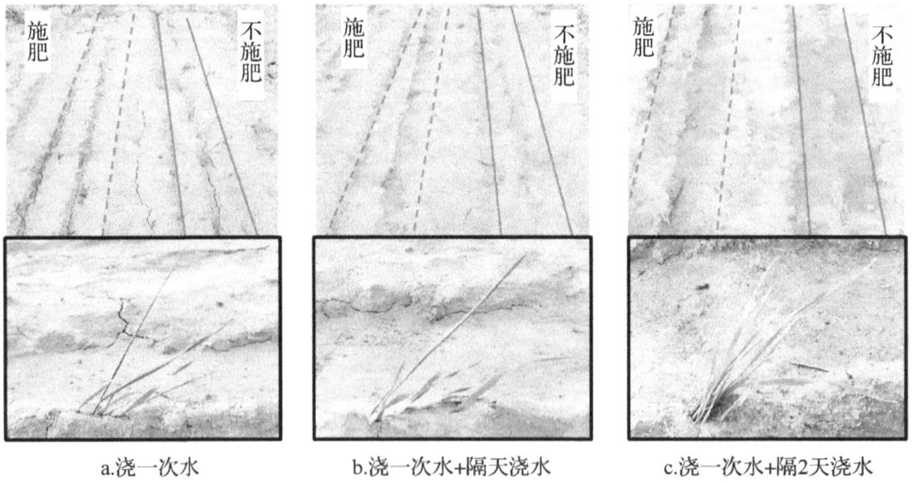

图15-13　不同浇水次数和施肥情况下羊草的成活和长势情况

5　羊草毯状苗移栽经济效益分析

2020年以来在内蒙古乌海、通辽等地开展试验示范，对羊草毯状苗移栽与直播羊草的经济效益进行了对比分析。试验数据，见表15-5。

以内蒙古通辽市开鲁县小街基羊草种子生产基地的羊草移栽试验为例，按照规模化育苗和移栽条件进行成本和效益测算。育苗移栽其主要作业包括育苗、耕整地、移栽及移栽后灌溉。每盘育苗成本为3.5元，其中主要包括基质、肥料、管理费用，不包含种子成本，每亩按12盘计算，则每亩需42元；移栽作业成本为每亩80元/亩，两项合计每亩122元。另外育苗移栽后浇水1~2次即可成活，不需要铺设滴灌管，考虑后期灌溉，可直接安装指针式或卷帘式等灌溉设备。直接播种种植方式，其主要作业包括耕整地、播种，铺设滴灌管，一年后拆除滴灌管(仅能用一年)，再安装喷灌设备进行喷灌。播种作业费50元/亩，铺设滴灌管65元/亩(材料加作业费)，合计115元/亩。另外，移栽与直接播种相比，每亩节省种子1500克，价值300元。两者耕整地作业费用相同，后期灌溉设备和费用相同，育苗移栽较直接播种总费用节省293元/亩。育苗移栽比直接播种可提前一年收获羊草和羊草种子，产生效益1000元/亩以上。因此，羊草毯状苗移栽与直接播种相比，在种植初期，减少了投资，提早获得收益，已受到羊草种植用户的欢迎。

表15-5　不同种植方式初期成本效益比较

单位：元/亩

种植方式	育苗成本	种子成本	种植作业成本	滴灌	草与草籽提早收入	效益
毯状苗机械移栽	42	100	80		1000	+778
直接播种		400	50	65	0	-515

6　发展潜力

羊草在水源涵养、水土保持、防风固沙、草原修复等领域有着十分重要的生态价值，且植株营养价值高，是我国最重要的本土优良牧草之一。发展羊草生产，提高羊草产量和种植面积具有重要的战略意义。

6.1　人工草场建设

近10多年来，我国居民对牛羊肉和奶类的需求持续快速增长，但国内生产发展相对滞后，其重要原因之一就是饲草，特别是优质饲草供给不足。羊草营养丰富，蛋白质含量高，适口性强，是优质的饲草。2022年2月农业农村部在《"十四五"全国饲草产业发展规划》中指出，要确保牛羊肉和奶源自给率的目标，对优质饲草的需求总量将超过1.2亿t，尚有近5000万t的缺口，按照30%由羊草提供进行计算，用于饲用的羊草种植面积扩增潜力为近3000万亩(按照羊草产量500kg/亩)。

6.2　羊草种子繁殖基地建设

2019年人民日报发文指出，根据市场需求，我国计划建设羊草种子繁殖基地30万~50万亩，每年可为我国北方草原改良提供900万~1500万亩种源，用于种子新品种培育以及保证种植羊草供种需求。

6.3　海(河)滩涂高盐碱地

由于羊草种子萌发期和幼苗期对不良土壤环境的抗性和适应性较差、萌发期对盐碱胁迫十分敏感，成穗率、结实率和发芽率低，因此在高盐碱地上是无法通过直播种植羊草的。目前，我国约有2600万亩的滩涂盐碱地，且占据着优越的地理位置，是农业发展的后备资源，具备巨大的发展潜力[26]。经过试验已经证实了通过羊草毯状苗育苗移栽技术能够实现在高盐碱地上种植羊草，且能活棵和正常生长。本成果为扩大羊草种植地域，加快高盐碱地治理恢复进程，提供了新的有效技术途径。

羊草毯状苗移栽技术作业效率高、适应性广、机器使用操作方便、带土移栽抗逆性强，可广泛用于羊草种子繁育基地建设、人工草场建设、草原生态修复和矿山生态修复以及其他作物移栽的应用。经过综合测算，我国羊草种植总的需求面积近5650万亩以上，按照50%采用羊草毯状苗育苗移栽种植方式，可推广移栽机5.6万台以上，移栽机本身的市场容量将达40亿元以上，其创造的社会效益和生态效益更是巨大的，因此推广应用前景极其广阔。

参考文献：

[1]Zhu T C, Li J D, Yang D C. A study of the ecology of Yang-cao (Leymus chinensis) grassland in northern China[C]. Proc XIV Intern Grassl Congre, 1981: 429-431.

[2]祝廷成．羊草生物生态学[M]．长春．吉林科学技术出版社，2004.

[3]李建东，郑慧莹．松嫩平原盐碱化草地治理及其生物生理机理[M]．北京：科学出版社，1997.

[4]马鹤林，宛涛，王风刚．羊草结实特性及结实率低原因初步探讨[J]．中国草原，1984，(3)：15-21.

[5]易津．羊草种子的休眠生理及提高发芽率的研究[J]．中国草地，1994，(6)：1-6.

[6]马红媛，梁正伟．不同 pH 值土壤及其浸提液对羊草种子萌发和幼苗生长的影响[J]．植物学通报，2007，24(2)：181-188.

[7]俞仁培，杨道平，石万普，等．土壤碱化及其防治[M]．北京：农业出版社，1984.

[8]梁正伟，王志春，杨福，陈渊，马红媛．苏打盐碱地羊草植被恢复与重建的方法：200410010867.1[P].2005-06-15.

[9]黄立华，梁正伟，马红媛．移栽羊草在不同 pH 土壤上的生长反应及主要生理变化[J]．中国草地学报，2008，30(3)：42-47.

[10]周海燕，杨炳南，颜华，等．旱作移栽机械产业发展现状及展望[J]．农业工程，2015，5(1)：12-13+16.

[11]Fabrizio M, Aldo C. Highly Automated Vine Cutting Transplanter Based on DGNSS-RTK Technology Integrated with Hydraulic Devices[J]. Computers and Electronics in Agriculture, 2011, 79: 20-29.

[12]汪鹏飞．旱地钵苗移栽机栽植机构的设计与分析[D]．石河子：石河子大学，2017.

[13]金鑫，姬江涛，刘卫想，等．基于钵苗运动动力学模型的鸭嘴式移栽机结构优化[J]．农业工程学报，2018，34(9)：58-67.

[14]于修刚，袁文胜，吴崇友．我国油菜移栽机研发现状与链夹式移栽机的改进[J]．农机化研究，2011，33(1)：232-234+239.

[15]Dihingia, Kumar, Sarma, et al. Hand-Fed vegetable transplanter for use with a walk-behind-type hand tractor[J]. International Journal of Vegetable Science, 2018, 24(3): 52-63.

[16]吴崇友，吴俊，张敏，等．油菜毯状苗机械移栽技术研究[J]．中国农机化学报，2016，37(12)：6-10.

[17]黄立华，梁正伟．不同叶龄及灌水方式对重度盐碱地羊草移栽成活率的影响[J]．中国草地学报，2010，32(2)：32-36.

[18]Liu J D, Cao W B, Tian D Y, et al. Kinematic analysis and experiment of planetary five-bar planting mechanism for zero-speed transplanting on mulch film[J]. Int J Agric & Biol Eng, 2016, 9(4): 84-91.

[19]Ye B L, Yi W M, Yu G H, et al. Optimization design and test of rice plug seedling transplanting mechanism of planetary gear train with incomplete eccentric circular gear and non-circular gears[J]. Int J Agric & Biol Eng, 2017, 10(6): 43-55.

[20]Jin X, Pang J, Ji J T, et al. Experiment and simulation analysis on high-speed up-film transplanting mechanism[J]. International Agricultural Engineering Journal, 2017, 26(3): 105-112.

[21]蒋兰，吴崇友，汤庆，等．油菜毯状苗移栽机栽植过程动力学模型及参数优化[J]．农业工程学报，2018，34(21)：37-46.

[22]蒋兰．油菜毯状苗机械移栽立苗机理研究与机构优化[D]．合肥：安徽农业大学，2019.

[23]张敏，周长省，吴崇友，等．椭圆齿轮行星系分插机构运动轨迹分析与仿真[J]．农机化研究，2011，33(1)：92-94+99.

[24]汤庆，吴俊，蒋兰，等．油菜耕整移栽联合作业机液压仿形系统设计与试验[J]．农业机械学报，2021，52(11)：95-102.

[25]吴俊，汤庆，袁文胜，等．油菜毯状苗移栽机开沟镇压部件设计与参数优化[J]．农业工程学报，2016，32(21)：46-53.

[26]赵英，王丽，赵惠丽，等．滨海盐碱地改良研究现状及展望[J]．中国农学通报，2022，38(3)：67-74.

羊草栽培收获机械

马　伟　刘汉武　吕　锋
（北京德邦大为科技股份有限公司）

摘　要：羊草的适应性强，在我国东北部广大草原区可以纯种种植或补播。本文针对羊草种子小、出苗困难、杂草不易控制、种子收获率低以及下游草产业收获加工等产业化遇到的问题，从高效、高质量全程机械化管理角度介绍了羊草常用的机械设备，包括播种机、补播机、割草机、摊晒机、搂草机、打捆机、缠膜机、拆捆机、青饲机等设备，讨论了羊草机械存在的问题并对今后草机械未来发展给予展望。

关键词：羊草；栽培；补播；收获；机械；展望

羊草是禾本科赖草属植物。多年生，具横走根茎；须根具沙套。秆散生，直立，高 40~90cm，具 4~5 节。叶鞘光滑，基部残留叶鞘呈纤维状，枯黄色；叶舌截平，顶具裂齿，叶片长 7~18cm，宽 3~6cm。穗状花序直立，长 7~15cm，宽 10~15mm；每节着生 1~2 个小穗，每个小穗有 5~12 个小花。花果期 6~8 月。

羊草广泛分布于俄罗斯、日本、朝鲜和中国。在中国分布于东北、内蒙古、河北、山西、陕西、新疆等。耐寒、耐旱、耐碱，耐刈割、耐践踏。

羊草为中国内蒙古东部和东北西部天然草场上的建群种和优势种，属于一等牧草，牛马羊等草食动物均喜食，常调制成干草饲喂动物。除做饲草外，羊草根茎穿透能力很强，且能形成强大的根网，盘结固持土壤作用很大，是很好的水土保持植物，羊草的根系能固定大量碳素，具有持续的生态效益。羊草是我国北方兼顾生态和饲用的最重要乡土草之一，素有“禾草之王”的美誉。

2022 年 6 月 20 日，中国林学会组织召开了“中科羊草产业现场观摩研讨会”，发布了羊草研发成果以及在各地区的示范推广信息，羊草等优质乡土草迎来新的发展机遇。羊草产业链包括种业、草业、加工业以及后续的生态修复和草牧业等，产业的高效和高质量发展依赖精良的机械装备。

我国牧草机械化开始于 20 世纪 20 年代初，到 80 年代，通过引进、吸收国外先进技术，出现了简易割草机、搂草机、翻晒机和集垛机等，发展到一定规模，产品逐渐增加。我国羊草机械发展从无到有，已经发展到羊草精量播种、种子加工、羊草栽培、草原补播改良等方面，形成了门类较齐全的成套设备。目前，我国的牧草机械化开始向草原保护与改良和人工草场建设并重的方向发展。

1　羊草收储的技术要求和工艺过程

1.1　羊草及其切碎物的物理机械特性

1.1.1　羊草干储型收储

羊草干储是在收获的过程中将羊草制作成干草，并作较长时间的储存。干草是牛羊等反刍类家畜的主要饲料之一，它不仅是牧区牲畜越冬赖以生存的主要口粮，也是城市郊区养牛场所必需的饲料，人工种植羊草的干储和进一步的加工还可以作为鸡、猪配合饲料的重要组成部分，所以干草仍是目前羊草收储的主要产品形式之一。

1.1.2　羊草干储的收储技术要求

羊草干储的收储技术要求主要是保证干草质量和减少收储损失。具体要求是：

1.1.2.1　应在羊草营养丰富和产量较高的阶段收割。根据试验资料，当收获草地羊草时，推迟 10 天将损失 25%的饲料单位和 33%的可消化蛋白。

1.1.2.2 收获期间尽量保持其营养成分。羊草堆积时，上层已干燥的羊草受到日晒雨淋后氧化作用加强，使胡萝卜素损失加剧，下层则易因湿度和温度适于微生物生长而腐坏变质，这些都会引起营养成分的损失，因此要求草皮和草条蓬松，并应尽量减少羊草在田间的存放时间。

1.1.2.3 在收获过程中尽量减少羊草的损失，损失的原因包括割茬过高、漏割等。因此，收获时应保证合适的割茬高度，使各项收集作业的遗漏率在一定的限度内，尽量减少对羊草的冲击，以及各项作业的羊草含水量应合适。合理的割茬高度：天然羊草 4~5cm，栽培羊草 5~6cm，晚秋收获时 6~7cm。各项作业进行时羊草的适宜含水率：搂草时 40%~50%，压捆时 20%~25%(多雨地区为 18%~23%)，垛草时 12%~18%。同时，草捆特别是小方草捆储存时，应注意防止雨淋，并监控含水率，必要时在储存处进行自然或人工通风，保证安全含水率。

1.1.3 成品干草的质量评价指标

经过收获调制形成的干草，含水率不应超过 17%(冬季允许达到 20%)，呈绿色，具有清香味，无霉味，保留羊草 70%以上的原有营养物质。

1.2 羊草和青饲作物的青储型收储

青储是利用微生物的发酵作用，长期保存青绿多汁饲料营养物质的一种可靠而经济的储存方法。它的优点：养分损失少，一般调制干草养分损失达 20%~30%，而青储饲料损失仅 8%~10%；青储饲料消化率高，适口性好；青储饲料占空间少，一般比干草少占空间 50%以上。

1.2.1 青储原理

青饲料在青储建筑物内青储时，由于密封缺氧，建立了乳酸菌繁殖最有利的条件，靠乳酸菌对青饲料进行厌氧发酵，将植物的糖分转化为乳酸。当乳酸量聚积达到青储料量的 1%~1.5%时，就会抑制其他微生物的繁殖。乳酸菌的活动过程是绝对厌氧过程，青储时如处理不当，除了乳酸菌外还可能有其他不利于青储料质的微生物存在，如酪酸微生物、醋酸微生物和霉菌等。这些微生物会使青储料腐坏、发出难闻气味等，对牲畜有机体有害。如果能进行很好的密封，就可以防止这些微生物的繁殖。

1.2.2 羊草的青储型收储的技术要求

1.2.2.1 选择合适的原料。为了中和羊草中的碱性元素，并使其 pH 值达到一定的要求，需要有足够的乳酸，而青储发酵产生乳酸必须消耗葡萄糖，因此青储原料必须有足够的含糖量。带穗全株青玉米、禾本科羊草、禾谷类茎叶、向日葵、甘薯蔓等，都有较多的碳水化合物，青储品质好。豆科作物和马铃薯块等含粗蛋白质多，碳水化合物不足，因此不能单独青储，应和禾本科植物混合青储。

1.2.2.2 适时收割。青储用的青饲料适时收获，可保存较多的营养成分。例如，青储玉米时各时期的粗蛋白质百分数及总的可消化养分百分数分别为：授粉期 10.7%和 64.4%、乳熟期 8 .0%和 69.0%、蜡熟期 8.0%和 71.0%、黄熟期 8.0%和 68.9%，故作青储的全株玉米最合适的时期是蜡熟期。

1.2.2.3 原料含水量适宜。青储原料含水率以 65%~ 75%为最适宜，通常可通过在田间的蔫萎程度来调节。

1.2.2.4 切碎长度不能过长。青储原料短，有助于压实排气，缩短植物呼吸过程，加速乳酸菌的形成以有利于青储。过长的青储料易引起养分损失，一般玉米青储碎段理论长度为 12mm，最长碎段不得超过 30mm。

1.2.2.5 青储时应压实、密封。青储料应分层装入，逐层压实，排尽空气，装填满后应立即封严，不得有漏气口或缝隙。

1.2.3 成品羊草的质量评价指标

可参考黑龙江省地方标准：《羊草青干草质量评定技术规程》(DB23/T 2059-2017)见表 16-1[1]。

表 16-1 羊草青干草质量评定技术规程

理化指标	等级		
	一级	二级	三级
羊草占比(%)	≥95	85~94	75~84
杂质(%)	0	0~0.5	0.5~1
粗蛋白(%)	≥9	7~8	5~6
中性洗涤纤维(%)	≤45	46~50	51~60
酸性洗涤纤维(%)	≤35	36~40	41~45
水分(%)		≤15%	

1.3 羊草低水分青储型收储

羊草低水分青储亦称半干青储，它的收储过程的总损失比羊草干储小，利用羊草低水分青储料可以代替干草和青储料，而且低水分青储的羊草很细碎，水分适中，能给奶牛肉牛的机械化喂饲带来很大的方便。欧美各国已广泛使用，我国近年来也已开始使用。

1.3.1 羊草低水分青储原理

在进行低水分青储时，作为原料的羊草含水率已降低到 45%~50%，造成微生物的生理干燥状态，使微生物的生长繁殖受到限制。当植物含水率为 45%~50%时，植物细胞的吸水力为 5.5~ 6 MPa，而大多数的细菌的吸水力只有 5.0~5.5MPa，因此细菌很难得到植物细胞内的水来维持其生命活动，但各种霉菌却很容易得到植物细胞内的水，因为霉菌的吸水力高达 21~29.5 MPa。所以在制作低水分青储料时，必须防止霉菌的生长。霉菌只能在有空气的环境中生长，因此，保证低水分青储建筑的密封十分重要。在羊草切碎、充分压实封严的情况下，微生物活动会很快停止，从而保持羊草的营养物质。

1.3.2 羊草低水分青储型收储的技术要求

1.3.2.1 适时收获。羊草不迟于抽穗期。

1.3.2.2 含水率适宜。青储时的羊草含水率应为 45%~50%。

1.3.2.3 干燥应迅速。为了减少羊草干物质的生化损失，要求能在 24 小时内干燥至上述含水率。

1.3.2.4 羊草应细切碎。理论切碎段长度为 6mm，实际切碎段长度小于 7mm 的占 70%。

1.3.2.5 羊草储存在青储建筑物内必须压实封严。

1.3.2.6 进行低水分青储时，青储建筑的装填和压实时间不应超过 3~4 天，装填时物料温度不应超过 35℃。

1.3.3 成品低水分青储羊草的质量评价指标

1kg 优质低水分青储羊草应有 0.35~0.42 饲料单位，35~55g 可消化蛋白，50 mg 胡萝卜素，pH 值 4.9~5.4，容重 500~550 kg/m^3。

1.4 羊草收获的工艺过程

羊草收获的工艺有很多类型，可以将羊草收获的工艺分成切割晾晒集条过程和草条收集过程两个收获阶段。切割晾晒集条过程有多种类型，一般是按气候情况、草场情况和羊草品种等来进行 选择。草条收集过程也有多种类型，每一种类型会对应着不同的干草成品，选择时除了按气候和草场情况以外，一般还考虑牧场的规模、草场和喂饲点的距离以及经济核算等方面。这些工艺过程及其各自的特点，见表 16-2。

表 16-2 羊草收获的工艺过程

收获阶段	收获工艺过程	使用的机具	特点
晾晒集条过程	1. 刈草→搂草→草条	1. 1-1 制草机、横向搂草机、1-2 制草机、侧向搂草机	草铺经晾晒至羊草充分萎蔫，但仍坚韧而不落叶，羊草含水率 40%~50%时，将草铺搂成草条。使用的机具 1-1 用于低产天然草场，机具 1-2 用于气候晴朗干燥的高产天然或人工草场
	2. 割草→摊晒→接草→草条	2. 制草机、摊草机、搂草机	搂草前增加一摊晒工序，但摊晒的工作部件速度较高，应根据牧草湿度谨慎使用。适合于产量高又潮湿的天然草场或人工草场
	3. 割草调制→搂草→草条 4. 割草调制集条	3. 割草调制机、搂草机 4. 割草调制集条机	将较粗的羊草茎秆压破，使它和花叶有较接近的干燥速度，以得到均匀、干燥，用于人工种植的羊草。根据美国 G. E. Fairbanks 等试验，过程 3 和 4 相比，虽然第 4 项会使干燥过程略慢，但它每年能节省 120 hm^2 的作业使用费
草条收集过程	1. 草条→集草→运堆→垛草→储存 2. 草条→集草→运堆→垛草→运垛→储存 3. 草条→捡拾集垛→运垛→储存 4. 草条→在运输车上垛草压实→运垛→储存	1. 集草机、运堆机、垛草机 2. 集草机、运堆机、垛草机、运垛机 3. 捡拾集垛机 4. 集草机、运堆机、垛草机、铺平压实器、堆垛运输车	该 4 种工艺过程为散长草堆垛收获工艺，优点是所需设备简单，缺点是某些环节需使用较多人力。劳动生产率低，羊草损失大。其中工艺过程 1 是在草场就地堆垛，适合于草地离喂饲点较近，否则多次运草需要消耗很多劳动。工艺过程 2 中增加一个运垛机，可以减少运草劳动，但该机只能运中小草垛，大草垛只能运草垛的一部分。工艺过程 3 和 4 是欧美早期应用的捡拾集垛机和堆垛运输车，可避免多次运草的劳动，但形成的垛小，草垛的质量不高，现已为捡拾压操工艺所代替
	5. 草条→捡拾压垛→储存→运垛→喂饲 6. 草条→捡拾压垛→运垛→储存	5. 捡拾压垛机、运垛机、切垛喂饲机 6. 捡拾压垛机、运垛机	此 2 种工艺过程为捡拾压垛收获工艺，它可以一台机器同时完成捡拾、集垛和压实工作，形成宽 2.03~2.60m，高 2.43~3.05 m，长 2.44~6.40m 的草垛，草垛重 1.1~5.4t，密度 70~144kg/m^3，与其配套的运垛机和切垛喂饲机使整个工艺过程可达到完全的机械化，劳动生产率高，羊草损失少，但它的设备投资高，适用于产量高而运垛距离不过长的大面积收获
	7. 草条→小方捆捡拾压捆同时装入机后挂车→运输→储存 8. 草条→小方捆捡拾压捆→捡拾装载→运输→储存 9. 草条→小方捆捡拾压捆→小方捆捡拾集垛→运输→储存	7. 后部装有草捆抛掷器的小方捆压捆机、挂车 8. 小方捆压捆机、小方捆捡拾装载机、运输车 9. 小方捆压捆机、草捆捡拾集垛车	此 3 种称为小方捆工艺，是早期取代散长草收获的工艺，它将干草压至紧密度 100~200 kg/m^3 并进行捆扎，劳动生产率高，牧草损失少，便于运输储存。但缺点是耗绳多，作业成本高，露天防雨能力差，长时间储存时需用升运器和分配器均匀装入有良好自然通风的棚舍内。该工艺目前仍广泛采用，但有减少的趋势
	10. 草条→捡拾卷捆→装载运输→储存→喂饲 11. 草条→捡拾卷捆→装载运输→储存→喂饲	10. 圆草捆卷捆机，圆草捆装载机 11. 圆草捆卷捆机，圆草捆搬运车	此 2 项为圆草捆工艺，此工艺将羊草卷压成紧密度为 100~220 kg/m^2、直径为 1.5~2.0m 的大圆草捆。圆捆重量为 300~900kg。它的耗绳少，比小方草捆耐雨淋，是一种新兴的压捆工艺，一部分地取代了小方草捆。圆草捆能耐短期雨淋，长期储存时仍需一定的遮蔽。在欧洲，常采用前开式棚舍来储存，其装卸比小方草捆容易

（续）

收获阶段	收获工艺过程	使用的机具	特点
草条收集过程	12. 割搂→捡拾压饼→装载→运输→储存	12. 捡拾压饼机、挂车	此项称为压饼工艺，捡拾压饼的工序包括捡拾、切碎、喷水和压饼等，羊草在草条内干燥至含水率 10%~12%，进行捡拾，切碎到 25~35mm，喷水 0.019~0.076m³/t，再进行压饼，草饼紧密度达 400~480kg/m²。优点是便于运输，易于实现喂饲机械化，但机重和能量消耗大，使应用受到影响
	13. 草条→捡拾切碎装载→运输→通风储存	13. 通用型青饲料收获机、挂车、通风干储棚或通风干储塔	此工艺过程称为散碎草通风干储收获工艺，羊草在草条内干燥至 35%~45%的含水率，由通用型青饲料收获机捡拾切碎抛入机后的挂车，再运输并装入干储棚或干储塔内，常温下通风干燥 5~ 15 天，干燥至 15%~20%的含水率后储存。此工艺的优点：①可以减少羊草的营养损失；②能简化工艺过程；③可以和羊草低水分青储料的收获合用一套机械；④劳动消耗可减少 50%~ 66%；⑤能形成高品质的干草，每饲料单位的干草成本比在地里干燥的干草成本低 10%~20%

2　补播机

2.1　播种羊草的意义

草地补播能增加草地植被种类成分，增加草地覆盖度，改善草地群落品质，提高草地产草量，增加优质羊草比例和减少有毒有害植物。特别是补播羊草，效果更显著。由于羊草的粗蛋白质含量比其他杂草高，在草地上补播羊草后营养价值明显高于天然草地。因此，羊草以其具有蛋白质含量高、适口性好和改良土壤结构等诸多优点，深受农牧民群众喜爱，被广泛用于补播。优良的补播效果取决于相应的补播技术，特别是补播当年大多数羊草生长细弱缓慢，早期种苗十分重要，这直接关系到第二年羊草能否形成产量，补播技术就成为种苗能否成功建植的关键，不适的补播措施直接导致补播失败。如选择不适的羊草品种，可能造成少出苗或不出苗；补播时间过早或过晚都会影响种苗建植，故补播技术应当引起重视。天然草地补播羊草三年后草地群落逐渐趋于稳定，由于羊草根茎自身具有很强的扩展性，在若干年后羊草会形成优势种，并持续生存数十年，非常有利于延长补播效果和节约资源。

2.2　德邦大为公司羊草补播机介绍

鉴于草原补播的市场需求，德邦大为公司研制了 1805-Q(C)草原补播机，该机是在德邦大为公司成熟免耕播种机的基础上，采用了新选型的气吹式排种器及新开发的新型铸造单体加新的预开沟部件，通过在内蒙古、吉林、北京等地的试播实验，能较好地完成草籽的播种要求。另外草原补播机新单体为能满足窄行距播种需要的窄单体，单体最大外形宽度为 340mm，同时，配置了铧式开沟部件，达到了草原播种动土少、土壤扰动少的要求。1805-Q(C)草原补播机(表 16-3)的性能如下：

- 平行四连杆仿形单体应用草场补播，保证播种深度一致；
- 雷达测速，电驱气吹高速排种，高精度播种；
- 窄开沟，零动土，倒“T”形开沟器，温暖种床；
- 独立仿型覆土镇压，镇压保墒效果好；
- 大屏作业监控器，播量，面积数据上传农机管家云；
- 重载单体，可增加配重，硬土轻松免耕作业；
- 可选自动驾驶，减轻作业强度，保证作业质量；

• 双种箱配置，可实现禾本科、豆科同时播种。

表 16-3 羊草补播机技术参数

名称	气吹式羊草免耕播种机	
型号	2BMCCE-4	2BMCCE-8
形尺寸(mm)	3840×2470×1580	3840×3880×1620
整机结构重量(kg)	1875	3020
配套动力(kW)	51~73	88~132
作业方式	牵引式	
工作幅宽（mm)	1600	3200
作业速度(km/小时)	6~8	
作业效率(m^2/小时)	0.96~12.8	1.92~2.56
配重	架内+单体配重箱	
下种形式	电驱气吹式	
开沟形式	圆盘+圆盘+倒“T”形划刀开沟器	
镇压形式	浅覆土单轮镇压	
监控	漏播监控+T-BOX	

3 割草机

3.1 割草机的技术要求

• 因羊草稠密多汁，割草机切割器的切割速度应高于谷物收割机。对于往复式割草机，割刀平均速度应为1.6~2.0m/秒或更高，最低切割速度应大于2.15m/秒。旋转式割草机的切割速度为60~90m/秒。

• 割草机割茬低于谷物收割机，一般天然草场割茬为4~5cm，栽培羊草为5~6cm，晚秋收获羊草为6~7cm。因此，要求切割器贴近地面，且能很好地适应地形起伏。

• 应有灵活的起落机构，以便在遇到障碍物时，能在1~2秒时间内将切割器升起。

• 割下的羊草应能均匀铺放在地上，且应避免轮子的滚压。

3.2 割草机的类型

割草机按切割器的形式可分往复式和旋转式两种。

• 往复式割草机割茬低而整齐，羊草损失少，单位割幅的金属用量和功率消耗低，因而成本较低。它的作业速度一般为6~9km/小时。提高割刀单位时间往复次数并解决割刀全平衡问题后，作业速度可提高到10~12km/小时。往复式割草机适用于切割直立而生长密度不过分高的羊草。在稠密的种植草场，特别是易缠连羊草，易在作业中造成堵塞。

• 旋转式割草机工作平稳，对羊草的适应性强，特别适应于稠密、倒伏和缠连的牧草。能以8~16 km/小时的作业速度工作，生产率高。但它的结构较复杂，价格高，单位割幅的功率消耗大。

3.3 割草机的分类

往复式割草机：按挂接方式可分为牵引式、悬挂式和半悬挂式(表16-4)。

表 16-4 往复式割草机技术参数表

型号	牵引式割草机				悬挂式制草机					
	9GJ-2.1	9GH-4.0	450(美国约翰·迪尔公司)	KTⅡ-6.0(俄罗斯)	9GX-1.4	9GX-2.1	9GB-2.1(半悬挂)	9GH-2.1	350(美国约翰·迪尔公司)	1300(美国万国收获机公司)
工作幅(m)	2.1	4.0	2.13 2.74	6.0	1, 4	2.1	2.1	2.1	2.13 2.74	2.13 2.74
切割器数		2	1	3	1	1	1	1	1	1
护刃器间距(mm)	76.2	76.2	76.2	76.2	76.2	76.2	76.2	76.2	76.2	76.2
割刀行程(mm)	76.2	76.2	76.2	76.2	76.2	76.2	76.2	76.2	76.2	
割刀往复频率(次/min)	715	920	900		810	750	800~900	860	900	1000
制刀驱动机构形式	曲柄连杆机构	动力输出轴驱动曲柄连杆机构	无连杆全平衡摆环机构	曲柄连杆机构	曲柄连杆机构	曲柄连杆机构	曲柄连杆机构	曲柄连杆机构	无连杆全平衡摆环机构	无连杆全平衡摆环机构
工作速度(km/小时)	5.0	10	8~10	6~9	6	5.5	6.5~7	8~9	8~10	
生产率(hm^2/小时)	1.57		2.5~3.1 3.2~4.1	5.4~8.1	1.2	1.7			2.5~3.1 3.2~4.1	
质量(kg)	455		363	1245	135				285	263
配套动力	20.6 kW以上拖拉机牵引三台			30 kW以上拖拉机	8.8kW手扶拖拉机	14.7kW拖拉机	8.8~13.2kW小四轮拖拉机			

旋转式割草机：旋转式割草机按挂接方式可分为牵引式和悬挂式，其中以悬挂式应用最广，且主要为后悬挂式(表 16-5)。按照其动力从拖拉机动力输出轴传向切割器的方式，又可分为以下传动式和上传动式，两者都有应用。但现代生产的旋转式割草机大多为下传动式。

表 16-5 旋转式割草机技术参数表

机型	机力-1.2	9GX-1.65	9GX-1.2	9GX-2.0	9GX-3.9	荷兰施维格斯公司 CM-165
割幅(mm)	1200	1650	1200	2000	3000	1650
刀盘数	2	2	2	4	5	2
每个刀盘的刀片数	4	3	2	2	4	3
刀盘转速(r/分钟)	1000	2000	1900	2000~2700	1750	1720
刀片长度(mm)	30			100	100	
割茬高度(mm)	40~50	30~40	50	35~55	20~60	
机器前进速度(km/小时)	3.81	12				
生产率(hm^2/小时)	0.4~0.5	1.5~2.0				
质量(kg)		360				350
配套动力(kW)	8.8		8.8	20.5	20.5	20
挂接型式	牵引式	悬挂式	悬挂式	悬挂式	牵引式	

3.4 德邦大为割草机

德邦大为割草机系列产品为意大利子公司产品，有 EOS 割草机、POLARIS 系列、ATLAS 系列以及 ATLAS ALCOR 牵引式割草压扁机，EOS 割草机、POLARIS 系列、ATLAS 系列均为悬挂式割草机，它包括机架、变速传动机构、切割部分和集草部分，变速传动机构是通过变速箱、传动轴和曲柄连杆带动割刀，切割部分通过连接轴和拉杆固定在机架的一侧，这部分包括割刀和活动刀架，集草部分包括固定架、弹齿架、弹齿和弹齿起落机构，固定架安装在机架后部，固定架与弹齿架之间通过销轴连接（表 16-6）。

EOS 割草机为三点悬挂的圆盘割草机作业幅宽有：

- EOS 165，4 个刀盘，工作宽度 1.65m。
- EOS 210，5 个刀盘，工作宽度 2.1m。
- EOS 245，6 个刀盘，工作宽度 2.45m。
- EOS 285，7 个刀盘，工作宽度 2.85m。
- EOS 320，8 个刀盘，工作宽度 3.2m。

EOS 割草机的技术特点主要有：

- 保护外壳，在刀盘的外围有一个保护外壳，使用特殊工艺加工的刀盘非常锋利，适用于各种稻草类型。
- 刀盘的移除，刀盘的安装移除都非常的便捷，维护方便快捷；作业角度 $-35° \sim +40°$，适应各种工况。

表 16-6　德邦大为割草机技术参数表

EOS 割草机系列	EOS165	EOS210	EOS245	EOS285	EOS320
工作幅宽(mm)	1650	2100	2450	2850	3200
重量(kg)	340	410	500	550	600
刀盘数量(个)	4	5	6	7	8
刀片数量(片)	8	10	12	14	16
PTO 转速(rpm)	540	540	540	540	540
配套功率(hp/kW)	22/30	27/36	32/43	42/55	64/85
三点悬挂类别	II	II	II	II	II
安全防护	普通	普通	普通	普通	普通

4 摊晒机

4.1 摊晒机的技术要求和类型

摊晒机，作为一种对草料拨散摊开翻晒的机器，使用时，由于不同草料长度不同、干湿度不同等，传统摊晒机上的摊晒杆难以满足这些差异性，且草料摊开后，容易形成局部隆起等现象，整体不平整美观。摊晒机一般采用较大的俯仰角可完全翻晒草料，而且蓬松透气，从而提高了干燥效果，提高转盘弹齿的重叠率，以彻底搂起草料。

4.2 摊晒机的分类

摊晒机按照行走方式可分为悬挂式和牵引式。

4.3 德邦大为摊晒机

德邦大为摊晒机可以帮助用户进行大面积的摊晒作业，从而加快羊草的干燥过程。在摊晒过程中羊草移动距离短，破碎损失小，含杂少，保证羊草的品质。运输底盘，为可折叠式分段机架，便于运输和转场，节省作业时间。摊晒机有 LYBRA 系列和 ARIES 系列。作业幅宽 3~8m。

4.3.1 德邦大为摊晒机技术特点

4.3.1.1 LYBRA 系列技术特点(表 16-7)

- 液压折叠：非常简便地把设备折叠到运输状态，方便转运；
- 偏置式悬挂系统：确保设备一直与拖拉机对齐，保证作业质量；
- 机械式减震器：使设备适应各种工况；
- 大俯仰角：可完全翻起草料；
- 弹齿高重叠率：不漏翻。

表 16-7 德邦大为 LYBRA 系列摊晒机技术参数表

LYBRA 系列摊晒机	LYBRA420	LYBRA540	LYBRA580	LYBRA640
挂接类别	三点悬挂 I/II			
联结传动类型	万向节传动轴联结			
工作幅宽(mm)	4200	5400	5800	6400
运输宽度(mm)	2300	2500	2900	3000
转盘数量	4	4	6	6
弹齿数量/转盘	6	6	6	6
轮轴	可调固定轮	可调固定轮	可调固定轮	可调固定轮
轮胎规格	15×6.00-6	15×6.50-6	15×6.50-6	15×6.50-6
配套功率(hp/kW)	40/29	40/29	50/36	50/36
PTO 转速(rpm)	540/1000			
重量(kg)	460	530	830	850

4.3.1.2 ARIES 系列技术特点(表 16-8)

- 小直径转子和不对称的弹齿结构，摊晒更均匀；
- 减少了转盘及弹齿间的距离，适合各种工况；
- 不对称的弹齿离地距离相同，弹齿和地面平行，能更高效的作业，作物流更清洁。

表 16-8 德邦大为 ARIES 系列摊晒机技术参数表

ARIES 系列摊晒机	ARIES650	ARIES770	ARIES880
挂接类别	三点悬挂 I/II		
联结传动类型	万向节传动轴联结		
工作幅宽(mm)	6500		
运输宽度(mm)	2990		
转盘数量	6		
弹齿数量/转盘	6		
轮胎规格	16×6.50-8		
配套功率(hp/kW)	60/44		
PTO 转速(rpm)	540/1000		
重量(kg)	915	1190	1250

5 搂草机

5.1 搂草机的技术要求

- 搂集干净，搂草损失率小于 3%，搂草和翻草的总损失率小于 5%~8%。
- 搂集的羊草清洁，草条内混杂物不超过 3%。
- 搂成的草条应连续松散，外形整齐，每米重量前后一致，且能满足下一道工序的要求。
- 搂草过程中羊草移动的距离应小，作用于牧草的齿端速度不应过大。

5.2 搂草机的类型

搂草机根据草条形成的方向可分为横向搂草机和侧向搂草机两大类。

5.2.1 横向搂草机

横向搂草机搂集的草条与机器前进方向垂直，形成的草条不够整齐和均匀，羊草的移动距离大，易混入陈草和泥土，每次所搂草条的衔接性差，不利于捡拾作业。但它的结构简单，工作幅较宽，搂集的草条大小不受羊草产量的限制，每米草条重量可在 1~4kg 任意选择。适合于低产的天然草原。横向搂草机有畜力牵引、机引和悬挂三种形式。

5.2.2 侧向搂草机

侧向搂草机搂集的草条与机器前进方向平行、草条整齐、松散、均匀，羊草移动距离小，污染小，且大多可兼作翻草作业。但它搂成的每米草条重量受到羊草产量的限制。适合于高产的天然草场和种植草场。侧向搂草机有滚筒式、指盘式和水平旋转式三类。

(1)滚筒式侧向搂草机。滚筒式侧向搂草机按滚筒结构的不同，可分为直角滚筒式和斜角滚筒式两种。

(2)指盘式搂草机。指轮式搂草机用于将割后牧草搂成草条、翻转草铺和翻转草条。它可分为牵引式和悬挂式两种，悬挂式又分前置式和后置式。指轮又有随动指轮和驱动指轮两种。搂草时指轮与前进方向呈一角度，当机器前进时，地面对指轮弹齿的阻力使指轮旋转，从而拨动牧草，搂成草条。弯轴上有弹簧，以减少移动阻力和减轻弹齿磨损。

(3)水平旋转式搂草机。水平旋转式侧向搂草机按工作部件的不同可分搂耙式和多头转子式两种，水平旋转搂草机主要由机架、传动机构、搂耙等部分组成。

5.3 德邦大为搂草机

德邦大为搂草机有动力旋搂草机和指盘搂草机，均属于侧向搂草机。动力旋搂草机有 COMPASS 系列和 ORION 系列；指盘搂草机有 RCS 系列、Audax 系列、Millennium 系列和 Dominator 系列。作业幅宽 3~24m。

5.3.1 德邦大为动力旋搂草机技术特点(表 16-9)

- 前置仿形轮胎，保证设备的稳定性；
- 串列轮轴保证作业时作业弹齿对地距离恒定，减少作物的损失；
- 作业时根据用户的需求设备离地高度可无级调整(在驾驶室中调节)，保证了作业的质量，并保证了作物流的整洁；
- 带有可变凸轮的模块化转子。

表 16-9　ORION 系列搂草机技术参数表

ORION 系列搂草机	ORION385	ORION420	ORION450
三点悬挂类型	三点悬挂　I/II	三点悬挂　II	三点悬挂　II
挂接类型		牵引块挂接	
联结传动类型		万向节传动轴联结	
工作幅宽(mm)	3850	4200	4500
运输宽度(mm)	1750	1950	2200
运输长度(mm)	3000	3250	3270
运输高度(mm)	2320	2320	2400
转盘臂数量	10	12	13
弹齿数量(臂)	4	4	4
转盘臂旋转直径(mm)	3000	3410	3600
轮胎规格		16×6. 50-8	
配套功率(hp/kW)	29/22	29/22	40/30
PTO 转速(rpm)		540	
重量(kg)	650	800	850

5. 3. 2　德邦大为指盘搂草机技术特点(表 16-10)

- 马力需求低;
- 作业效率高;
- 每个指盘单独仿型;
- 每个指盘独立的对地压力控制。

表 16-10　德邦大为指盘搂草机技术参数表

型号	V10-2GW	V10-Pro	V12-Pro	V14-Pro
指盘数	10	10	12	14
指盘直径(mm)			1400	
弹齿直径(mm)			7	
工作幅宽(mm)	5850	5850	6730	7620
草带宽度(mm)			1200~1800	
运输宽度(mm)			2500	
轮胎规格			16×6. 50-8	
配套功率(hp/kW)	15/20	22/30	22/30	22/30
重量(kg)	970	1045	1130	1200

6　打捆机(压捆机)

6. 1　打(压)捆机的技术要求和类型

6. 1. 1　方草捆捡拾打(压)捆机技术要求

6. 1. 1. 1　压捆室断面和草捆长度

压捆室断面和草捆长度决定了草捆的尺寸重量，因此可以根据要求来确定。现有的捡拾压捆机中压捆室宽度为 410~500mm，高度为 310~406mm。草捆长度常为可调，其最小值接近或稍大于压捆室宽度，最大值则约为压捆室宽度的两倍。

6.1.1.2 喂入口尺寸

对于侧面喂入式捡拾压捆机，喂入口的高度应等于或稍小于压捆室高度，而喂入口的长度 L 应为：

$$L=q/abYo$$

式中，L—— 喂入口长度(m)；q ——压实器往复一次的干草喂入量（kg/次）；a，b——压捆室断面的高和宽(m)；Yo——干草送入压捆室时的容重(kg/m^3)，常取为 50~60 kg/m^3。

6.1.1.3 压实器的行程和往复频率

压实器的行程 S 应比喂入口长度 L 大 25%~35%。

压实器的往复频率(次/分钟)等于曲柄转速 n(r/分钟)，它直接影响到压捆机的生产率，因此提高往复频率是有利的。但压实器的往复频率过高将会引起机器振动，增加干草的花叶损失，并使打结时间缩短，从而对打结机构要求更严。一般捡拾压捆机的压实器往复频率为 65~80 次/分钟，近年来生产的方草捆捡拾压捆机的压实器往复频率已提高到 80~105 次/分钟。

6.2 圆草捆捡拾打(压)捆机技术要求

圆草捆捡拾打(压)捆机捡拾器与方草捆捡拾打(压)捆机相同，三级喂入为强制喂入系统，区别于方草捆捡拾打(压)捆机拨叉喂入。捡拾器幅宽随着所应用的作业机械而不同。一般圆草捆捡拾打(压)捆机幅宽为 1.4~2 .2m。压捆室直径为 0.8~1.2m，草捆宽度为 1~1.4m，成捆密度为 100~220kg/m^3。它和方草捆捡拾压捆机相比，优点是机器结构简单，使用调整方便，草捆便于喂饲，捆绳用量较少。

6.3 打(压)捆机的分类

打(压)捆机按机组型式可分固定式、牵引式和自走式，其中牵引式和自走式都带有捡拾器，称为捡拾压捆机。

打(压)捆机按草捆紧密度分为低、中、高 3 种，分别为 100kg/m^3、100~200kg/m^3 和 200~ 300kg/m^3。目前以中、高紧密度居多。

打(压)捆机按草捆形状可分为方草捆捡拾打(压)捆机和圆草捆捡拾打(压)捆机。

6.4 德邦大为打(压)捆机

德邦大为打(压)捆机主要机型为圆草捆捡拾打(压)捆机，有辊筒式和链杆式两种圆草捆捡拾打(压)捆机。549/550(9YG-1.25/9YG-2.2)型圆草捆打捆机是一种辊筒式打捆机，是适合大地块作业的大型圆捆机，该机与 73.5kW(100 马力)以上轮式拖拉机配套使用，由拖拉机驾驶员一人操作，主要用于田间各种羊草、稻麦和玉米等农作物秸秆的收获，也适用于青贮或长秸秆切碎后再进行打捆作业。它能将田间铺放好的草条自动捡拾起来，通过喂入、切碎、卷压 成型、缠网等作业工序，把散装的秸秆包络成外形整齐的圆柱形草捆(表 16-11)。链杆式打捆机主要型号为 Compact125。

德邦大为打(压)捆机 549/550(9YG-1.25/9YG-2.2)主要技术特点：

- 采用一次拉制成型的高强度钢辊组成卷捆室可以实现高密度的草捆。
- 由市场上的 4 根弹齿梁增加到 5 根弹齿梁，提高作业效率 25%。
- 由弹簧独立保护的切刀系统，当进入异物时，定刀在弹簧张力的作用下自动缩回，起到保护作用。
- 先进的缠网技术，不但缩短了缠网时间，而且以展开的方式将草捆边缘包裹得更加整齐、美观、结实。
- 新型牵引梁设计，可以实现小角度转弯，转弯半径小，变得非常灵活，能够满足小地块的打捆作业 ，特别是在收获水稻作业时，有着其他打捆机无法比拟的优势 。

表 16-11　德邦大为打(压)捆机技术参数表

序号	项目	9YG-1.25	9YG-2.2
1	外形尺寸(mm)	3870×2700×2480	4300×3150×2480
2	总重(kg)	3500	3800
3	捡拾宽度(mm)	1844（外张 2077）	2210（外张 2440）
4	弹齿梁(根)	5	5
5	捡拾器提升方式	液压控制	液压控制
6	喂入器结构形式	螺旋连续喂入(整体式)	螺旋连续喂入(整体式)
7	切刀	选装	选装
8	压缩室规格(mm)	Φ1230×1244	Φ1230×1400
9	滚筒数量(个)	18	18
10	缠网方式	自动缠网	自动缠网
11	网捆宽度(mm)	1250	1400
12	草捆密度控制	液压控制	液压控制
13	轮胎型号	400/60-15.5	400/60-15.5
14	链条自动润滑装置	标配	标配
15	灯和电控电压(V)	12	12
16	后照明装置	标配	标配
17	车载电脑	液晶显示	液晶显示
18	物联网远程控制	标配	标配
19	配套动力(kW)	≥73.5（100 马力）	≥81（110 马力）
20	PTO 转速（rpm）	540	540

7　缠膜机

7.1　缠膜机的技术要求和类型

草捆缠膜机与草捆打捆机配合使用，主要用于给羊草和秸秆的草捆缠绕薄膜，阻断空气接触，以便青贮，保证草料的氨化贮存和微生物贮存。

缠膜机技术要求：成包率、缠膜层数、缠膜重叠度。

7.2　缠膜机的分类

缠膜机可分为固定式和行走式。固定式如油压大方捆缠膜机，行走式可分为悬挂式和牵引式。

缠膜机按照捆包的型式可分为方捆缠膜机和圆捆缠膜机。

7.3　德邦大为缠膜机

德邦大为缠膜机主要针对方捆和圆捆的缠膜，有牵引式和悬挂式。缠膜尺寸能满足市场上不同的方捆尺寸和圆捆尺寸。方捆尺寸有最小 80cm×80cm×180cm、最大 1200cm×1200cm×1800cm；圆捆尺寸 Ø57cm×63cm——Ø120cm×160cm。FW 系列缠膜机是德邦大为缠膜机的主要机型。

FW 系列缠膜机主要特点：

- 全自动平台锁定系统，保证作业安全；
- 牵引式捡拾器宽度可调适应不同大小的草捆；
- 有 4 个带驱动的圆辊组成的独立草捆捡拾释放装置；

- 双支柱结构，方便打包膜的安装；
- 双薄膜系统；
- 缠膜层数、缠膜重叠度可无级调整。

8 拆捆机

8.1 拆捆机的技术要求和类型

拆捆机就是把圆草捆或者方草捆的裹包绳或膜切断或拆开，然后把草料切成一定长度的碎草料，以便牲畜咀嚼进食。拆捆机的技术要求主要就是切断长度无级可调。

拆捆机多为牵引式的，方便移动作业。

8.2 德邦大为拆捆机

德邦大为拆捆机适合切割羊草、苜蓿、青贮、稻草等作物的草捆，一种设备多种用途。一个简单的操作就能直接喂饲牲畜，没有浪费。T12 拆捆机是牵引式的设备，用于切割圆包，带有 4 个可转向的轮胎，设备小巧，操作简便。可切割草捆尺寸 Ø120cm×180cm。切割长度可调，适应各种用户需求。

9 其他机械

9.1 集草机

集草机用于将草条集成小堆，或将小堆集成大堆。集草机主要由集草台、左右推杆、支架和滑轮架等组成。

9.2 运堆机

运堆机用于将草堆运至堆垛处，其结构与集草机类似，只是在集草台上增加一液压操纵的压草架，其载重量较集草机稍大，运输时的行走速度也可大大提高。

9.3 垛草机

垛草机有起重机式、鼓风机式、输送带式、滑道升降式和液压推举式等。其中，液压推举式垛草机对羊草搅动少，羊草营养部分的损失少，故已取代其他机式。

9.4 运垛机

运垛机用来运输草垛或运输大草垛的一部分。其结构为一自卸型单轴挂车，车厢能翻转 100°，其主要部件包括机架、充气胶轮、车厢平台、托齿、压紧器和液压缸等。

9.5 堆垛运输车

当上面提到的垛草机和运垛机相配合时，可以在羊草收获期间，将经过割草、搂草和集草等过程形成的含水率为 17%~20%的干草，在草地上堆起草垛，然后待整个羊草收获结束后，再用运垛机将各草垛运到储存和喂饲地点。这种方式的优点：当草地离储存喂饲点较远时可以加快整个收获过程。缺点是会使一些工序重复进行，特别是没有运垛机而用普通车辆运输来代替时更是如此。

堆垛运输车就是为了减少工序的重复而设置的。堆垛运输也需要和垛草机相配合进行工作。利用垛草机在堆垛运输车上堆成草垛，然后进入储草地点，利用堆垛运输车可以减轻散长草收获系统中最费劳力的草垛搬运工作。

10 羊草机械存在问题及展望

我国羊草机械的发展与羊草产业息息相关。2022年，羊草被首次写入《国家林业和草原局林草产业发展规划(2021—2025年)》和《农业农村部“十四五”全国饲草产业发展规划》，羊草产业迎来了历史性发展新机遇。但是羊草产业化目前也遇到一些问题。首先是羊草草种种源不足，羊草实质上在野生的情况下，存在抽穗率低、结实率低、种子发芽率低这三个问题，再加上天然羊草草种收集难、利用难，人工草种扩繁基地大部分未达到丰产期，草种种源不足成为扩大羊草人工种植面积的首要因素。其次是企业和农牧民种植积极性不高及政策支持推动不够，也是制约羊草产业化大面积推广的重要原因。最后羊草销售渠道不畅，亟待进一步培育，这也是制约羊草产业发展的另一个重要的制约因素。

我国羊草机械发展随着羊草产业化的发展从无到有，从单一品种到羊草播种、种植、草原改良等方面形成了门类较齐全的成套设备。但仍存在很多问题及不足之处，主要表现在：一是草原建设跟不上牲畜发展的步伐，普遍存在草场重用轻养现象，人工草场建设发展步伐缓慢，冬季饲草不足，草畜矛盾突出，有许多可贮羊草由于缺少羊草机械无法及时收贮，影响牲畜安全过冬。二是我国羊草饲料加工机械品种不全，结构单一，技术含量低，可靠性差，寿命短。每种羊草机械多数为单一机型，各作业工序间机具与动力配套性差，机具使用效益不高。三是羊草种子生产和饲草加工自动化程度较低，规模化、集约化、产业化程度还不高，计算机精细管理还缺乏。四是小型生产农机企业数量多，大型龙头企业非常少。五是对羊草机械化投入不足，没有建立草业发展机械化投入机制，在发展草牧业项目中，羊草机械化占有份额很少。

发达国家早在20世纪60年代左右，就已经相继实现了牧草机械化生产和加工。尽管每个国家草业发展模式不尽相同，牧草机械向适合本国饲养规模和饲养特点的方向发展。例如，澳大利亚、新西兰、荷兰等以草食畜牧业为主，大规模发展优质草料种植、机械化牧草收割、机械化饲喂和人工草场建设；日本和韩国受国土面积影响，人口密度大，只能以家庭农场饲养为主，发展适度规模饲草机械化；而美国主要是发展以粮食饲料为主的大型全自动化饲料加工及规模化饲养。总的来说，品种多样化、控制自动化、功能专业化、规模大型化、定量精确化、管理技术数字信息化与注意环境可持续发展，构成了国外发达国家饲草机械发展的主要方向。

与拥有同样面积草场的美国相比，我国牧草机械化程度仅为美国的5%。随着草原生态修复和质量提升、农业结构的调整，人工草场建设、饲草料基地建设以及牧草收贮工艺将从传统的散草分段收获法向现代压缩收获法和青饲料收获法转变，同时会加大牧草播种机、新型旋转割草机、割草调制机、捡拾压捆机、青饲收获机的研制和推广，利用生物技术进行袋贮的技术和装备、全日粮配方的草粉和草颗粒加工技术与设备、粗精饲料搅拌混合饲喂系统、草籽收获和草粒加工技术装备也会得到大范围的推广。

主要参考文献

[1]黑龙江质量技术监督局。羊草青干草质量评定技术规程：DB23/T 2059—2017[S].

羊草小镇建设及发展模式

刘　辉[1]　陈满军[2]　田志鹏[2]　苑庆飞[2]　王相东[3]　刘公社[1]
（1. 中国科学院植物研究所；2. 内蒙古自治区通辽市开鲁县小街基镇；3. 内蒙古科塔种业有限公司）

摘　要：中科羊草小镇简称"羊草小镇"，是通辽市开鲁县小街基镇引种中国科学院植物研究所中科羊草团队研发的中科羊草系列新品种及其配套种植技术。经过4年6.4万亩的种植试验，采用多年生中科羊草把严重退化草地、荒沼地、盐碱地以及害草地，逐步改良为生态友好、经济效益显著的中科羊草种子繁育基地，实现了中科羊草科研成果的落地化、草种产业的规模化，形成了"科研+公司+村集体+经济组织+农户"的羊草产业发展模式，集种植、加工、销售、服务、养殖、旅游为一体的聚集区。中科羊草成了小街基镇的主导产业，生态产业特色鲜明，是中国第一个名副其实的"羊草小镇"、中科羊草产业发展的摇篮。

关键词：小街基镇；退化土地；生态建设；中科羊草；草畜产业；乡村振兴

1　小街基镇的基本情况

1.1　地理位置

小街基镇隶属于内蒙古自治区通辽市开鲁县，新开河穿境而过，东南与科尔沁区毗邻，西北与扎鲁特旗接壤，东与科左中旗交界。小街基镇位于开鲁县东北45km处，镇政府驻地小街基村，是由原小街基镇、三棵树乡、兴安乡和前河乡四个乡镇合并而成，总区域面积111.5万亩，其中草牧场30.7万亩。

1.2　自然条件

属大陆性温带干旱、半干旱季风气候，光照充足，气候温和，年均温5.7~6.4℃，年均降水量341.8mm，降雨集中在6~8月；年均无霜期143天。以草原土壤为主，地带性土壤为栗钙土，有机质含量1.5%~4.5%，隐域性土壤有风沙土、草甸土等。地带性植被主要呈现典型草原类型，非地带性植被有沙地、低地草甸、盐化草甸等类型。当地乡土牧草有大针茅、克氏针茅、羊草、冷蒿等。

1.3　主要产业

小街基镇是自治区百强建制镇、全国精神文明建设先进镇。近年来，小街基镇始终保持加强生态文明建设战略定力，全面推进乡村振兴战略的有序实施。坚持"党建引领乡村振兴"这个中心思想不动摇，围绕小街基镇"南林北草中示范"产业发展思路布局，着力打造南部以元宝枫、文冠果能源林区为重点的"百里绿色长廊"；北部以中科羊草为领军的多年生牧草及草种产业为重点的"万亩人工草场"；中部以集中连片高标准农田示范区为核心，全力推进6万亩农业生产社会化服务项目，创建玉米密植高产示范基地。目前，已打造玉米密植高产三级联创示范基地3个，红干椒栽植标准化示范基地1个；中科羊草种植加工企业30余家，引进落地蒙鲁嘉赢"智慧牧业综合生态产业园"，优然1.2万头全群奶牛基地投产运营，具有广阔的发展前景(表17-1)。

1.4　社会经济发展现状

全镇共辖35个行政村、47个自然村，全镇共有13328户，总人口5.7万人，常住人口3.36万人。

1.5　生态环境状况

近年来随着草原的不合理利用，小街基镇沙沼地和荒漠化土地较多、草原三化程度较高，加之近年来以刺萼龙葵、长刺蒺藜草等外来入侵毒害草泛滥，严重影响农牧民的生产生活，生态修复治理任务紧迫、难度较大。近年来小街基镇大力发展中科羊草产业，开发盐碱地质量、沙地质量、毒害草替代种植等多种利用方式，生态环境很大程度上得到改善。

表 17-1　截至 2023 年 12 月入住羊草小镇的主要企业、科研机构

公司名称	行业
内蒙古科塔中科羊草种业有限公司	种业
内蒙古中科羊草农业发展有限公司	服务
开鲁县优然牧业有限公司	奶牛
开鲁县蒙鲁农牧业科技发展有限公司	肉牛
中国科学院植物研究所中科羊草团队	科研
农业农村部南京农机研究所 羊草机械移栽高效技术团队	科研
内蒙古国草草业中心	种植
湖北国草草业有限公司	种植
内蒙古科实农牧科技有限公司	种植
开鲁丰茂农业科技有限公司	种植
北京京都农业有限公司	种植、肉牛鹅养殖
通辽市科盟农牧业有限公司	种植
开鲁县吉兴农牧业专业合作社	种植
开鲁县广富种养殖专业合作社	种植
开鲁县古鲁本井村种养殖专业合作社	种植
开鲁县后河村大地种植专业合作社	种植
青岛科奈尔饲料有限公司	饲料

2　羊草小镇建设背景

通辽市是羊草的故乡，野生羊草广泛分布，也是科学分析基础之上被划定的羊草最佳适生区，气候适宜，是科尔沁草原腹地，地形地貌兼具沙漠、草原、湿地、湖泊、疏林、山地等特点，是科尔沁疏林草原最典型、最具生物多样性的地区；科尔沁沙地及盐碱地面积巨大，种植粮食作物风险较大，且对生态环境和水资源造成一定的压力。

中科羊草耐寒耐旱、耐贫瘠、耐盐碱，特别适合退化草地修复、盐碱地治理、沙地治理，在科学种植和管理的前提下可以兼顾生态效益、经济效益和社会效益共赢。

小街基镇的草牧场 30. 7 万亩，大部分草地土壤沙化、盐碱化、退化严重，急需改良土壤及生态修复。2019 年，小街基镇落实内蒙古全域禁垦禁牧政策，导致了老百姓的生产生活收入的变化和干群关系的危机，急需为禁垦禁牧后的群众寻找生路，为了既严格落实全域禁垦禁牧政策，持续加强生态环境保护的同时，又能探索出保护、发展、农牧民增收的新方式，全面推动绿色发展，改变草地利用率低下的现状，合理利用草地资源，小街基镇在守住生态红线的基础上，开启了“中科羊草科技”支撑的全国首个“中科羊草小镇”建设之旅。

3　羊草小镇发展建设过程

3. 1　星星之火

2019 年，开鲁县以及小街集镇领导们费尽心思，寻找盐碱地、沙地生态修复的新出路。“科尔沁

中科羊草种植第一人”京都农业科技有限公司的杜永滨在科尔沁沙地种植中科羊草创收的消息吸引了百公里以外的小街基人。自 2019 年 5 月起，时任开鲁县副县长的周景忠、时任小街基镇党委书记的陈满军、镇长田志鹏、县林业和草原局局长王志广等多次赴阿鲁科尔沁旗绍根镇实地考察调研，与杜永滨对接，了解中科羊草基础信息、科研成果、种植经验、投入收益、发展前景等内容，这让长期寻找兼顾生态和经济双效益适合本地发展出路的镇党委政府一班人豁然开朗。并经杜永滨介绍，县镇领导又结识了中国科学院植物研究所中科羊草团队的刘辉工程师等一批潜心研究默默耕耘的专家学者。经过实地考察调研、交流探讨，反复深入论证，2020 年 4 月与中国科学院植物研究所签订了为期 5 年的中科羊草对沙化退化草地修复与人工草地高产栽培技术技术服务协议，共同开展中科羊草新品种选育及中科羊草推广应用项目。中科羊草在小街基镇这片热土上的绿色画卷就此起笔。

3.2 尊重科学，先行试验

为更进一步鉴定中科羊草的生产性能，中国科学院植物研究所技术团队深入开展品种比较试验并进行示范种植。植物研究所的专家和当地的技术员建设了占地 8 亩的试验田，对中科羊草在不同土壤、不同种植时间生长情况进行研究；同时建设占地 70 亩的示范田，选用 12 个草种，进行不同品种、不同比例的混播试验。最后选用最适合本地土壤气候的草种，并开发适宜的播种方法，在当地进行大面积示范种植。

3.3 试验成功，扩大示范

在示范试验成果基础上，选定了几处沙化、盐碱化相对严重的地块进行尝试性种植，又是京都农业科技有限公司的杜永滨第一个站出来，在小街基镇首先种植面积约 5000 亩，首次尝试性推广种植，在出苗率、生长状态、抽穗率等方面都达到了相应指标，种植取得了成功。

3.4 示范成功，现场观摩会推广

2020 年 8 月，小街基镇“中科羊草新品种选育及中科羊草推广应用项目”作为开鲁县推荐重点，成功申报为“通辽市科技创新引导奖励资金项目”。2021 年 6 月成功承办第五届中科羊草种业发展现场观摩会。这是对小街基镇中科羊草种植技术及科研成果的认可，更是对中科羊草的认可；会上京都农业中科羊草种植基地接受了专家学者和代表们对中科羊草种植情况和长势的现场考察，并由中国农业大学副校长王涛教授、内蒙古自治区林业和草原种苗总站副站长赵景峰研究员主持实地测产，测得中科羊草平均株高 1.23m，亩产鲜草 1491.41kg。2021 年实现亩效益达 1500 元以上。

3.5 经受检验，成绩斐然

现全镇已建成草种基地面积 6.4 万亩，年产干青草 4 万 t，草种达产面积 2 万亩，产草种 400t，可为沙化草原治理修复提供 40 万亩优质种源，形成了“科研+公司+村集体经济组织+农户”的羊草产业发展模式，初步探索出了一条生态治理与产业发展相结合的新路子，全面提升优质乡土草种供应能力，显著增强当地生态系统稳定性和可持续性，对“生态+产业”循环模式具有较好的借鉴意义。

3.6 建基地，联村带户，生态修复，村民参与分享收入

2021 年启动中科羊草技术研发基地建设，由基兴公司作为基地建设管理的实施单位。基地采取“基兴公司+村集体经济合作组织+农牧户”的产业联合模式，选择全镇基础较好、意愿较高的三十方地、后河、三棵树、古鲁本井等村，发展中科羊草联村产业，三棵树村种植 2000 亩，三十方地村种植 1500 亩，并被列入县委组织部 2021 年度扶植发展壮大村集体经济重点扶植项目。

2022 年，通辽市山水林田湖草沙一体化保护和修复工程(简称“山水项目”)，在小街基镇实施 2 万亩毒害草治理和 1 万亩人工建植种植中科羊草，并以项目实施为契机发动农户参与到中科羊草生产全过程，通过四个环节实现增收：一是利用自有土地种植经营，由基兴公司负责种植服务、内蒙古科塔中科羊草种业有限公司收购草种、青岛科奈尔饲料有限公司集中收购牧草；二是利用自有土地种植中科羊草，发展牛羊养殖；三是将土地流转给种植企业，外出或就近在种植基地务工增收；四是以土地

入股，参与分红。

3.7 多元并举，进入全面加速发展阶段

3.7.1 原种基地建设

引入种业公司，建设中科羊草原种基地，实现种子供应与回收，确保种子的品质(图 17-1)。随着种植企业的入驻，种植规模的增加，小街基镇吸引内蒙古科塔中科羊草种业有限公司入驻基地，由科塔公司与种植企业签订长期的种子定向供应和种子收获后的回购合同，保证种植企业在种植之初，就能看到、知道自己的收入。

图 17-1 科塔公司的中科羊草种子

3.7.2 合作经营

科塔种业公司与基兴公司合作，设立种子清选车间，为种植户提供种子收割、种子清选服务。举办观摩会，推广中科羊草。

3.7.3 养殖业引入

引入优然牧业奶业企业、蒙鲁肉牛企业，探索奶业企业、肉牛企业种植和使用中科羊草，恢复牛羊使用羊草的传统。

3.7.4 社会活动扩大影响力

2022 年 6 月 22 日承办“中科羊草第六届中科羊草种业发展现场观摩会”，举办“第一届草原文化艺术节”。2023 年 6 月 24 日承办“中科羊草第七届中科羊草现场观摩会”，举办“第二届草原文化艺术节”。

3.7.5 组织学习

组织全镇所有自然村支书村民参观学习中科羊草种植基地，动员 35 个自然村参与中科羊草事业，共同致富。

4 羊草种植及羊草小镇的主要成果

4.1 找到了生态优先，绿色发展的乡村振兴新路，实现了吐碧生金

4.1.1 形成羊草生态产业

羊草小镇种植中科羊草的土地，是宜垦草地、退化草地以及毒害草横行的草地，都是当地百姓俗

称的烂地，通过种植中科羊草，发挥中科羊草在防风固沙、盐碱地治理、毒害草修复等方面的功能。前几年，一到春天北沼都是漫天黄沙(图 17-2)，现在就是刮风也看不见沙子了，风一吹全都是草浪，经常能看到野鸡出入草场，变成了丰收的草种地、优质牧草地、万亩人工草原(图 17-3)，动物多了，生物多了，风吹草低见牛羊的美景得以再现，充分验证了中科羊草耐寒、耐旱、耐盐碱的特性，是实现生态修复环境保护的关键草种(图 17-4)。

图 17-2　种植中科羊草之前的盐碱地

图 17-3　种植之后的土地(京都农业中科羊草种植、养殖、旅游现场)

国家在通辽市实施的科尔沁草原山水林田湖草沙一体化保护和修复工程(三标段)位于开鲁县小街基镇，涉及 14 个村庄，实施面积 51233 亩，其中羊草繁殖 18233 亩、毒害草治理 33000 亩。在镇积极争取下，全部种植中科羊草，目前已经完成部分土地的种植。

图 17-4　种植之后的盐碱地——中科羊草小街基繁育基地

（左为小街基镇中科羊草种植第一任书记陈满军，右为县林业和草原局局长王志广）

4.1.2　经济效益显著

2022 年和 2023 年，经过 3 年种植的中科羊草达到高产期稳产期，田间管理相对简单，仅需在 6~7 月进行喷灌 2~3 次即可。收益稳定，据测算，2022 年每亩收获 2 茬干草约 0.6t，亩产中科羊草种子 25kg 左右，按当前市场价干草每吨 1500~1600 元、种子 60 元/kg 计算，亩纯收益达 1800 元以上（图 17-5）。

图 17-5　收获种子后的第一茬草

4.1.3 带动农牧民增收，实现共同富裕

中科羊草的种植，即有外部企业参与，又有村集体参与，采取“专业公司+村集体经济合作组织+农牧户”的联合模式，镇内的三十方地、后河、三棵树、古鲁本井等村参与3500亩的种植，形成了村羊草产业。

2020年以来，来自北京、陕西、甘肃、湖北、南京等地的多家企业和投资人在小街基镇集中流转土地1.5万余亩，到2021年全镇中科羊草种植面积扩大到近3万亩。种植企业(户)与内蒙古科塔种业签订种子回收合同，合同期为5~10年，回收价格为60元/kg。这为小街基镇中科羊草种植者提供了安全和收益保障。原先的烂地从5元，涨到50、100元，目前土地流转租金平均150元，而且农牧民改变了观念，要自己种植中科羊草。

4.2 形成了中科羊草全产业发展的模式

联合攻关，解决了从种到收的各类新问题新难题，形成了从种到收的实施标准和成功的产业发展模式。中科羊草的种植，从土地到机械，到收割、移栽、标准等一系列工作，都是新的开始，都需要对其进行改进和总结，尤其是如何保证种植成功、减少种子收获损失率、提高饲草和种子的品质，经过中科羊草团队、种植企业、饲草企业、种植服务企业、机械公司等全程参与改进，已经形成了从种到收，全程机械化、智能化、标准化的模式。

4.3 形成了羊草小镇产业集群

如今已有30多家实体企业入驻羊草小镇，参与科中科羊草产业的开发，包括镇办基兴农业发展有限公司、村集体合作社以及20多家外来企业。正在形成以政府为主导、龙头企业示范带动、农牧业专业合作社和家庭农牧场融合跟进、种养大户联合参与的农牧业产业联合体，现种植面积已有6.4万亩，投资额超1.3亿元。

4.4 形成了中科羊草产业创新高地

通过中科羊草刘公社团队、南京机械研究所、扬州大学、科塔种业、青岛科奈尔饲料公司、基兴公司、德邦大为农机公司、种植企业联合参与，从羊草种植、育苗移栽、饲草收割、种子加工，到种草销售各环节遇到的新问题，通过改进，提高效率，形成产业创新高地，形成了一大批知识产权，正在申报当中。采用优质中科羊草品种，并与扬州大学共同研发了育苗移栽技术；与南京机械研究所合作，为种植量身研制了移栽机，保证中科羊草在沙化、盐碱化程度严重地块的成活率达九成以上。结合本地的种植方式，在中科羊草种植上推广应用滴灌技术，效果更好，耗水量大幅度降低。

4.5 领导关怀，社会关注，羊草小镇品牌显现

小街基镇的中科羊草产业发展也得到了自治区及市县各级领导的关心，内蒙古自治区党委常委、通辽市委书记孟宪东，时任国家林业和草原局草原管理司司长唐芳林，内蒙古自治区林业和草原局副局长陈永泉，通辽市政协副主席布仁，开鲁县委书记王凤森等各级领导多次深入小街基镇开展专项调研指导。小街基镇中科羊草产业的发展引起了社会各界的关注，国家、自治区、市、县各界媒体、自媒体相继对小街基镇的中科羊草产业发展做专题报道。比如新华社客户端做的“内蒙古通辽市开鲁县小街基镇守好这片碧绿”，中国新闻网做的“十年@每一个奋斗的你”专题活动，专访“种草人杜永滨：一棵小草串起生态循环产业链”等，“中科羊草小镇”的名气越来越大，中科羊草产业的发展越来越得到全社会的认可，引发全社会的共鸣。

5 羊草小镇的发展模式

5.1 优选品种

羊草小镇的发展首先得益于选择了中科羊草系列新品种(‘中科1号’‘中科2号’‘中科3号’‘中科

5号’‘中科7号’‘中科10号’），市面上经过审定通过的羊草品种共计27个，其中国审羊草品种数量为14个，产业实践的结果证明：中科羊草系列新品种具有产量高、品质好、适口性好、再生力强、持绿期长、叶量多、播种期长，抗寒抗旱、耐盐碱、耐瘠薄、耐牧，适应性好等特性，突破了“抽穗率低、结实率低、发芽率低”等困扰产业化发展的瓶颈。具有一些栽培农作物无法比拟的优点，可颠覆替代其他草种，是“草业革命”的关键物种，是重塑草业生产力的强力引擎。

中科羊草国审品种‘中科1号’羊草抽穗率为50%左右，种子发芽率60%左右，种子产量40kg/亩左右(试验田测产92kg/亩)，干草产量1000kg/亩。中科羊草粗蛋白含量高，拔节期为22%~35%，开花期为16%~20%，种子成熟期为10%~15%，各时期品质均属一等牧草。1把中科羊草新品种产出的经济价值等于18把野生羊草的价值。科技改变盐碱地荒沙地生态，创造财富和价值。

5.2 规划引领、保驾护航

中科羊草的种植，作为新生事物，在国家实行严格禁垦禁牧的形势下，如何实现生态环境保护与科学利用，需要统一思想，形成共识，政策保障先行。面对一系列的新问题，县镇党委政府主要领导，经过前2年的摸索、谋划，2021年4月由开鲁县政府专题研究，出台常务会议纪要，批复县林业和草原局提交的《小街基镇中科羊草种子基地发展规划》，明文规划发展中科羊草种子扩繁基地，为小街基镇党委政府启动羊草种子涉及土地利用、土地流转、水电等提供政策支持和实施保障。

5.3 政治保障——镇党委政府的一把手民生工程

小镇党委政府及主要领导把中科羊草当作民生产业，倾注全部精力，调动一切因素和资源，克服一切困难，亲力亲为，党政一把手全身心扑上，制定优惠政策，沟通协调相关报批备案手续，帮助集中流转土地。从引入、试验、试种，到扩大，持续3年，一茬接着一茬干，一张蓝图绘到底，成功地种出了中科羊草生态产业。3年期间，镇党委书记陈满军调任后，田志鹏继任书记，苑庆飞担任镇长，一如既往，继续推动羊草产业的发展，羊草小镇的建设，可以说镇一级党委和政府支持，一把手民生工程，这是羊草小镇发展模式中最关键的因素和保障，没有政治保障，羊草小镇就不会有今天的成就。

5.4 发挥服务功能

专业化运作，解决土地、耕种、水电、收割、销售、技术等难题，为种植企业铺平投资之路。羊草小镇的近30家外来投资者，基本上都是通过镇办基兴公司出面介绍土地方与种植企业直接对接，基兴公司负责办理与土地流转有关的备案、审批手续，基兴公司不参与交易，只提供服务。

技术方面，基兴公司与中国科学院签订技术服务合同，从中科羊草种植、田间管理、牧草及种子收储销售等为种植企业提供服务，真正成为种草客商的贴心人和金钥匙。

5.5 科学家贴身驻地服务科技成果转化与推广

中科羊草团队落地化的技术支持，包括刘公社研究员亲临指导，刘辉工程师常年扎根当地作为科技顾问，随时随地解决种植、招商、服务等问题，使科技成果转化落地，把论文写在大地上。

5.6 建立产业闭环，降低经营风险

小街基镇党委政府创新营商环境，以中科羊草为抓手，制定优惠政策，沟通协调相关报批备案手续，帮助集中流转土地。

镇办基兴公司负责技术研发保障、土地流转服务、中科羊草种植、田间管理、牧草及种子收储销售，成为种草客商的贴心人和金钥匙。

科塔种业公司为种植户、企业签订5~10年的种子收购合同，价格稳定，收益稳定。

中国科学院植物研究所技术许可各种植企业，使种植企业合规经营；中科羊草团队驻地贴身现场服务，保证种植成功，保证种植的产量和品质。

土地整治，羊草种植、浇水、收割全程机械化、智能化，低成本，高效率。

饲草龙头企业与基兴公司签订饲草保证收购合同。

开鲁县农商银行提供“中国草贷”解决种植企业资金短缺。

奶业肉牛企业在当地落户，成为饲草的巨大潜力市场。

政府补贴风险兜底。

科研团队持续培育高产优质新品种，中科羊草产业十大因素、十大环节，已经形成了大闭环、生态产业链，极大地降低了风险，加速了产业发展。

5.7 多方参与

各级政府、领导支持企业与村民参与，形成合力，塑造品牌，扩大影响。国家林业和草原局、自治区林业和草原局、草原站、农业部畜牧总站等部门及领导，刘公社研究员等一大批科学家的支持，连续多次在小街基镇连续多次举办全国性的中科羊草观摩会，高端运作，形成品牌和影响力，极大地扩大了羊草小镇的全国影响力。

6 羊草小镇发展模式在全国具有典型示范意义

我国的草原经过国土“三调”之后的数据约为40亿亩，仅内蒙古可利用草原面积就达9.5亿亩，草原是我国面积最大的陆地生态系统，具有重要的水库、钱库、粮库、碳库功能，其价值不亚于18亿亩耕地。

小街基镇发展中科羊草生态优先、绿色发展、共同富裕的模式，是成功的，在县委、县政府领导下，小街基镇党委及政府主要领导自2019年开始发展中科羊草产业，在中科羊草团队刘公社研究员、刘辉工程师、科塔种业公司、镇基兴公司及30多家羊草种植企业的一起努力下，经过3年多的艰苦创业，已经创造了多项第一：

政府支持第一；

集中连片大规模建设中科羊草种子繁育基地全国第一；

规模化种植时间全国最早；

中科羊草科研与应用全国第一；

中科羊草全产业链专业化程度国全国第一；

中科羊草入驻企业集群发展规模全国第一；

中科羊草小镇知名度全国第一；

中科羊草产业链团队服务能力全国第一。

7 羊草小镇的未来

7.1 羊草事业进入了一个全面快速发展的新时代

中科羊草将成为内蒙古草业发展的关键品种。内蒙古自治区党委书记孙绍骋2022年6月到呼伦贝尔专题调研羊草产业发展情况，提出“像羊草扩繁这样有益无害、一举多得的事情，看准了就要大干快上，争取早见成效”；在锡林郭勒盟听取农畜产品生产基地建设情况时和在全区奶业大会上也都提出了明确要求，内蒙古自治区牲畜自然放养的载畜量已到了“天花板”，今后畜牧业发展的出路关键在草，有了草才能增加牛羊肉和牛奶，必须下大气力解决这个问题；特别强调，我们决不能一边让闲置的土地资源“睡大觉”，一边“又抱着金碗要饭吃”。自治区主席王莉霞多次召开会议，专题研究草业发展的思路举措，明确要求要把饲草种植任务落实到旗县、落实到种植主体、落实到具体地块。自治区党委副书记杨伟东在全区推进农畜产品生产基地建设现场会上，再次把发展草业作为七大任务之一，做了安排部署。

在国家林业和草原局、内蒙古自治区、通辽市等各级部门支持下，羊草事业进入了一个全面快速发展的新时代。

“十四五”末，内蒙古自治区将建设草种田 32 万亩，人工羊草种植总面积达到 300 万亩。

2023 年羊草新增 55 万亩，其中中科羊草 23 万亩。重点在呼伦贝尔市、兴安盟和通辽市，其次是赤峰市、锡林郭勒盟、巴彦淖尔市、鄂尔多斯市。

7.2 羊草小镇进入新的发展阶段，进入升级、高质量发展时期

7.2.1 羊草小镇建设

小街基镇现有种植面积 6.4 万亩，计划 2024 年结合“通辽市山水林田湖草沙一体化保护和修复工程”继续扩大种植面积至 10 万亩，其中 1/2 达到高产种子田标准。具体指标包括：种子田土地集中连片，有节水灌溉设施，彻底清除了害草，杂草率小于 1%，播种和收获实现机械化，种子产量平均 25kg/亩以上，纯度 99%以上。

7.2.2 延展羊草产业链

通过种子清选加工、饲草加工、畜牧养殖、旅游、物流商贸等年均拉动产值 15 亿元，带动地区经济发展，实现美丽草原、乡村振兴目标。

7.2.3 高标准草业基地建设

建设全国第一个规模化、标准化中科羊草优质草种及饲草供应基地。

7.2.4 多元经营，延伸产业链

立足科尔沁草原，建设中科羊草的退化沙地、盐碱地生态修复示范基地、良种繁育基地、人工草原基地、草畜牧一体化发展基地，让小草伟业在中科羊草小镇成为现实，一棵小草成就羊草小镇，成就小草伟业，成就人人都有 1 亩草场，1 个家庭拥有牧场的梦想。

7.2.5 完成羊草小镇区域公共品牌的建设

建设羊草小镇为科技小镇、生态产业小镇、原种小镇、草原小镇，实现李振声院士提出的“开发羊草良种资源，再现草原牧歌美景”(图 17-6)。

图 17-6 二茬中科羊草长势调研

(左起为董晓兵、刘辉、苑庆飞、刘公社、田志鹏、安志军)

展望篇

科尔沁草原羊草的发展历史及展望

周景忠　刘殿鹏
（内蒙古自治区通辽市农牧科学研究所）

摘　要：羊草作为科尔沁草原的主要天然植被，以羊草为建群种的草群是科尔沁草原的主要优质牧草群落，历年来不少学者和科技人员热衷于科尔沁草原羊草的研究，本文总结了科尔沁草原羊草的相关科学研究历史和羊草开发利用的历史进程。立足科尔沁草原天然的地域条件优势，对羊草今后在科尔沁草原的发展进行了探讨，希望对促进羊草种质资源保护和创新、加速草原生态修复、发展草牧业及国土绿化具有参考价值。

关键词：科尔沁草原；羊草；历史；利用；保护

科尔沁草原位于欧亚大陆草原的最东端，属欧亚大陆草原的一部分。历史上的科尔沁草原是成吉思汗之弟哈萨尔的领地，蒙古语中，科尔沁的意思是“箭骑士”的意思。科尔沁草原的地理位置：东经116°21′~123°43′E、41°41′~47°39′N，科尔沁草原的总面积为1237.3万hm^2。科尔沁草原包括兴安盟的扎赉特旗、科尔沁右翼前旗、乌兰浩特市、科尔沁右翼中旗、通辽市的科尔沁左翼中旗、扎鲁特旗、库伦旗、奈曼旗、科尔沁左翼后旗、开鲁县、霍林郭勒市和赤峰市的阿鲁科尔沁旗、巴林右翼、林西县、克什克腾旗、翁牛特旗、敖汉旗，共15个旗(县)、2个市、416个苏木(乡)。行政区划内，有耕地面积491.18万hm^2、林地面积614.91万hm^2、草地面积614.91万hm^2、湿地面积28.51万hm^2。该地区属于大陆性半干旱半湿润的气候带，降水量平均为450mm，地带性的土壤为黑钙土和栗钙土，代表性的植被类型为贝加尔针茅草原和羊草草原。在西辽河下游干、支流沿岸砂质冲积平原上，由于风力的吹蚀搬运形成大面积的沙地，其上生长沙生植被。由于长期以来受人类活动的影响，西辽河流域的草原受到严重的破坏，出现了严重的沙化，水草丰美的草原变成了“人造沙漠”。因此，人们把该地区称为科尔沁沙地。科尔沁地区有常住人口494.45万人，其中蒙古族人口占46.07%，是我国蒙古族最为集中的地区，蒙古族多数居住在牧区或是半农半牧区。科尔沁地区动植物资源极其丰富，其中动物有497种，主要有驼鹿、袍子、雁鸭类等，植物有1642种，天然草地植物有1169种，有饲用价值的578种，主要包括羊草、针茅、隐子草等。科尔沁地区2020年生产总值2180.15亿元，人均生产总值4.41万元，主要产业有农业、畜牧业、煤炭、钢铁、采矿、风力发电等。

在历史长河中曾是河流众多、水草丰茂、牛羊成群的美丽富饶之地，但是从19世纪中后期开始，西辽河上游人口增多，人们为了生存盲目开垦土地、毁林开荒，导致水流遭到破坏，沙丘面积扩大，人们不断寻求产品的多样性，生产者为了满足消费者需求和自身利益，在科尔沁草原伐木、开荒、采矿等，对草原生态造成严重破坏。据通辽水文站相关文字记载，科尔沁地区地表水资源呈现逐年减少趋势，直到20世纪90年代末，科尔沁沙地面积占科尔沁草原总面积的一半以上。而羊草草原作为科尔沁草原的一部分，也同样发生了巨大的变化，笔者从科尔沁草原羊草的开发利用和羊草的科学研究两个方面阐述羊草的发展历史。

1　科尔沁草原羊草的科学研究历史

1.1　调查历史

最早对科尔沁草原有关羊草调查记载是1937年在日本侵华时期；其中，对扎鲁特旗的调查资料记载：从乌里吉木仁河(今梅林庙旧址)到鲁北之间，水草丰美，草原辽阔，鲜花盛开，植被茂密，其中查布嘎吐附近是全旗羊草最好的地方，而北部更是千峰竟秀，万山披绿，流水潺潺。资料上记载的样方33个，按当时的调查地点，主要植物有羊草、细叶胡枝子、马蔺、黑麦草、苔草类、萎陵菜等，平均亩产量356.02kg。1961—1965年中国科学院组织有关单位，对内蒙古、宁夏地区草原进行4年的多学科、多专业综合考察，其中包括科尔沁草原的西辽河平原，考察结果专门提到羊草：西辽河平原的大部分属于根茎、丛生禾草干草原草场，气候接近半干旱类型，土壤为暗栗钙土。天然草场的主要特点是中质高产。羊草和大型针茅以及一些丛生禾草是该草场的主要饲草，杂草类较为丰富。草群有明显的分层现象，羊草和大针茅居上层，一般高度35~45cm，有少量草木樨状黄芪等豆科牧草和杂类草，中间一层通常是糙隐子草等从生禾草，高10~25cm，草群总盖度40%~80%。其中羊草+大针茅草场、羊草+大针茅+小禾草草场、羊草+小禾草草场是主要的草场类型。在放牧程度加重的地方出现羊草+冷蒿草场。当土壤质地变粗、变沙，即科尔沁沙地上，锦鸡儿灌木增多，形成具锦鸡儿灌木的羊草或大针茅草场，这种草场杂类草减少，蒿属作用增强。在羊草或以羊草为主的草场上，羊草的产量比重很高，一般能占60%~80%，加上其他禾本科饲草，草群中禾本科饲草占总重量的90%以上，是调查区草群质量最好的草场。大针茅为主的草场，禾草比重低于羊草草场，一般占50%~60%。该草地自然条件好，水、草资源均较丰富，河流较多，河流两岸有河谷草甸，沿河草场是家畜的主要夏营地。1972年，东北师范大学草原研究室与哲里木盟(现通辽市)草原站联合，在哲里木盟高林屯种畜场开始了定位研究，重点研究草原的保护与合理利用以及人工草地的建立。在多年调查的基础上，1981年东北师范大学草原研究室与哲里木盟草原站共同出版了《科尔沁草原牧草图谱》(汉、蒙两种文字版本)，其中记载了羊草的形态特征、生态分布和饲用价值。1980—1985年，由内蒙古草原勘测设计院主持，对内蒙古境内的“科尔沁片”进行了草地资源调查，该次调查在以往调查的基础上，进一步摸清了科尔沁片草地的类型、面积、分布规律和草地资源的数量、质量、生产力及其天然草地的保护、利用、建设现状，这其中也有对羊草草原的描述和羊草植物的描述。

1.2 科学研究历史

“文化大革命”以前，草原科学研究工作基本上处于停滞状态，对于科尔沁草原羊草的科学研究基本上始于“文化大革命”以后，工作的正式开展是在各盟草原站、研究所建立后开始的。1976年以后，知识分子政策落实，极大地调动了草原科技工作者的积极性，草原科研工作有了很大发展，取得了可喜成就。1975年，中国科学院吉林地理研究所在扎鲁特旗民主公社哈尔吉大队开展引种试验研究，引进苜蓿、草木樨、羊草、燕麦、聚合草等20多个品种，取得优异成绩。1975年，赤峰市克什克腾旗草原工作站在退化羊草草地上进行不同深度的松土、施氮肥提高牧草产量试验研究，试验区产干草85.0kg，产草量提高49.9%。1976年，政府引进新品种在11个单位试种，随即出台适当优惠政策鼓励种草养畜，以苜蓿燕麦为主，羊草苏丹草为辅。1978年，开鲁县陆续引进苜蓿、草木樨、羊草、苏丹草等牧草25个品种，人工种草面积逐年增加，这其中就包括羊草。1979年，哲盟科左后旗进行科尔沁草地飞播牧草(羊草作为优良飞播牧草品种之一)改良退化草地试验研究，是全国首批试验区之一，经历了“试验—示范—推广”三个阶段，植被盖度比飞播前平均提高50%，平均亩产干草比飞播前52.7kg增加到186.3kg，提高3.6倍，飞播取得了巨大的经济效益。1983年，由哲里木盟畜牧兽医科学研究所主持，哲盟草原站和科左后旗草原站协作的，内蒙古科委下达试验项目“科尔沁半干旱草原改良利用科学试验”课题，此试验在科左后旗浩坦苏木宝力特根嘎查1万亩草场上继续开展。该课题有8项试验内容，其中有2项是关于羊草的，分别是浅翻改良退化羊草草场的试验和羊草草场生产力动态的研究。此课题获得的多个奖项，对科尔沁半干旱草原的改良利用提供了科学依据。1983年，哲盟草原研究会成员及理事参加了在长春召开的东北第四次学术交流会。其中《提高羊草结实率试验》和《坨甸草原羊草生产力动态的研究》2篇论文被登载在论文集中。1981—1995年，内蒙古图牧吉草地研究所依据当地气象资料和11个样点、41个子样点试验调查，对羊草生态条件和净初级生产进行研究，得出当地气温、光照、降水都能满足羊草正常生长，地面净初级生产与降水呈明显线性关系的结论。1992年，中国科学院沈阳应用生态研究所傅星和南寅镐等进行科尔沁沙地盐生草甸主要植物群落(其中包括羊草群落)种群格局研究。1996年，水利部牧区水利科学研究所郭克贞等对科尔沁草原羊草草地的再生能力进行研究，研究其不同灌溉、施肥条件下的再生能力，为草地改良提供技术依据。2003年，东北大学理学院曹成有等，以乌兰敖都“万亩草场”为对象，对科尔沁沙地典型草甸植被主要群落的优势种群，在1981—2003年22年间的消长和物种多样性的变化进行了研究，并分析了造成草场退化的主要原因，为开展退化草场的恢复与重建提供依据。2014—2016年，中国科学院内蒙古草业研究中心联合内蒙古自治区农牧业科学院、内蒙古通辽市畜牧兽医科学研究所和内蒙古民族大学，连续3年在通辽市科尔沁左翼中旗珠日河牧场白音查干分场，研究切根基础上的施肥对科尔沁羊草割草场植物群落特征、草地生产力和物种多样性的影响，为羊草草地的生产力提高和生物多样性恢复提供技术参考。2017—2019年，中国科学院植物研究所北方资源植物重点实验室在阿鲁科尔沁旗沙地种植中科羊草，探索中科羊草对科尔沁沙地的治理效果，突破了许多瓶颈和取得了一系列成果，为我国沙地治理提供了可推广利用的治理模式。2019—2021年，中国科学院植物研究所北方资源植物重点实验室在科尔沁草原开鲁县小街基镇，进行羊草控制少花蒺藜草危害的技术研究，为科尔沁沙地大面积利用羊草防除少花蒺藜草提供了科学依据，对保障草原生态安全具有重要意义。

2 科尔沁草原羊草的开发利用

2.1 天然放牧草场

从有文字记载以来，科尔沁羊草草原就是一块水草丰美的天然牧场，历为东胡人、鲜卑人和蒙古人的游牧地。自古以来，都可用作放牧草地，有关羊草草原的放牧据记载，羊草草原草质优良、适口性好，各种草食家畜均喜食，是科尔沁草原上最好的放牧草场之一，从早春到夏季中期还可利用干旱的碱土和丘陵坡地的羊茅、针茅、针茅+蒿属放牧地。

2.2 羊草割草地

羊草割草地是科尔沁草原上众多割草地的类型之一，是我国现存草原中开发较早的地区。《中国科尔沁草地》中描述，这类割草地的质量好，易于调制干草，禾草的比重约为60%，豆科牧草占4%~13%，是最好的割草地。羊草割草地分布于山间谷地、山前平原、丘间低地、平原下湿地和河漫滩，地形较平坦，易于机械作业。土壤一般为黑钙土、暗栗钙土或盐化草甸土。草群高度60~80cm，鲜草产量多在250kg/亩左右，有的高达400kg。该类割草地为1300万~2100万亩，在松嫩平原白城地区、大庆地区、赤峰克什克腾旗，兴安盟科右中旗面积较大。另外，羊草的刈割期与其他牧草不同。据哲盟畜牧研究所的研究报道，羊草的产量高峰期在8~9月，8月和9月割草，则密度、高度和产量均不减少。由于羊草花期长(50~60天)，同时羊草是长根茎牧草，营养枝数量多，可获得优质的干草，所以科尔沁地区羊草的刈割期应在9月上旬为宜。

2.3 建立人工草地

科尔沁地区人工种植羊草是在新中国成立以后发展起来的。据赤峰市试验研究资料，人工种植的羊草草地亩产干草可达284.6kg，是天然羊草草地的4~5倍。1956—1958年，在南部黄土丘陵地区以种草肥田、改良土壤、防止水土流失及养畜为目的，先后引进种植了白花草木樨、黄花草木柳、羊草等牧草。哲盟人工草地由1973年的19万亩发展到1979年的116.8万亩。推广了适合当地自然风土条件的高产、优质多种牧草及饲料作物，主要有‘公农1号’苜蓿、‘新疆大叶’苜蓿、‘白花’草木樨、‘晚熟’沙打旺等多年生豆科牧草品种和羊草、老芒麦、披碱草、野黑麦、无芒雀麦等多年生禾本科牧草，一年生饲料作物有苏丹草、燕麦、青贮红玉米等，还有适合于沙地栽培的灌木、半灌木小叶锦鸡儿、差巴嘎蒿、山竹岩黄芪(山竹子)等。

2.4 羊草种子生产

优良牧草种子是获得高产优质饲料的基础，是扩大饲料再生产的基本条件，科尔沁地区的气候条件很适合紫花苜蓿、沙打旺、草木樨、羊草、无芒雀麦等优良牧草以及玉米、高粱、大豆、秣食豆等饲料作物种子生产。20世纪80年代初期，由于当时主管农牧业的各级领导部门都在大力宣传和落实种草种树、治穷致富的方针，草地建设资金比较充足，因而人工草地和补播天然草地面积大幅度增加，牧草种子需要量和价格急剧上升，农区的人工草地几乎全部用来生产牧草种子。此外，还建立了羊草种子生产基地；白城地区、突泉县的羊草、碱茅种子生产基地年产种子 14 万 kg。

2.5 羊草用作飞播牧草

飞播牧草在科尔沁草原是一项新兴的技术，具有投资少、面积大、速度快、质量好等优点，飞播牧草是治理沙化、退化草地，恢复草地植被，提高草质和产草量的有效措施和先进手段，特别是对地广人稀、交通不便地区退化草地的改造和加快草地建设进程开辟了一条新途径。科尔沁草原大面积飞播牧草改良退化草地是从1979年开始的，是全国首批试验区之一，经历了“试验—示范—推广”三个阶段。飞播草地已成为沙化、退化严重地区冬春家畜的主要草牧场。

3 科尔沁草原羊草发展展望

3.1 培育优良品种

截至目前，国内审定通过的羊草品种共计27个，其中国审羊草品种数量为14个，实际应用于大范围推广应用的数量不多，目前在科尔沁草原地区大面积种植推广，并取得成功的羊草品种只有中科羊草。我国地域辽阔各地区气候、土壤等条件差异显著，应充分挖掘本地区和国内优良羊草种质资源，推进区域试验、生产性试验等育种工作，利用现代分子生物学等技术解析遗传特性，培育具有自主知识产权，适合科尔沁草原的高产优质、抗逆性好、耐盐碱的羊草新品种。

3.2 开展种质资源保护工作

建立本地区羊草中心库、备份库、种质保存圃相结合的种质资源保存利用体系。开展本土羊草的遗传特性和种质特性研究，挖掘本土羊草种质资源，评价抗逆性和生产等性能。建立饲草种质资源创新技术，开展重要性状表型精准鉴定和基因发掘，创制目标性状突出、育种价值大的新种质。

3.3 建立羊草良种繁育基地

通辽地区草食畜牧业集约化、规模化发展步伐加快，内蒙古拥有全国最大的羊草草原，大部分存在不同程度的沙化退化问题，人工种植羊草和生态修复治理对羊草草种需求量很大。羊草是科尔沁草原生长的乡土草种，也是最适宜种植羊草的区域，发展羊草人工种植具有得天独厚的自然条件。应在现有开鲁县中科羊草种子繁育基地基础上，充分吸取典型经验做法，规划建成全国最大的羊草种子繁育基地。

通过建立产量与土壤因子、气象因子、群落光学特性等相关指标的模型，完成“智慧农业物联网云平台”的相关程序，利用智墒系统和水肥一体化灌溉系统，结合“智慧农业物联网云平台”，实现精准施肥和精准灌水，实现数字化管理提高水分利用效率、肥料利用效率，降低成本、提高收入的目的。建成设施配套、高产稳产、生态良好、抗灾能力强的高标准羊草种子生产示范区。

3.4 建立羊草科技创新中心

立足本地区羊草产业发展重大创新需求，以科尔沁沙地农牧交错地带为地域特色，以草牧业和生态建设为主要特色，组建羊草技术创新中心，提升羊草产业技术创新水平。围绕羊草种质资源与创新、育种、饲草生产、饲草加工与利用、草地生态恢复等产业链环节开展与生产密切相关的研发工作，提高羊草可持续发展能力。为行业内企业提供技术创新与成果转化服务，切实解决企业和产业的实际技术难题，解决种养结合结构、农业生产和生态环境建设等技术问题。

3.5 开展羊草栽培与高效利用技术研究

结合本地区农牧交错带地域特点，针对草牧业发展开展优质羊草高产栽培关键技术、干草调制和加工技术、饲草饲料配制技术、牛羊全混合颗粒饲料技术以及草畜资源合理配置等草牧业全产业链的研发工作，开展人工种植羊草地稳定持续高产和草畜平衡技术，以改造耕地质量和生产优质饲草为目的的粮草兼顾型农业模式及生产技术研究与示范，为通辽草牧业战略合理利用饲草资源奠定基础，为推动通辽草食畜牧业发展做出贡献。

3.6 畜牧业高质量发展的需要助力羊草产业发展

“十三五”以来，国家相继实施草原生态保护补助奖励、粮改饲、奶业振兴行动，通辽地区作为以上政策的实施的重点盟市，近年来通辽畜牧产业不断发展壮大，草食畜牧业发展步伐加快，优质饲草需求快速增加。为适应草食畜牧业发展需求，应因地制宜挖掘羊草生产潜力，集成推广配套羊草产业发展模式，加快建立羊草生产、加工、流通体系，促进羊草产业与草食畜牧业协同发展。

3.7 草原生态修复的需要助力羊草发展

从2021年开始启动实施的科尔沁草原山水林田湖草沙一体化保护和修复工程，是通辽市“加快科尔沁沙地治理”“保护和建设好这片大草原”嘱托的重要举措，为通辽市草原保护和治理修复带来了历史机遇。羊草作为草原生态修复的重点乡土草种扶持发展，应推进乡土草种生态修复试点，探索通过代表性乡土草种开展草原生态修复的技术模式，为科尔沁草原山水林田湖草沙一体化保护和修复工程提供科技支撑。

3.8 低碳经济观念助力羊草快速发展

碳达峰、碳中和为草业保护发展带来新机遇，坚定不移走生态优先、绿色低碳的高质量发展道路，开展国土绿化行动、努力增加碳汇增量，是推动实现碳达峰、碳中和的重大举措。草地是面积最大的绿色资源，具有固碳能力大、固碳成本相对低廉，固碳形式比较稳定等特点。中央提出力争2030年前二氧化碳达到峰值，力争2060年实现碳中和。通辽市承担着自治区生态建设任务的20%以上，迫切需要加快实施碳达峰和碳中和行动。羊草作为通辽地区适宜种植和生长的草种，应以此为契机，开展羊草人工草地和自然草地固碳潜力评估，明晰影响羊草草地固碳潜力的关键因素，对固碳潜力提升关键技术进行集成与示范。

3.9 草原文旅产业的兴起助力羊草发展

充分挖掘羊草草原自然资源及历史文化优势，发展草原文旅产业。利用羊草作为生态修复草种，治理修复沙化草地，推进生态旅游，建立羊草修复生态草原科普基地，建设生态文化旅游特色小镇，增加农牧民收入，助力乡村振兴。

4 科尔沁羊草发展规划

依据科尔沁草原自身优势，应充分挖掘本地区和国内优良羊草种质资源，开展本土羊草的遗传特性和种质特性研究，挖掘本土羊草种质资源，评价抗逆性和生产等性能。推进区域试验、生产性试验等育种工作，利用现代分子生物学等技术解析遗传特性，培育具有自主知识产权，适合科尔沁草原的高产优质、抗逆性好、耐盐碱的科尔沁羊草新品种1~3个。建立本地区羊草中心库、备份库、种质保存圃相结合的种质资源保存利用体系。建成设施配套、高产稳产、生态良好、抗灾能力强的高标准羊草种子生产示范区，示范区实现精准施肥和精准灌水，实现数字化管理提高水分利用效率、肥料利用效率，降低成本、提高收入的目的，计划建成示范区20万亩。开展科尔沁羊草高产栽培关键技术、干草调制和加工技术、饲草饲料配制技术、牛羊全混合颗粒饲料技术研究，力争未来5年内在科尔沁地区推广种植羊草100万亩，集成推广配套羊草产业发展模式，实现羊草生产、加工、流通一体化。

参考文献

[1]洪绂曾．中国草业史[M]．北京：中国农业出版社，2011.
[2]高耀山，魏绍成．中国科尔沁草地[M]．吉林：吉林科学技术出版社，1994.
[3]哲里木盟地方志编撰委员会．哲里木盟志[M]．哲里木盟：方志出版社，2000.
[4]祝廷成．羊草生物生态学[M]．长春：吉林科学技术出版社，2004.
[5]刘新民，赵哈林，赵爱芬．科尔沁沙地风沙环境与植被[M]．北京：科学出版社，1996.
[6]赛音德力格．绿色的哲里木[M]．通辽：通辽市教育印刷厂，1997.
[7]蒋德明．科尔沁沙地荒漠化过程与生态恢复[M]．北京：中国环境科学出版社，2003.
[8]彭玉梅，崔鲜一．科尔沁草原羊草生态条件和净初级生产综合研究[J]．内蒙古气象，1996(3)：3.
[9]郭克贞．科尔沁草原草地再生能力的研究[J]．内蒙古农牧学院学报，1996，17(3)：7.
[10]曹成有，蒋德明．科尔沁沙地草甸草场退化的原因与植物多样性变化[J]．草业学报，2006，15(3)：9.

羊草产业经济研究初探

刘公社

(中国科学院植物研究所)

摘　要：本文在介绍经济学基本概念的基础上，提出羊草产业经济学是以羊草产业为研究对象，专门研究羊草产业和事业发展规律及应用的产业经济学，主要研究羊草产业结构、产业组织、产业发展、产业布局和产业政策等，主要探讨羊草产业内企业组织结构变化规律、经济发展中内在的各种均衡问题等，目的是为国家有关部门和地区制定经济发展战略规划、产业政策提供经济理论依据。羊草产业经济学的研究是为了满足羊草产业发展对理论的迫切需求、国家羊草产业政策及科学规划的需要、乡村振兴对羊草的需要、羊草企业高效管理的需求，以及完善羊草科学研究理论体系的需求。指出羊草种质资源虽然取得了一些成果并正在向产业化发展，但研究仍存在一些像新品种这样的“卡脖子”技术，需要我们从科学和经济学两个维度去分析和解决。

关键词：羊草；产业经济；产业政策；成果转化；乡村振兴

1　经济学概念

经济学是研究人类社会在各个发展阶段上的各种经济活动和各种相应的经济关系及其运行、发展规律的学科。学习经济学有助于理解我们生活的这个世界、使人们更精明地参与经济、更好地理解经济政策的潜力和极限。学习政治经济学，是为了更好指导我国经济发展实践，既要坚持其基本原理和方法论，更要同我国经济发展实际相结合，不断形成新的理论成果。

经济学起源于以希腊色诺芬、亚里士多德为代表的早期经济学，经过亚当·斯密、马克思、凯恩斯等经济学家的发展，经济学衍生出了演化证券学、行为经济学等交叉边缘学科。随着国民经济的高速发展，经济学研究和应用受到国家和民众的关注越来越高，理论体系和应用不断完善和发展。研究人预期在不同的选择下“将会怎样”，即“实证经济学”；探讨人在选择下“该要怎样”，即“规范经济学”。

经济学的核心思想是物质稀缺性、有效利用资源、提高生产率。生产率提高表示在同样的时间内，用同样的人力、物力和资产可以创造出更多的产品或服务，获取更多的经济财富和社会效益。经济增长速度就是人均国民生产总值的增长速度。生产率是一定时间内国民经济总产出与各种资源要素总量投入的比值，它反映资源配置状况、技术水平、劳动力素质、生产对象的变化、生产组织的管理水平、劳动者对生产经营活动的积极性以及经济制度与各种社会因素对生产活动的影响程度。从本质上讲，生产率反映的是一个国家(地区)为了摆脱贫困和发展经济，在一定时期里表现出来的能力或努力的程度，是技术进步对经济发展作用的综合反映。影响企业生产率的硬因素包括产品、技术、设备和原材料，软因素包括劳动力、组织系统和程序、管理方式和工作方法。这样分类有助于我们确定优先顺序，首先解决易变的因素。影响企业生产率的外部因素，在短期内企业无法控制它，但在社会结构和制度较高层次上可得到控制，由此影响单个企业和生产行为、管理行为，从而影响企业的生产率。

生产要素，是经济学的另一个基本概念，是指创造商品和服务所需要的投入，主要包括土地、劳动力、企业家精神和资本。近几年，随着互联网、大数据的发展，学者又将信息(技术和数据)作为第5种生产要素，体现了时代特色。

2　经济学研究内容

经济学可以分为以下4种：微观经济学(microeconomics)，主要研究消费者与生产者，与我们日常生活最为密切相关；宏观经济学（macroeconomics），主要研究和制定国家宏观经济政策；国际经济学（international economics），主要研究国际贸易与汇率；发展经济学（development economics），指出经济与发展密切相关，经济发展比经济增长的意义更为深远。

微观经济学的研究内容包括：均衡价格理论、消费者行为理论、生产者行为理论（包括生产理论、成本理论和市场均衡理论）、分配理论、一般均衡理论与福利经济学、市场失灵与微观经济政策。微观经济学始终围绕着价格这一核心问题进行分析，所以又被称为"价格理论及其应用"。

近年，随着互联网、物联网、大数据、人工智能的发展和应用，信息经济学已成为经济学的主流。现代经济社会生活中，每个人都是根据他所掌握的信息作出决策，非对称信息环境是常态，一些人具有他人不掌握的信息。信息经济学研究的就是非对称信息下行为个体的最优决策，主要研究两方面的问题：一是不完全信息下的经济分析，核心是"信息成本"和最优信息搜寻；二是非对称信息下的经济分析。信息经济学中的难点在于委托、代理关系中对象的不确定性，即委托人在与多种代理人打交道时无法确知自己在与何种类型的人打交道，代理人情况亦如此。20 世纪 60 年代后期，博弈论学者哈萨尼提出了一种处理不完全信息的博弈技术，并将完全信息博弈中的纳什均衡概念推广到不完全信息博弈中，定义了贝叶斯纳什均衡。在此基础上，不完全信息博弈得到长足发展，信息经济学也因此飞速发展。非对称信息博弈的分析方法改变了微观经济学的全貌。关于经济机制的设计研究中所处理的道德风险和逆向选择等问题，都是这一分析方法带来的变化。可以说，缜密的微观概率分析已渗透到复杂的经济系统中，从市场的有效性到公共产品的供给，从现代企业制度的有关问题到政府在经济中的作用等。

3　经济学研究的目的和意义

研究经济学的目的是为了促进经济发展、解决经济问题，使经济平稳、快速、健康、高效地发展。时下流行的中国特色市场经济观点认为："市场不是万能的，而政府的管理是有效的。"中国特色的市场经济是政府有效管理下的市场经济。市场就是整个财富生产和交换的体系。市场这个体系的建立，是政府规划的，制度是政府制定的，体系的完善是政府推进的，有效运行是靠政府监督、指导、组织和调控的，效率是政府管理出来的，维护是靠政府完成的。

经济学的作用在于解决问题、预防问题。经济学的目的在于指导经济健康发展，创造更多财富。经济学的使命就应该研究经济本质，提出经济政策，有效管理经济，促进经济的发展。可见，经济学就是研究如何管理经济的学科。经济需要管理，因为只有管理，市场才有效率。经济学研究，就是要提出经世济民的良策，经济学家，必须是能给政府提出有效管理经济意见的专家。

现阶段我国主流经济学的核心思想主要体现在以下方面。

3.1　坚持以人民为中心的发展思想

把增进人民福祉、促进人的全面发展、朝着共同富裕方向稳步前进作为经济发展的出发点和落脚点。部署经济工作、制定经济政策、推动经济发展都要牢牢坚持这个根本立场。

3.2　坚持新的发展理念

针对我国经济发展环境、条件、任务、要求等方面发生的新变化，树立和坚持创新、协调、绿色、开放、共享的发展理念，引领和推动我国经济发展，不断破解经济发展难题，开创经济发展新局面。

3.3　坚持和完善社会主义基本经济制度

改革开放以来，我国确立了社会主义初级阶段的基本经济制度，强调坚持公有制为主体、多种所有制经济共同发展，明确公有制经济和非公有制经济都是社会主义市场经济的重要组成部分。我们要毫不动摇巩固和发展公有制经济，毫不动摇鼓励、支持、引导非公有制经济发展，推动各种所有制取长补短、相互促进、共同发展。公有制主体地位不能动摇，国有经济主导作用不能动摇。

3.4 坚持和完善社会主义基本分配制度

我国收入分配中存在一些突出问题，主要是收入差距大。所以需要推动居民收入增长和经济增长同步、劳动报酬提高和劳动生产率提高同步，不断健全体制机制和具体政策，调整国民收入分配格局，持续增加城乡居民收入，不断缩小收入差距。

3.5 坚持社会主义市场经济改革方向

要在社会主义基本制度与市场经济的结合上下功夫，把两方面优势都发挥好，既要“有效的市场”，也要“有为的政府”，努力在实践中破解这道经济学上的世界性难题。

3.6 坚持对外开放基本国策

利用好国际国内两个市场、两种资源。要顺应我国经济深度融入世界经济的趋势，发展更高层次的开放型经济，积极参与全球经济治理，促进国际经济秩序朝着平等公正、合作共赢的方向发展。同时，我们要坚决维护我国发展利益，积极防范各种风险，确保国家经济安全。这其中有很多理论和实践问题需要深入研究。

西方经济学关于金融、价格、货币、市场、竞争、贸易、汇率、产业、企业、增长、管理等方面的知识，有反映社会化大生产和市场经济一般规律的一面，要注意借鉴。同时，对西方经济学，要坚持去粗取精、去伪存真，坚持以我为主、为我所用。

我国经济发展蕴藏着理论创造的巨大动力。当前，世界经济和我国经济都面临许多新的重大课题，需要作出科学的理论回答。我们要立足国情和发展实践，深入研究世界经济和我国经济面临的新情况新问题，揭示新特点新规律，提炼和总结我国经济发展实践的规律性成果，把实践经验上升为系统化的经济学说，为经济学创新发展贡献中国智慧。

党的十九届六中全会通过的《中共中央关于党的百年奋斗重大成就和历史经验的决议》强调，必须实现创新成为第一动力、协调成为内生特点、绿色成为普遍形态、开放成为必由之路、共享成为根本目的的高质量发展，推动经济发展质量变革、效率变革、动力变革。这是指引我国经济高质量发展、全面建设社会主义现代化国家、实现第二个百年奋斗目标的根本行动指南。

4 经济学研究方法

经济学常用的 4 种分析工具如下。

4.1 均衡分析

是指供需关系与价格波动之间，总会达到一种相对稳定的均衡状态。比如说，一个行业特别赚钱，那就会吸引大批的参与者加入进这个行业，通过相互竞争的方式，把价格和利润拉低到一个相对稳定的均衡点。

4.2 激励分析

也叫成本收益分析，决定了人们做事的动机。如果一件事收益很高或付出的代价很低，那就会驱使人们去做这件事。

4.3 信息与风险分析

是指所有确定的信息和不确定的信息都是有成本的。比如，一份精准的行业研究报告就是一种确定的信息，可以卖给需要这份报告的人。还有一种不确定的信息，也就是我们常说的风险，风险也有成本，只不过价格不容易衡量。所以人们就通过设立赌局的形式给风险定价，一般来说，赌局所开出的最终赔率就是风险的价格。

4.4 资源识别

每一种赚钱的行为本质上都是找到了一种能够产生可预期收入的资源，所有预期收入都可以看作是使用资源的租金，如工资，就是对劳动力资源支付的租金；做理财赚取的利息，就是对资金使用所支付的租金。

5 羊草产业经济学研究的必要性

5.1 羊草产业发展的需要

经济学的分支很多，产业经济学(industrial economics)是关于产业的要素、结构、功能、性质、发展规律的经济学分支学科，属于部门经济学、应用经济学范畴[1]。

羊草在历史上一直是自然生长、放牧或刈割利用。1980—2000 年，我国东北曾经大面积人工种植过'吉生'羊草，生产的羊草加工成捆出口到日本，这也是我国唯一一种出口的饲草。2014 年中科羊草开始推广，经过 6 年的 30 多个试点示范，建立了规模化种子繁殖基地和多种生态修复模式，产业面积发展到即几十万亩，基本上打通了如下的一条产业链：种质资源收集—科学问题探索—技术—新品种培育和审定—种子繁殖—种子规模化扩繁—机械化配套集成—种子收购、精选、加工、销售—生态修复利用(沙地治理、盐碱地治理、害草治理、退化草地改良等)、干草生产和销售、干草生产和放牧利用—羊草小镇建设。由于羊草产业起步晚，产业规模小，从业人员和经济规模有限等，还没有人专门研究羊草的产业经济学。因此，需要借鉴经济学、产业经济学、部门经济学、农业经济学的原理和方法论，建立既符合经济学基本理论、又能够剖析和解决羊草产业问题的一门经济学分支——羊草产业经济学。

羊草产业经济学(sheepgrass industrial economics)以羊草产业为研究对象，是一门研究羊草产业和事业发展规律及应用的新兴产业经济学。侠义的羊草产业经济学，主要研究羊草产业结构、产业组织、产业发展、产业布局和产业政策等；主要探讨羊草产业内企业组织结构变化规律、经济发展中内在的各种均衡问题、经济发展中羊草产业与其他产业之间的关系结构等。其目的是为国家有关部门和地区(国家科技部、国家林业和草原局、农业农村部、乡村振兴局、国家发展改革委及省份等)制定经济发展战略、规划、产业政策提供经济理论依据。羊草产业经济居于宏观经济和部门经济之下层，位于微观经济之上层，是连接宏-微观经济的纽带之一。广义的羊草产业经济学，还研究羊草基础生物学、技术创新、新品种研发、知识产权转移等模式、规律和机理，评估羊草经济效益之外的生态效益、社会效益以及产业发展对全球公益事业的影响和风险。

5.2 国家产业政策及科学规划的需要

羊草产业很长，但核心产业包括：种质资源研发、草种业、生态修复产业、草牧业、文化旅游业。由于《我国林草产业发展十四五规划》和发改委《我国重点生态保护区和重点生态工程 2035 规划》等战略需求，草业即将迎来一个历史性大发展的机遇，羊草作为我国唯一出口过的优质乡土草，本身具有很强的竞争力，加上科技创新和知识产权的积累，羊草产业将突飞猛进，有潜力创造万亿级经济及生态效益。这种强烈的社会需求与产业经济学理论的缺失成为产业发展的瓶颈。因此，需要围绕国家需求，系统研究产业存在的各种问题，建立理论框架和体系，为国家科学决策和制定产业政策提供依据。

为满足国家制定和调整产业政策的需求，羊草产业经济学需要研究以下理论。

5.2.1 产业布局理论

产业布局是国家或地区经济发展规划的基础，也是其经济发展战略的重要组成部分，更是其实现国民经济持续稳定发展的前提条件。产业布局理论主要研究影响产业布局的因素、产业布局与经济发展的关系、产业布局的基本原则、产业布局的基本原理、产业布局的一般规律、产业布局的指向性以及产业布局政策等。

5.2.2　产业结构理论

产业结构的演变及其对经济发展的影响，主要从经济发展的角度研究产业间的资源占有关系、产业结构的层次演化，从而为制定产业结构的规划与优化的政策提供理论依据。包括对影响和决定产业结构的因素的研究、对产业结构的演变规律的研究、对产业结构优化的研究、对战略产业的选择和产业结构政策的研究、产业结构规划和产业结构调整等应用性的研究等。

5.2.3　产业发展理论

产业发展理论就是研究产业发展过程中的发展规律、发展周期、影响因素、产业转移、资源配置、发展政策等问题。对产业发展规律的研究有利于决策部门根据产业发展各个不同阶段的发展规律采取不同的产业政策，也有利于企业根据这些规律采取相应的发展战略。

5.2.4　产业政策研究

从纵向看，包括产业政策调查(事前经济分析)、产业政策制定、产业政策实施方法、产业政策效果评估、产业政策效果反馈和产业政策修正等内容；从横的方向看，包括产业发展政策、产业组织政策、产业结构政策、产业布局政策和产业技术政策等几个方面的内容；从其作用特征看，包括秩序型(或称制度型)产业政策以及过程型产业政策。

5.3　乡村振兴的需要

随着脱贫攻坚和全面建成小康社会目标任务的如期实现，我国进入全面推进乡村振兴新阶段。中央政府在《国民经济和社会发展第十四个五年规划技术 2035 年远景目标纲要》中指出“优先发展农业农村，全面推进乡村振兴”，这意味着“三农”工作的重心将全面转向乡村振兴。不过，我国乡村范围太大，从国家战略考虑主要还是帮扶 160 个经济比较落后的县(旗)。

乡村振兴的内容涵盖了第一产业产业、乡村常住人口、土地房屋以及乡村公共财产等。在我国农区，乡村经济的主体是农业，在牧区就是畜牧业，还有农牧交错区，农牧业均是主导产业。农牧业发展，首先离不开人力资源，近年农村优质劳动力流向城镇，懂得农牧业专业知识、理解规模化、现代化经营管理的劳动力奇缺，因此，发现优秀的农业人才成为产业发展的关键。其次，科技和生产工具，需要选择和使用合适的现代科技和机械，这一点常常被忽视，有些技术在南方可行，换到北方就不行了，有些技术还不成熟，有些技术农牧民不易掌握，诸如此类问题需要国家组织专家推荐适用科技并开展跟踪服务。再次，农村最缺的就是资本，资本投入回报效率低，投资回收时间长，是乡村经济振兴的核心问题，从根本上解决问题还必须依靠科技提高生产率，同时，国家需要继续加大“城市反哺农村”的力度，统筹城乡繁殖，实现共同富裕。但加速乡村经济发展、实现高质量发展是关键。

羊草产业在牧区和农牧交错区有巨大发展潜力，未来羊草产业规模上亿亩，其中的草种业、草牧业、林草融合产业、光伏农牧业、生态文旅业等都离不开羊草产业经济学的理论指导。

5.4　羊草企业管理者的需要

目前，从事羊草产业的企业大多为小微企业，对经济学基础理论了解较少，需要结合实际，学习和应用经济学基本规律[3]。作为企业决策者，常常是在许多可行方案中选择最佳方案。第一，要明确获得一个什么样的结果；第二，提出可选方案，达到一个目标，可以有多条途径，我们的任务就是尽可能提出所有可能的方案；第三，选出最优方案，这是关键的一步，我们要对所有的方案进行比较，选出最为可行的方案，使这个方案的实施最有可能达到以较小的投入获得最大产出的目的。

如何选择最优方案？企业家需要学习和灵活运用经济学中的“需求理论”，分析不同价格水平产品的需求量，以及在价格、收入和相关商品的价格发生变化时，或国民经济水平发生变化时的需求改变率。它的作用是支持企业的价格决策和市场预测，帮助企业确定需求量和价格之间的关系。同时，企业家还有掌握必要的经济学分析分析方法。

5.4.1　五力模型方法

作为羊草产业的企业家，需要掌握微观经济学的五力模型，并将其用于竞争战略分析，可以有效分析客户的竞争环境，包括供应商的讨价还价能力、购买者的讨价还价能力、新进入者的威胁、替代品的威胁、行业内现有竞争者的竞争。

5.4.2 均衡分析方法

是指获得最大利益的资源组合和行为选择。价格的高低直接影响销售收入，价格太高，必然会降低销售量，销售收入不一定就高；同样，为了达成更多的销售量，企业必然要以较低的价位来刺激购买力，如果价位过低，也不能达到较高的销售总额。所以，企业在定价的时候，总是要面对这样一个矛盾：提高价格可能会减少销售量，扩大销售量就必然要降低价格。如何既保持一定的市场占有率，同时又能使企业获利？这就涉及"均衡"问题。肯定有一个价格水平，能够使销售总收入达到最大。在这个价格之上或之下，都会使企业的收益减少。管理经济学就为企业提供了均衡分析的方法，帮助企业制定合适的价格。例如，产量(规模)决策。企业规模的大小会影响其生产、销售及各种成本，进而影响投入和产出的关系。小规模生产的企业，可能致力于产品的质量，以较高的价格获得盈利。而大规模的企业则以较低的成本和较低的价格取胜。如何选择一个适合自身发展的规模，就要用到均衡分析的方法。

5.4.3 边际分析方法

在经济学上，边际是指每单位投入所引起的产出的变化。边际分析方法在管理经济学中有较多的应用。它主要分析企业在一定产量水平时，每增加一个单位的产品对总利润产生的影响。可以用以下的公式来说明。边际分析方法有两个重要概念。①边际成本：每增加一个单位的产品所引起的成本增量；②边际收益：每增加一个单位的产品所带来的收益增量。企业在判断一项经济活动对企业的利弊时，不是依据它的全部成本，而是依据它所引起的边际收益与边际成本的比较。若前者大于后者，这项活动就对企业有利，反之则不利。边际分析方法应用的主要方向：确定规模、价格决策、确定合理的要素投入。例如，产品结构分析。多数企业都不只生产一个产品，各个产品生产的比例就是产品结构。确定各个产品生产多少的比例关系就可以运用边际分析方法——对各个产品的边际效益进行分析。所谓边际效益，就是对一个产品的生产增加一个单位的资金投入所引起的收益的变化量。如果把资金增量投入各个产品，所能产生的边际效益是相等的，那么这个企业的产品结构就是合理的；否则，其中必定有某种产品值得扩大规模，以带来更多的收益。针对产品结构进行边际分析，可以明确哪些产品需要增加投入，哪些产品需要缩小生产规模。边际分析方法主要应用方向：确定企业规模、制定价格策略、确定要素投入量、产品结构分析。

5.4.4 数学模型分析法

在经济学和管理学的发展中，越来越多地应用到计量分析的方法。数学模型就是一种计量分析工具，在管理经济学中大量应用。数学模型本质上是对复杂现实的抽象，使问题简单化和直观化，以便准确把握事物之间的联系，认识事物的本质，从而有效地解决问题。在实践中，数学模型在用于管理决策和经济分析时是一个极为有效的方法。此外，值得注意的是，数学是一个非常有限的量的关系，现实经济中有很多复杂的问题，是单纯的数学模型不能表现的，还需借助于定性的分析方法。数学模型主要的应用方向：需求预测、生产分析、成本决策、市场分析、风险分析。

5.5 羊草学术理论体系发展的需求

自20世纪50年代开始，东北师范大学草地科学研究所，以祝廷成教授和李建东教授为首的科研团队开展了羊草生物学研究，在个体发育与生理生态特性、种群生物学生态特性、羊草群落生态特征、羊草草原的生态系统特性等领域取得一系列研究结果。在此基础上，祝廷成教授于2004年主编了《羊草生物生态学》，成为我国第一部羊草科学研究的专著[4]。

1951年，李振声院士到中国科学院从事牧草研究，在他的指导下中国科学院开展了农牧交错带草地畜牧业研究，其中包括羊草种质资源的研究和利用。1999年，中国科学院植物研究所刘公社研究员和多伦县王志远书记编著了《北方农牧交错带持续发展研究论文集》，倡导北方草原必须树立生态优先的发展理念，提出了筑建我国北方农牧交错带生态长城的设想。2011年，刘公社研究员等编著了《羊草种质资源研究》[5]，内容包括羊草的分类、种质资源的分子评价、有性繁殖的细胞生物学、羊草耐牧的分子生物学等。2015年，刘公社研究员等编著了《羊草种质资源研究》(第二卷)[6]，汇聚了中国科学院有关项目和两个国家“973”计划项目长期(2007—2018年)稳定资助下取得的重要研究成果，内容囊括了表型评价-基因型分析-表型创新这一基本思路指导下羊草的系统性研究积累。中科羊草团队刘公社等于2017年主编了《羊草种植实用技术问答》，是一本科学、实用而又通俗易懂的科普著作。2019年，刘公社和李晓霞等主编了《Sheepgrass (*Leymus chinensis*)：An environmentally friendly native grass for animals》，是国际上第一部羊草专著[7]，详细介绍了羊草的生物学基础知识、种质资源收集和评价、新品种培育、有性繁殖、耐盐碱机制、营养和水分利用、割草的响应机制以及基因资源的挖掘。

上述这些著作是我国羊草科技工作者历经70年的研究成果总结，基本形成了国内外羊草科学研究的理论框架，涵盖了羊草基础生物学、生理生态、种质资源、驯化和育种、栽培和生态修复等领域。不过，从理论体系的完善程度考察，尚有严重缺憾，如羊草产业发展的经济学、羊草基因修改的社会伦理学等，因此，从羊草研究历史和学科发展前景角度考察，急需开展羊草经济学方面的研究，完善羊草研究和产业发展的理论体系，以便及时总结羊草产业化经验，用新的理论指导产业高质量、可持续发展。

5.6 羊草科技创新的需要

羊草科技水平直接影响企业的生产率。从一定意义上讲，生产率是反映国家或企业科技实力和水平的重要指标。提高科技水平是提高生产率的根本途径。在技术变革的时代，技术进步对提高生产率的作用更加显著，我国目前在技术水平低、技术系统效率差、生产率潜力极大的情况下，推进技术进步对提高生产率能取得事半功倍的效果。因此，国家要鼓励和促进科学技术发展，并采取相应的政策来支持有利于科学技术进步的事业，鼓励采用先进技术，大力促进技术转移和扩散，增加新技术与装备的投资。

羊草的研究有两个主要分支，其一是羊草的生理生态学；其二是羊草草种质资源学。羊草草种质资源是国家生态建设、草牧业发展以及国土绿化的物质基础，羊草品种则是羊草产业的“芯片”。羊草营养丰富，根网发达，饲用和生态价值极高，有“禾草之王”的美誉。我国有羊草草原面积约3.3亿亩，90%退化，50%中度或重度退化，导致草原生态价值锐减，严重制约着草地畜牧业的高质量可持续发展。长期以来，国内外羊草种质资源收集入库少、结实率低(种子产量低)、发芽率低等基础生物学问题缺乏深度研究，资源评价、鉴定、亲本选择、加快育种等技术瓶颈问题没有攻克，导致羊草育种过程中的亲本选择盲目、育种周期长、新品种奇缺、种子规模化繁殖需要的机械化栽培技术不配套，草产品生产和利用模式缺乏标准，“禾草之王”的资源优势亟待开发。我国研究人员自20世纪50年代开始调查羊草资源，以国家草原生态修复和草牧业发展重大需求为导向，主要采用的研发技术路线为“种质资源大量收集→评价保存→前育种研究→优异材料鉴定→新品种培育→种子繁殖→机械化栽培技术配套→制定标准化生产和利用模式”，瞄准技术路线中每个环节存在的问题(结实率低、发芽率低等)，开展了具体的基础生物学研究和技术攻关。通过近30年持续研究积累，收集和保存了全球最丰富的羊草种质资源，揭示了羊草结实率低、发芽率低等问题的机理，开发了种质资源评价的多种分子标记技术，创制了羊草优异种质，建立了缩短育种周期的关键技术，培育出结实率、发芽率、种子产量等性状突出的羊草新品种，集成了良种繁育机械化配套栽培技术，制定了退化草地修复技术规范、羊草干草生产标准，实现了羊草种质资源系统研发科技成果的有效转化，推动了沙化、退化草原的生态修复，提高了优质饲草供应能力，取得了显著的经济、生态和社会效益。

回顾70年羊草种质资源研究历史[2]，我国羊草事业的先驱者及当代科技人员在资源调查、收集保存、评价鉴定、选择育种、种子繁育和推广等方面积累了雄厚的种质资源和相关科技基础，走在了世界羊草研发的前沿。特别是2021年，羊草的研发和产业化备受关注，新品种通过国家林业和草原局审定，种子繁育提速，中国科学院和内蒙古自治区等草业重大科技专项启动，中科羊草团队为地方政府和企业提供全方位技术服务，在科尔沁地区累计建设6万亩中科羊草繁殖基地，是羊草历史上值得记录的一年，广大草原人备受鼓舞。2022 年，国家林业和草原局发布《林草产业发展规划(2021—2025年)》，农业农村部发布《“十四五”全国饲草产业发展规划》，在草产业领域把羊草等列为鼓励种植的优质乡土草种。

然而，羊草种质资源的研究仍存在一些“卡脖子”技术，需要我们从科学和经济学两个维度去分析和解决：①审定品种少。截至目前国审羊草品种 15 个，实际用于大范围推广应用的品种数量不多，迫切需要国家出台品种成果转化的鼓励性政策，同时加大新品种商业化育种投入和产出。②羊草种子繁育速度较慢。新品种的培育和繁育远不能满足国内草业生产和生态修复的需求。羊草种子产量较低，种子收获困难，加工要求的技术和管理严密，在产业起步阶段羊草种子繁殖的经济效益不足，国家需要出台鼓励政策在产业发展初期给予适当补贴。③目前，传统育种方法仍然是获得羊草新品种的重要手段，但其育种周期长，效率低。要想加快育种进程，需不断创新育种策略，国家在研发的中上游要继续布局分子标记辅助育种技术、分子设计育种技术、转基因技术、基因编辑技术等新技术，提高育种效率，提升国际竞争力。

参考文献

[1]苏东水．产业经济学[M]．北京：高等教育出版社，2010.

[2]刘公社，王德利，石凤翎，等．羊草种质资源研究历程及启示[J]．中国草地学报，2022，44(4)：1-9.

[3]骆品亮．管理经济学[M]．上海：上海财经大学出版社，2006.

[4]祝廷成．羊草生物生态学[M]．长春：吉林科学技术出版社，2004.

[5]刘公社，李晓峰．羊草种质资源研究[M]．北京：科学出版社，2011.

[6]刘公社，李晓霞．羊草种质资源研究：第二卷[M]．北京：科学出版社，2015.

[7] Liu G S, Li X X, Zhang Q F. Sheepgrass (Leymus chinensis): an environmentally friendly native grass for animals[M]. Springer and Science Press, 2019.

后　记

在《中国羊草》的编撰过程中，我们深感责任重大，同时也收获颇丰。通过历时两年的编撰工作，我们从多个角度对羊草资源的社会需求、基础研究、技术开发、成果转化、生态治理模式、羊草小镇社会试点等方面进行了系统和深入的梳理和总结，更加深刻地认识到羊草在草原生态、畜牧业、国土绿化、碳汇、文旅以及国际合作等领域的重要价值。

首先，我们特别感谢中国科学院李振声院士，他是农业发展战略专家、中国小麦远缘杂交育种奠基人，但鲜为人知的是，他是中国科学院30年来一直支持羊草种质资源研究的“导师”。刚刚年过百岁的任继周院士，是我们敬重的草业科技的泰斗。两位院士虽年事已高，行动不便，仍欣然为本书撰写序言，给予了中肯的评价与期望，我们感激不尽，前辈的治学精神永远是我们学习的榜样。感谢国家林业和草原局唐芳林副局长对羊草事业的支持和推动，他建议书名为《中国羊草》，提高了站位和格局，为本书增添了几分专业与亲切。

其次，我们要衷心感谢国家林业和草原局及农业农村部，特别感谢中国工程院院士南志标和国家林业和草原局草原管理司各位领导的大力支持，正是有了草原管理司同仁们的专业指导，我们才能够更加深入地了解羊草领域的现状和发展趋势，为本书的编撰提供了强有力的支撑。同时，我们要感谢中国科学院植物研究所的长期支持，该所在植物学研究领域的权威性以及在羊草资源研发领域的专业性是本书编撰的理论源泉，使得本书能够更加全面、系统地呈现羊草领域的知识体系。

再次，我们还要特别感谢本书的编委会成员。编委们具备深厚的学术造诣，都是各自研究方向的专家学者，他们以卓越的专业知识和丰富的社会实践经验为本书的撰写提供了宝贵的意见和建议。他们的贡献使得本书更加严谨、科学、丰富和实用。在本书的撰写过程中，我们参考了大量的文献资料和研究成果，引用了许多专家学者的观点和数据。这些文献资料和研究成果的作者们为我们提供了重要的学术支持和参考。在此，我们向这些文献资料的作者和专家学者表示衷心的感谢。

最后，我们要感谢所有为本书的出版发行做出贡献的人员。他们在编辑、印刷等各个环节，为本书的顺利出版发行付出了辛勤的努力和汗水。

总之，《中国羊草》一书的出版发行是一次漫长而复杂的过程，充满了挑战和不易。但是，在众多单位和专家的共同努力下，我们克服了各种困难，最终完成了这一重要任务。我们希望通过本书的出版发行，能够引起更多人对中国羊草的关注和认识，为中国羊草事业的发展贡献力量。同时，我们也希望本书能够为相关领域的科研、教学、生产和管理工作提供有价值的参考和借鉴。

由于本书涉及领域广泛，加之我们编写人员的水平有限，书中难免有错误和不当之处，欢迎读者不吝指正。

我们将继续关注羊草领域的最新研究成果和产业发展情况，不断完善和更新羊草领域的知识体系。同时，我们也期待更多的专家学者和有志之士加入到中国羊草事业的发展中来，共同推动中国羊草事业的繁荣与发展，为国家食物安全、生态文明建设及国际学术交流做出突出贡献。

刘公社

2024年1月3日于三亚

附件：羊草研发和产业发展有关照片

1999 年，右起李继云研究员、朱至清研究员、李振声院士、刘公社研究员在多伦汇宗寺考察羊草

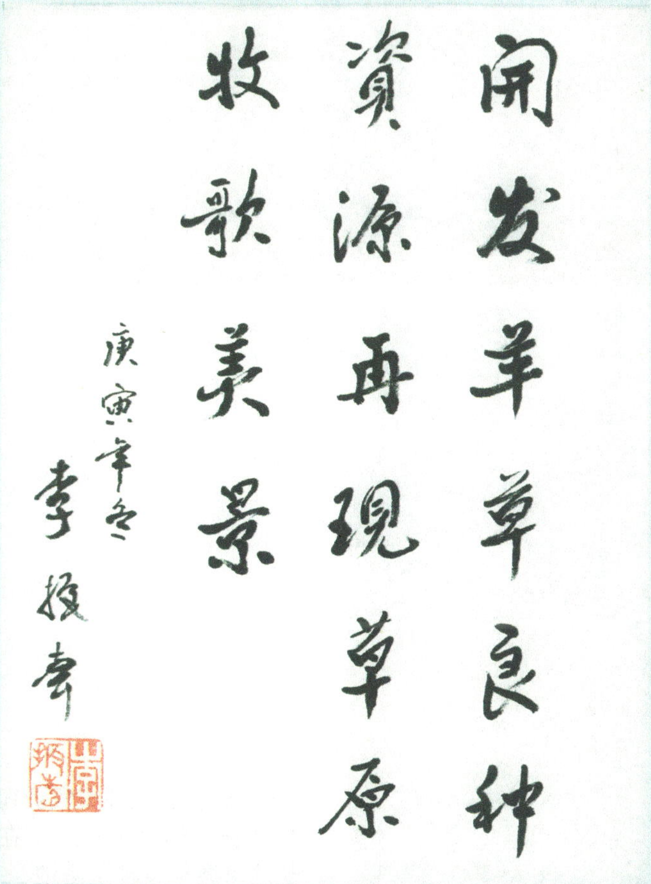

2010 年，李振声院士为中科羊草团队题词：
开发羊草良种资源再现草原牧歌美景

2013 年，农业部畜牧业司司长王智才一行到中国科学院植物研究所调研羊草

2014 年，全国畜牧总站站长王宗礼（左一）在河北塞北牧场考察羊草

2014 年，农业部畜牧业司草原处处长李维薇（左三）在宁夏盐池考察羊草种子基地

2015 年 5 月 11 日，刘公社（中）河南新乡考察羊草开花

2016 年 8 月 1 日，国家“973”项目专家考察新疆中科羊草

2016 年 12 月 11 日，中国畜牧业协会草业分会卢欣石（左三）一行在黑龙江考察羊草

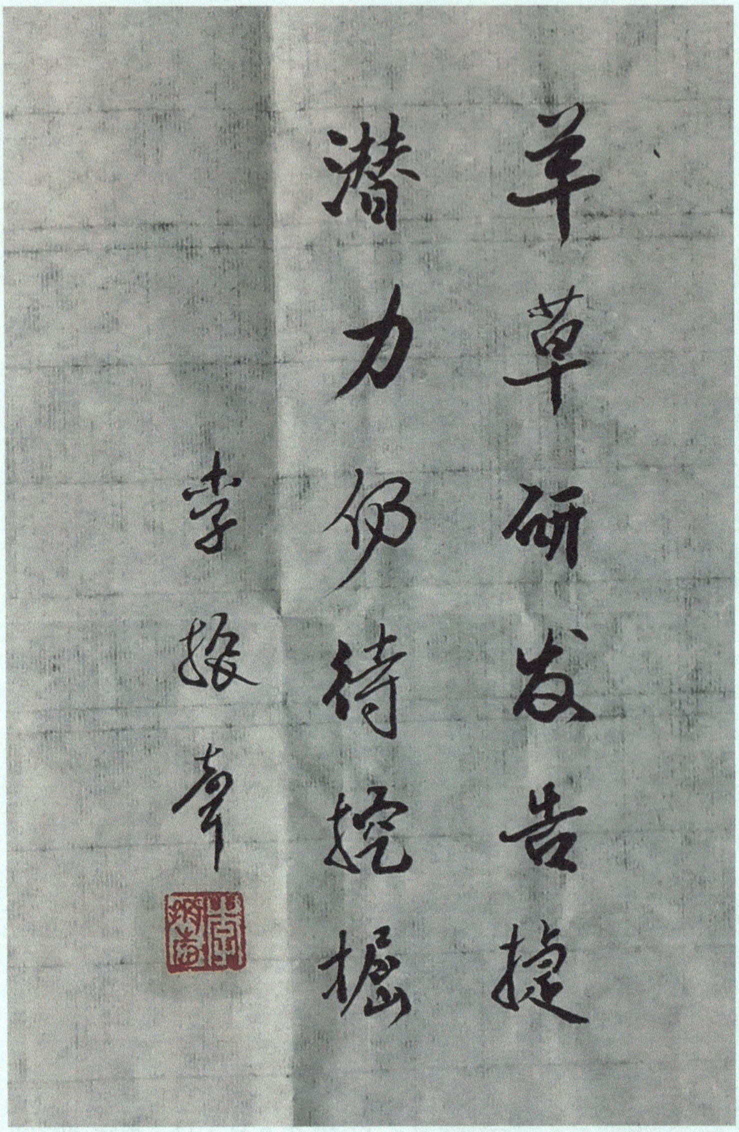

2017 年，李振声院士为中科羊草团队题词：羊草研发告捷潜力仍待挖掘

2018 年，甘肃酒泉中科羊草治理盐碱地第 4 年

2018 年，有关专家在内蒙古赤峰市阿鲁科尔沁旗千亩羊草规模化种植基地调研

2018 年，中国原驻法国大使赵进军（右二）和原科技部副部长、留法学长马颂德（右三）一行在中国科学院植物研究所考察羊草种质资源圃

2019 年，时任中国科学院院长侯建国（左四）在内蒙古库伦旗调研羊草

2019 年，中科羊草首次参加国家林草局在合肥主办的“全国林草良种新技术推介会”

2020 年，西藏自治区副主席江白（右二）到中国科学院植物研究所调研羊草

2020 年，刘公社等人在西藏自治区那曲引种羊草基地考察

2021年5月23日，右起中国林学会秘书长陈幸良、国家林业和草原局草原管理司司长唐芳林和中国科学院院士姚檀栋考察中国科学院植物园羊草（右起：陈幸良、唐芳林、姚檀栋、刘公社）

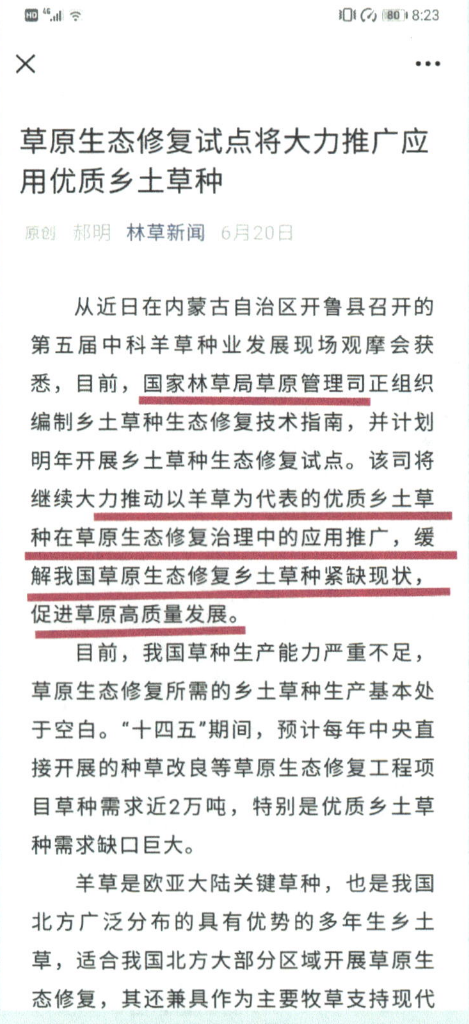

8:23

草原生态修复试点将大力推广应用优质乡土草种

原创 郝明 林草新闻 6月20日

从近日在内蒙古自治区开鲁县召开的第五届中科羊草种业发展现场观摩会获悉，目前，国家林草局草原管理司正组织编制乡土草种生态修复技术指南，并计划明年开展乡土草种生态修复试点。该司将继续大力推动以羊草为代表的优质乡土草种在草原生态修复治理中的应用推广，缓解我国草原生态修复乡土草种紧缺现状，促进草原高质量发展。

目前，我国草种生产能力严重不足，草原生态修复所需的乡土草种生产基本处于空白。"十四五"期间，预计每年中央直接开展的种草改良等草原生态修复工程项目草种需求近2万吨，特别是优质乡土草种需求缺口巨大。

羊草是欧亚大陆关键草种，也是我国北方广泛分布的具有优势的多年生乡土草，适合我国北方大部分区域开展草原生态修复，其还兼具作为主要牧草支持现代

2021年6月20日，林草新闻报道国家林业和草原局草原管理司首次提出大力推动以羊草为主的优质乡土草

2021 年 7 月 17 日，内蒙古自治区林业和草原局王坚处长（左三）和呼伦贝尔草原研究所程利书记（右二）考察赵强（左二）种植的中科羊草

2021 年，“第五届中科羊草种业发展现场观摩会”在内蒙古开鲁县举办，郝明处长（前排）代表国家林业和草原局草原管理司出席

2021 年 6 月 30 日，时任内蒙古自治区主席布小林（左七）到内蒙古呼和浩特沙尔沁羊草种质资源圃调研指导工作

2021年，国家发展改革委邱国军（右四）和国家林业草原局草原管理司唐芳林（左三）等考察中国科学院植物园羊草

2021年，山东东营2000亩盐碱地“中科羊草现场观摩研讨会”

2021年，中国科学院院士匡廷云（左三）在北京考察林草间作（羊草+白皮松）

2022 年，内蒙古自治区党委书记孙绍骋（右三）等考察呼伦贝尔市陈巴尔虎旗中科羊草扩繁基地

2022 年，国家林业和草原局国有林场和种苗管理司一级巡视员杨连清（左五）在内蒙古调研羊草种业情况

2022 年，内蒙古呼伦贝尔陈巴尔虎旗中科羊草示范基地

2022年，内蒙古自治区林业和草原局陈永泉（右八）一行在开鲁县调研羊草

2022年，“羊草免耕秋播技术修复中重度盐碱化草地现场测产会”，吉林省林业和草原局才国斌（左五）、东北师范大学王德利（左七）、吉林省林业科学研究院徐安凯（左六）等领导和专家出席

2023年5月10日，国家林业和草原局草原研究中心草地资源与利用创新团队与中国科学院植物研究所中科羊草团队联合开展羊草人工杂交工作

2023 年，内蒙古霍林郭勒市额仑草原自然降水条件下种植的羊草

2023 年，农业农村部南京农机所开发的羊草育苗移栽机在内蒙古通辽规模化作业示范

2023 年，青海三江集团同仁基地羊草引种生长正常

2023 年，在国家林业和草原局支持下中国林学会和中国科学院植物研究所在内蒙古开鲁县成功举办“中科羊草发展现场观摩会”

2023 年，在内蒙古临河区开展的羊草防沙治沙试验

2023 年，中国农业科学院草原研究所考察羊草